工程机械

（第 2 版）

李启月　主编

中南大学出版社
www.csupress.com.cn

作者简介

李启月，男，1968 年 9 月生，博士。主要从事工程机械和岩土工程方面教学和研究工作。教学上，从 2000 年至今，一直主讲中南大学采矿与岩土工程专业、城市地下空间工程专业和土木工程专业的《工程机械》课程，多次获得中南大学教学质量奖，其中"岩石动力学实验系统的研制"项目获中南大学 2005 年校级实验技术成果一等奖；科研上，参加国家、省部和企业科研 30 余项，获国家科学技术进步二等奖、中国黄金科技进步一等奖和中国高校自然科技二等奖等奖项 10 余项。

内容提要

本书在系统总结多年的教学经验和科研成果的基础上，针对地下岩土工程施工的特点，介绍了国内外有关最新典型设备与装备。全书共 4 篇 15 章。第 1 篇工程机械基础包括机械基础、液压传动、工程机械基础；第 2 篇土石方施工运输机械包括挖掘机、钻孔爆破机械、破碎和支护机械、运输机械；第 3 篇道路施工机械包括路基施工机械、混凝土路面施工机械和沥青路面施工机械；第 4 篇建筑及构筑物施工机械包括基础处理机械、钢筋加工机械、起重提升机械、天井掘进机械和全断面隧道平巷掘进机。所介绍的设备和装备主要涉及基础理论、基本构造、工作原理、技术性能及选用原则；内容安排上，基础理论、机械构造、工作原理与选用并重，可供采矿与岩土工程及其相关专业有选择地使用。

本书是中南大学本科教育立项教材，既可作为高等学校采矿工程、井巷工程、城市地下空间工程、公路与隧道工程专业本科教材及有关专业工程技术人员和研究人员的参考书，也可作为专科、职大和成人教育同类专业的教材或自学用书。

图书在版编目(CIP)数据

工程机械/李启月主编. —2 版. —长沙:中南大学出版社,2012.11
(2020.11 重印)

ISBN 978-7-5487-0712-7

Ⅰ.工... Ⅱ.李... Ⅲ.工程机械 Ⅳ.TU6

中国版本图书馆 CIP 数据核字(2012)第 249038 号

工程机械
(第 2 版)

李启月　主编

□责任编辑　汪宜晔
□责任印制　周　颖
□出版发行　中南大学出版社
　　　　　　社址:长沙市麓山南路　　　　邮编:410083
　　　　　　发行科电话:0731-88876770　　传真:0731-88710482
□印　　装　长沙印通印刷有限公司

□开　　本　787 mm×1092 mm　1/16　□印张 18　□字数 461 千字
□版　　次　2012 年 12 月第 2 版　　□2020 年 11 月第 8 次印刷
□书　　号　ISBN 978-7-5487-0712-7
□定　　价　40.00 元

图书出现印装问题,请与经销商调换

前　言

　　工程机械是机械工业的一个重要组成部分。在我国，通常把用于各类基本建设工程施工作业的机械和设备统称为工程机械。这些机械在我国分为 16 大类，即挖掘装载机械、铲土运输机械、工程起重机、压实机械、桩工机械、钢筋机械、混凝土机械、装修机械、路面机械、凿岩机械、军工专用机械、叉车与工业车辆、铁道线路机械、基建与市政设施机械、建筑仪器和其他专用工程机械。其中常用的工程机械为：挖掘装载机械、铲土运输机械、工程起重机械、压实机械、桩工机械、钢筋机械、混凝土机械、装修机械、路面机械、凿岩机械。

　　众所周知，工程机械在国民经济建设中占有极其重要的地位，交通运输业、能源工业、原材料工业、农林水利业、城乡建设以及现代化国防等方面的发展都离不开工程机械，工程机械为国民经济的这些领域的建设提供先进的施工工具和手段。同时，工程机械的现代化也推动这些领域的建设和发展进程，也有利于提高这些领域的发展和建设质量。因此，工程机械的拥有量和装备率，机械技术的先进性与管理水平，机械设备的完好率和利用率，标志着一个国家机械化施工水平的高低。同时，工程机械的产值在国民经济总产值中所占的比重，也在一定程度上反映了一个国家的科技发展水平和经济发达程度。

　　一直以来，国际市场上工程机械技术产品被美国、日本、西欧、俄罗斯等国家的国际大型企业集团所垄断。美国的卡特彼勒公司是生产工业推土机等工程机械的专业生产公司；美国的 Sierrita 矿的 Cat992C 型轮式装载机装有可视距离内无线电远距离遥控，可在危险地带实施作业；澳大利亚开发出的无人驾驶自卸车，实现了在千米以下的坑道施工作业的无人化操作；德国的利勃海尔公司生产的静液压履带式工业推土机和挖掘机；日本小松公司的超大型工业推土机；日本大成建设株式会社生产无人驾驶的履带式铲车；法国 Bonygues 建筑公司生产的巨型隧道挖掘机，应用激光传感导航设备控制方向，在隧道挖掘机上装载的计算机控制系统随时处理传感器收集记录的数据，对整个机器的工作状态进行实时监控。以上这些企业生产的产品均为国际上的顶尖产品。

　　我国工程机械起步于 20 世纪 60 年代，走的是一条引进、消化、吸收、创新的发展道路。自 20 世纪 80 年代初分别从日本小松公司引进履带式推土机技术，从瑞典阿特拉斯公司引进液压凿岩机、露天和井下凿岩台车技术，从美国卡特彼勒引进履带式推土机、轮式装载机和轮式集材机等技术之后，国内工程机械企业制造技术达到相当高的水平。开发的产品门类日趋齐全，有些产品质量达到当代世界先进水平，涌现了像三一重工、山河智能、山东推土机总厂、宣化工程机械公司、上海彭浦巨力工程机械公司、黄河工程机械公司、徐工科技公司、郑工机械公司等工程机械生产基地。这些基地生产的工程机械初步统计有 288 个系列，2300多个基本型号，4300 多个型号规格产品。这些机械基本能为各类建设工程提供成套施工机械设备，而且其国内市场占有率达 65% 以上。

　　近 20 年来，国内外的工程机械行业开发了许多新型的岩土工程施工设备与装备，而且这些设备与装备极大地促进了岩土工程技术的巨大发展，提高了该领域的整体技术水平。因此，作为将从事该领域工作的在校大学生理应获取这些新知识。同时，工程机械课也是岩土工程专业的专业基础课，该专业的科技水平和生产力水平主要体现在设备和装备上。

　　为了适应市场的需要，培养复合型人才，中南大学采矿工程专业在保持原有专业优势的前提下，将教学范围拓宽到公路、桥梁、隧道等岩土工程领域，并相应地将专业名称更改为采矿与岩土工程专业。基于专业设置的要求，原有的《矿山机械设备》课程拓宽为《工程机械》课程，该课程也是土木工程、城市地下工程等专业的重要选修课程。考虑到国内目前还没有这类教材，特别是针对地下工程施工特点的工程机械教材，我们编写了《工程机械》讲义，在有关专业使用了 5 届，2003 年本书又被列为中南大学本科教育立项教材。立项之后，我们对原讲义进行大幅度地修改和扩充，在系统总结多年教学和科研成果基础上，针对地下岩石工程施工的特点，介绍国内外所使用的最新典型设备与装备，所介绍的机械主要涉及基础理论、基本构造、工作原理、技术性能及选用原则；内容安排上，机械构造、原理与选用并重，适应多专业自行选择需要。

　　本书由中南大学李启月副教授主编，李夕兵教授负责审定。

　　本书在编写过程中，得到古德生院士、赖海辉教授、吴超教授、周科平教授、赵国彦教授、刘爱华教授以及资源与安全工程学院的大力支持和帮助，在此一并致以衷心的谢意。

　　由于我们的水平有限，书中难免有不妥和错误之处，欢迎读者批评指正。

编　者

目　　录

第 1 篇　工程机械基础

第2篇　土石方施工运输机械

第3篇　道路施工机械

第4篇　建筑及构筑物施工机械

第1篇　工程机械基础

第1章　机械基础

1.1　概述

一台机械设备不论复杂还是简单，都包括动力机构、传动机构和工作机构三大部分。图1-1所示的卷扬机，动力机构为电动机1，传动机构采用了齿轮减速器4，工作机构为卷筒及其上的钢丝绳7。减速器的输入和输出轴分别用联轴器3、5与电动机轴和卷筒6支承轴相联，正转或反转的电动机的转速经齿轮减速器降到卷筒所适宜的工作转速，并通过卷筒的正向或反向旋转收绕或放出钢丝绳，从而升降重物。另外，在低速轴上还装有制动器2，供刹车用。此外，还有可能装备操纵或控制装置和行走装置。

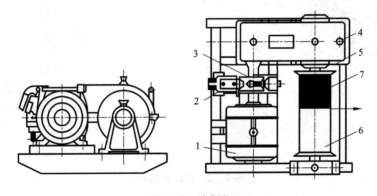

图1-1　卷扬机

1—电动机；2—制动器；3、5—联轴器；4—齿轮减速器；6—卷筒；7—钢丝绳

机械是机器和机构的总称。机器是执行机械运动的装置，用来转换机械能（原动机）或者完成有用功（工作机）。如图1-2所示的单缸四冲程内燃机，由齿轮、凸轮、排气阀、进气阀、汽缸体、活塞、连杆和曲轴等组成。当燃气推动活塞作直线往复运动时，经连杆使曲柄作连续转动。

从机器的组成部分、运动确定性及功能关系来分析，机器一般有3个特征：①机器是由许多机构、构件组合而成，如在单缸内燃机中包含了由汽缸、活塞、连杆和曲轴等构件组成的曲柄滑块机构和由凸轮、顶杆、机架等构件组成的凸轮机构；②机器中的构件之间具有确定的相对运动，如曲柄滑块机构中，活塞相对汽缸作往复运动，曲柄相对两端轴承作连续转动；③能完成有效的机械功或变换机械能，如内燃机将汽油或柴油的化学能转变为机械能。

机构与机器的区别在于机构只具有机器的前两个特征，即只考虑其构件之间的相对运动，通常把具有确定相对运动的构件组合称为机构。机构的主要功能是传递或改变运动方向、大小、形式，机器的主要功能是利用和转变能量。机构由一些构件组成，构件又由零件组成，凡彼此间没有相对运动、而与其他零件之间有相对运动的零件组合体，称为构件。构件可以由几个零件组合而成，也可只是一个零件，如图 1-2 中，活塞 7 是一个构件，而曲轴 9 和齿轮 1 作为一个整体才成为一个构件。构件是运动的单元，零件是制造的单元。

零件分 2 类，凡在各种机器中经常使用、并具有互换性的零件，称为通用零件，如螺栓、齿轮及轴承等。通用零件是标准化、通用化和系列化了的零件。只在某种机器中使用的零件称为专用零件，如三一重工的混凝土泵中的 "S" 管阀、搅拌叶片等。

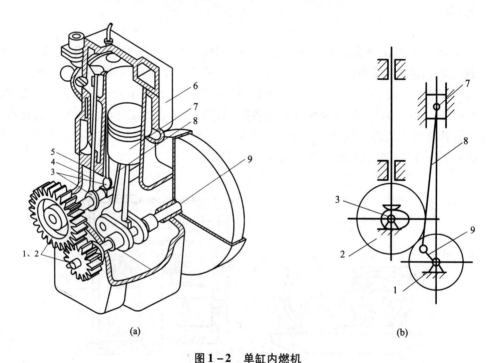

(a)　　　　　　　　　　　　　　　　　(b)

图 1-2　单缸内燃机

(a)结构图；(b)机构运动简图

1、2—齿轮；3—凸轮；4—排气阀；5—进气阀；6—汽缸体；7—活塞；8—连杆；9—曲轴

1.2　常用机构

机器中普遍使用的机构称为常用机构，连杆机构、凸轮机构、齿轮机构、带传动机构、链传动机构、螺旋机构、步进机构等均为常用机构。

1.2.1　机构运动简图

1. 运动副

互相接触，能产生一定相对运动的两个构件之间的可动连接称为运动副。按接触形式，运动副分为高副和低副，面接触的运动副称为低副；点或线接触的运动副称为高副，如图 1 - 2 所示的齿轮 1 和齿轮 2 的连接、凸轮 3 与顶杆的连接。

在平面机构中，低副又分为回转副和移动副。若组成运动副的两构件只能在一个平面内相对转动，这种运动副称为回转副，或称铰链。如图 1 - 2 所以的连杆 8 和曲轴 9 的连接；若组成运动副的两个构件只能沿某一轴线相对移动，这种运动副称移动副。如图 1 - 2 所示的缸体 6 与活塞 7 的连接。

2. 运动副的代表符号

为便于研究机构的结构及运动特点，常绘制机构的构件及运动副。运动副通常的代表符号如表 1 - 1 所示。

表 1 - 1　运动副常见的代表符号

运　动　副	代 表 符 号		运　动　副	代 表 符 号
低副 转动副	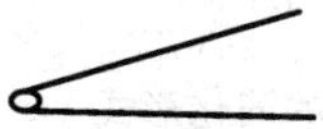	**高副** 齿轮传动	外接圆柱齿轮传动	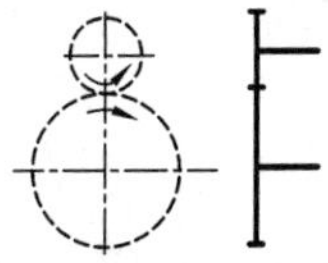
与固定支座组成的转动副			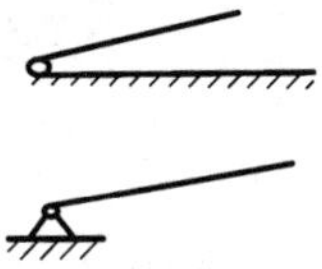 内接圆柱齿轮传动	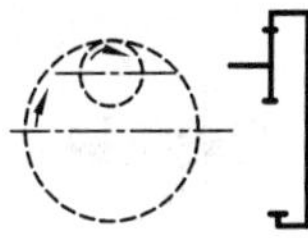
移动副			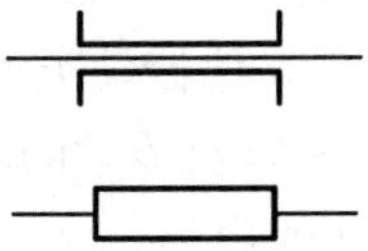 圆锥齿轮传动	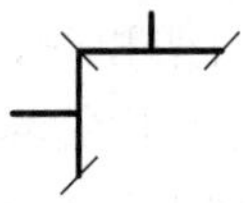
与固定支座组成的移动副	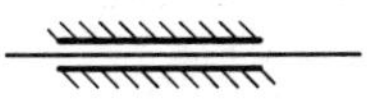		蜗杆蜗轮传动	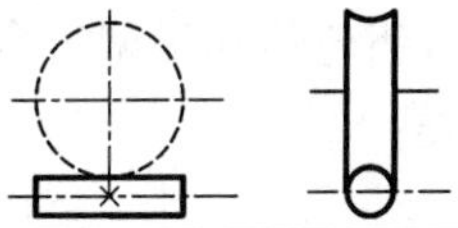
螺旋副			凸轮传动	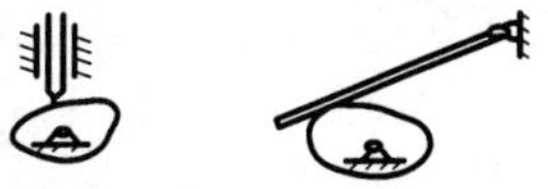

3. 机构运动简图

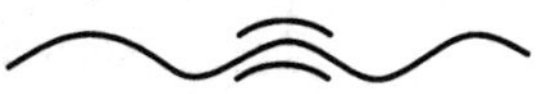

在分析和表达机构或机器运动和受力情况时，需画出其图形。若要画出各构件的详细结构，很麻烦，也没必要。因为机构的运动，只与机构的组成、运动副的形式和位置有关，因此可撇开构件的具体形状和结构，用一些规定的符号绘出反映机构各构件相对运动关系的简单图形，这种简图称为机构运动简图。

在运动简图中要反映出：机构中构件的数目，各构件间运动副的形式，机构中的固定构件(机架)，主动构件的运动方向等，如图 1-2(b)所示。

1.2.2　连杆机构

平面连杆机构是许多构件用低副连接组成的平面机构。由于低副是面接触，耐磨损，且制造简单，因此应用广泛。

铰链四杆机构是平面连杆机构的基本形式，许多其他类型的机构，几乎都可以认为是从四杆机构演变和派生而成的，因此四杆机构是机械学的主要组成部分。铰链四杆机构经过演化可变化为曲柄滑块机构、导杆机构、摇块机构、定块机构，分别如图 1-3(a)、(b)、(c)、(d)所示。

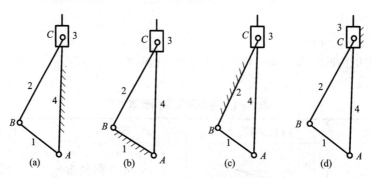

图 1-3　铰链四杆机构的演化形式
(a)曲柄滑块机构；(b)导杆机构；(c)摇块机构；(d)定块机构

1.2.3　齿轮机构

齿轮机构是机械传动中应用最广泛的传动形式之一，基本的齿轮机构是单级齿轮机构，由一个机架和一对齿轮组成，定义为三构件机构。与其他传动类型相比，齿轮传动具有外廓尺寸小、结构紧凑、传动比准确、传动效率高、寿命长以及传动的功率和速度范围广等特点。但由于加工和安装精度要求较高，在高速运行时会有噪声。

齿轮传动类型很多，按照一对齿轮轴线的相互位置和齿轮的齿向，可对齿轮传动做如下分类：

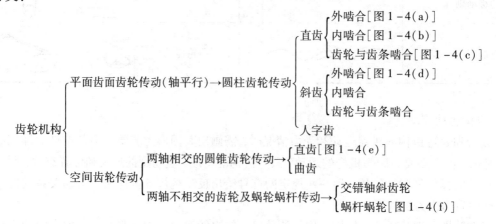

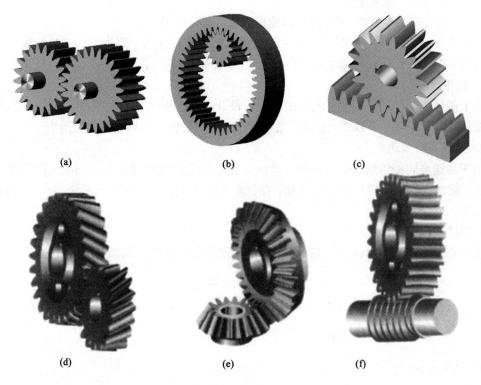

(a)　　　　　　　　(b)　　　　　　　　(c)

(d)　　　　　　　　(e)　　　　　　　　(f)

图 1 - 4　齿轮机构的类型

（a）外啮合直齿；（b）内啮合直齿；（c）齿轮齿条啮合；（d）斜齿外啮合；（e）圆锥齿轮传动；（f）蜗杆蜗轮传动

为了便于齿轮各部分尺寸的计算，在齿轮上选择一个圆作为计算的基准，称该圆为齿轮的分度圆。分度圆的直径、半径、齿厚、齿槽宽和齿距分别用 d、r、s、e 和 p 表示，有 $p = s + e$。

设齿轮的齿数用 z 表示，则在分度圆上，$d\pi = zp$，于是得分度圆直径为：

$$d = zp/\pi \tag{1-1}$$

式（1-1）中 π 为无理数，由此式计算出的 d 为无理数，这将不方便齿轮设计、制造和检验。工程上将比值 p/π 规定为一些简单的数值，并使之标准化，这个比值称为模数，用 m 表示。模数是决定齿轮尺寸的一个基本参数，齿数相同的齿轮，模数大则齿轮尺寸也大。

1. 圆柱齿轮传动

用于传递平行轴转动，应用最广泛的齿轮传动。其传动比为：

$$i_{12} = \frac{\omega_1}{\omega_2} = \pm \frac{z_2}{z_1} \tag{1-2}$$

式中　ω_1、z_1，ω_2、z_2——齿轮 1 和齿轮 2 的转速和齿数。

符号 $\pm$ 分别表示内啮合和外啮合传动中两轮的转向相同或相反。齿轮齿条传动是将齿轮的转动变换成齿条的直线移动。齿轮 1 的转速 ω_1 与齿轮 2 的速度 v_2 的关系如式（1-3）。

$$v_2 = r_1\omega_1 = \frac{mz_1}{2}\omega_1 \tag{1-3}$$

式中　r_1——齿轮分度圆半径；

　　　m——齿轮的模数(一般地说，齿轮模数大，则轮齿大)。

空间齿轮机构传动比可以用式(1-2)计算，但要去掉±号，因为它们的齿轮轴不平行，相对转动方向不能用正负号来表示，空间齿轮传动的相对转向用箭头表示。

2. 圆锥齿轮传动

用于传递相交转动。其中直齿圆锥齿轮的设计、制造和安装比较简便，应用最广泛；曲齿圆锥齿轮传动平稳、承载能力较强，常用于汽车、工程机械等高速重载传动上。

3. 螺旋齿轮传动

用于传递空间相错轴转动。这种传动的齿轮轮齿之间是点接触啮合传动，因此强度低、磨损快，通常在操纵机构中使用。比如，在汽车和工程机械的驾驶操纵系统中作为转向传动机构使用。

4. 蜗杆蜗轮传动

用于传递空间正交轴转动。蜗杆为主动件，蜗轮为从动件。其传动比按式(1-4)计算：

$$i_{12} = \frac{\omega_1}{\omega_2} = \frac{z_2}{z_1} \tag{1-4}$$

式中　z_2——蜗轮的齿数；

　　　z_1——蜗杆的(螺纹)头数。

1.2.4　凸轮机构

凸轮机构是由凸轮的回转或往复运动推动从动件做一定的往复移动或摆动的高副机构。凸轮具有曲线轮廓或凹槽，有平面凸轮和空间凸轮等。从动件(推杆)与凸轮作点接触或线接触，其接触端的形状有尖头式、滚子式和平底式等。为了保持推杆与凸轮始终相接触，可采用弹簧或依靠重力。不同类型的凸轮与推杆组合起来，即可得到各种类型的凸轮机构，通常凸轮是主动件，但有时可作从动件使用。

凸轮机构的特点是结构紧凑、运动可靠，但制造要求高、易磨损、有噪声，该机构最适用于从动件做间歇运动的场合，并广泛应用于自动机床、内燃机、印刷机、纺织机械中。

1.2.5　棘轮机构

它可将连续转动或往复运动变成单向步进运动，主要由棘轮和棘爪等组成(见图1-5)。棘轮轮齿为单片齿，棘爪铰接于摇杆上，在曲柄的带动下，摇杆做反复摆动，当摇杆逆时针方向摆动时，驱动棘爪插入棘轮齿，推动棘轮同向转动；相反，摇杆向顺时针方向摆动时，棘爪在棘轮上滑过，棘轮便停止转动。为防止棘轮反转，在固定构件上装有止逆棘爪。棘轮机构常伴有噪声和振动，故工作频率不宜过高。棘轮机构常用在各种机床和自动机构的间歇进给或回转工作台的转位上，也常用在千斤顶中。

1.2.6　带传动与链传动

1. 带传动

如图1-6所示由主动带轮2、挠性带3、从动带轮4、机架1和张紧装置5组成。带传动是摩擦传动，其传力能力较低，不过具有过载打滑和安全保护功能。带传动一般用于高速传

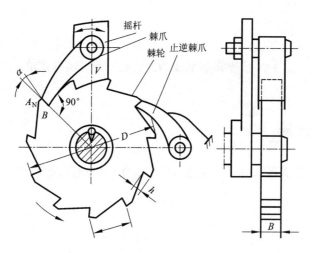

图1-5　棘轮机构

动,带工作速度一般为 5~25 m/s。带传动比按式(1-5)计算,由于带是弹性件,因而其传动比不稳定,也正是由于带有弹性,可以吸振。

$$i_{24} = \frac{\omega_2}{\omega_4} = \frac{d_4}{d_2} \tag{1-5}$$

式中　d_2、d_4——主、从动带轮的直径。

　　按截面形状,传送带可分为:矩形截面的平形带、梯形截面的三角带、圆形截面的圆形带和具有楔形截面的多楔带。

　　2. 链传动

　　链传动属于一种轮齿啮合传动,由主、从动链轮,链和机架组成。其中,链作为中间挠性件在主、从动轮之间传递运动。但它与齿轮传动不同,链轮轮齿与链齿不共轭,两者能正常啮合,但不能保证链条的速度是恒定值。因此链传动的传动比不是恒定值,链传动的传动比为:

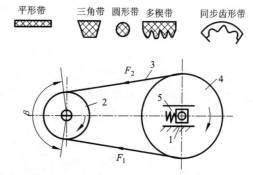

图1-6　带传动的组成
1—机架；2—主动带轮；3—挠性带；
4—从动带轮；5—张紧装置

$$i = \frac{\omega_1}{\omega_2} = \frac{z_2}{z_1} \tag{1-6}$$

式中　z_1、z_2——主、从动链轮的齿数。

　　式(1-6)表达的是它的平均传动比。

　　链传动的特点是可以做较远距离的传动、传力能力大、机械效率较高,在恶劣环境中亦能正常工作,但有振动、噪声较大,通常用做低速级传动。

1.2.7 组合机构

对于比较复杂的运动变换，仅用一种基本机构往往难以满足实际生产的需要。因此，人们把若干基本机构用一定的方式连接起来成为组合机构，以便得到单个基本机构所不能具有的运动性能。

1.3 轴和轴毂连接

传动零件必须被支承起来以后才能进行工作，支承传动件的零件称为轴。轴与轴毂之间的联接称为轴毂连接。

1.3.1 轴

1. 轴的功用

轴是组成机器的重要零件之一，一切作回转运动的零件都要装在轴上，因此，轴的主要功用是支持旋转的零件及传递扭矩。

2. 轴的分类

根据承受载荷的不同，轴分为转轴、传动轴和心轴 3 种。转轴是机器中最常见的轴，工作时既承受弯矩又承受扭矩，如减速器中的轴。心轴用来支持转动零件，只承受弯矩而不传递转矩。心轴可以是转动的，也可以是不转动的，与轴上零件一起转动的称为转动心轴，如列车车轴。固定不动的轴称为固定心轴，如自行车的前轴。传动轴只承受扭矩而不承受弯矩或弯矩很小，如汽车中连接变速箱与后桥之间的轴。

3. 轴的结构

图 1-7 所示为典型的（两支承）转轴。轴上与轴承配合的轴段（即轴被支承处）称为轴颈，与轴上零件轮毂的配合轴段称轴头，连接轴颈与轴头的非配合部分称为轴身。此外，作为轴上零件轴向固定的零部件也是轴的结构部分，包括轴肩（轴环）、圆螺母（止动片）、套筒、弹性挡圈、紧定螺钉、轴端挡圈等。

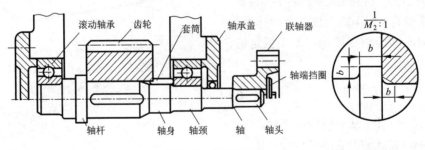

图 1-7 轴的结构

1.3.2 轴毂连接

在机械制造中，连接是指被连接件与连接件的组合。在常见的机械零件当中，被连接件有轴与轴上零件(如齿轮)、轮圈与轮心、箱体与箱盖等。连接件又称紧固件,如螺栓、螺母、销、铆钉等。有些连接则没有专门的紧固件,如靠被连接件本身变形组成的过盈配合连接,利用分子结合力组成的焊接和黏接等。

轴毂连接主要是指轴和带毂零件间采用某种形式的连接以实现其周向相对固定并可传递扭矩。常用的轴毂连接有键连接、销连接和过盈配合连接。

1. 键连接

键连接主要用来实现轴、毂之间的周向固定,以传递扭矩。键可分为平键、半圆键、楔键及花键等几大类,且大都是标准件。

(1)平键连接 平键的两侧面是工作面,上表面与轮上的键槽底部之间留有空隙,如图1-8(a)所示。键的上、下表面为非工作面,工作时靠键与键槽侧面的挤压来传递扭矩,故定心性较好。

(2)花键连接 将具有均布多个凸齿的轴置于轮毂相应的凹槽中所构成的连接称为花键连接,如图1-8(b)所示。键齿侧是工作面。由于是多齿传递荷载,故花键连接比平键连接的承载能力高,定心性和导向性好,对轴的削弱小(齿浅、应力集中小)。花键连接一般用于定心精度要求高和荷载较大的地方。但花键加工需用专门的设备和工具,成本较高。

2. 销连接

销是标准件,其主要用途是用来固定零件之间的相对位置、传递动力或转矩,也可用来作为安全装置的被切断零件。

销的基本形式为圆柱销和圆锥销(图1-9)。圆柱销利用微量过盈,固定在铰削光的销孔中,以固定、传递动力或定位。圆锥销有1∶50的锥度,依靠锥挤固定在铰削光的锥孔中,用作定位件和连接件,在载荷不大时,还可用来代替键连接。圆锥销可自锁,便于安装定位,可以多次拆装而不会降低连接的坚固性和定位精度。

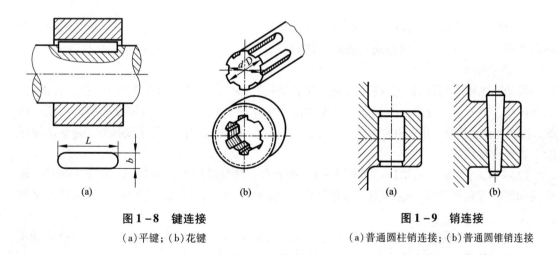

图1-8 键连接
(a)平键;(b)花键

图1-9 销连接
(a)普通圆柱销连接;(b)普通圆锥销连接

1.4 轴承

轴承是用来支承轴的部件,有时也用来支承轴上的回转件,在机械中应用极为广泛。

　　根据轴承工作表面摩擦性质的不同，可分为滚动摩擦轴承(简称滚动轴承)和滑动摩擦轴承(简称滑动轴承)；按其所能承受荷载方向的不同，又可分为向心轴承、推力轴承和向心推力轴承。

　　1. 滚动轴承

　　滚动轴承如图 1 - 10 所示，它由内圈(环)1、外圈(环)2、滚动体 3 和保持架 4 组成。内外圈上常制有凹槽，称为滚道。保持架的作用是把滚动体均匀隔开。滚动体是滚动轴承的主体，工作时沿滚道自转并公转。它的大小、数量和形状与轴承的承载能力密切相关。

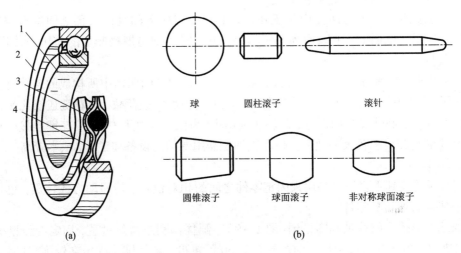

(a)　　　　　　　　　　　　　　　　　(b)

图 1 - 10　滚动轴承

(a)滚动轴承的结构；(b)常用的滚动体形状

1—内圈(环)；2—外圈(环)；3—滚动体；4—保持架

　　使用时，滚动轴承的内圈与轴配合，外圈与轴承座孔配合。工作时，一般是内圈随轴转动而外圈不动，但也有外圈转动而内圈不动的。

　　2. 滑动轴承

　　滑动轴承由于是面接触，在接触面之间有油膜减振，所以具有承载能力大、抗振性能好、工作平稳、噪声小等特点。若采用液体摩擦滑动轴承时，则可长期保持较高的旋转精度。因此，在高速、高精度、重载和结构上要求剖分等场合，滑动轴承仍占有重要地位，是滚动轴承所不能完全替代的。

　　(1)向心滑动轴承的结构　如图 1 - 11 所示为一剖分式向心滑动轴承，它由轴承座、轴承盖和剖分式轴瓦组成。这种滑动轴承装拆方便，轴瓦磨损后可减薄部分垫片组的厚度来调整间隙。

　　(2)推力滑动轴承　推力滑动轴承用来承受轴向荷载，如图 1 - 12 所示。推力滑动轴承的轴颈有三种形式：实心推力轴颈、环形轴颈和多环形轴颈。

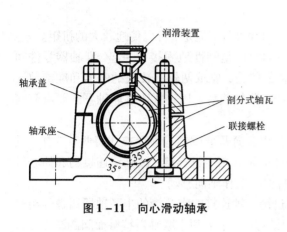

图 1−11 向心滑动轴承

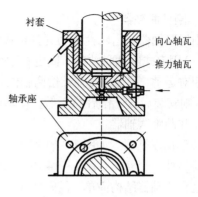

图 1−12 推力滑动轴承

1.5 联轴器、离合器、制动器

联轴器、离合器和制动器是机械传动中的常用部件。联轴器和离合器用于连接两轴使其一起旋转并传递扭矩,有时也可用作安全装置,以防止机械过载。联轴器与离合器的区别在于:联轴器只有在机械停止后才能将连接的两根轴分离,离合器则可以在机械的运转过程中根据需要使两轴随时接合和分离。制动器可用来迅速制止断开运动后因惯性引起的运动。

1.5.1 联轴器

根据不同条件和需要,联轴器应满足:①可移性。可移性是指两轴相对位移的能力,如图 1−13 所示,图(a)中 x 表示轴向位移,图(b)中 y 表示径向位移,图(c)中 α 表示角度位移,图(d)表示综合位移。两轴安装误差、受热伸长和受载变形均会产生上述各种相对位移。联轴器具有可移性,就能够补偿或缓解轴间相对位移造成的轴和轴承的附加载荷。②缓冲性。对于经常负载启动或工作机载荷不平稳的场合,为了保护原动机、工作机不受或少受损伤,需要联轴器中具有弹性元件,以达到缓冲、减振的目的。此外,联轴器还应有安全可靠、结构简单、装拆方便的要求以及对使用强度和使用寿命的说明。

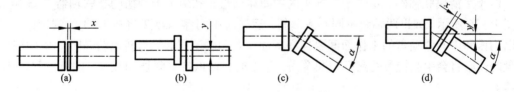

图 1−13 轴的相对位移

(a)轴向位移;(b)径向位移;(c)角度位移;(d)综合位移

联轴器按可移性分为固定式联轴器和可移式联轴器;按缓冲性分成刚性联轴器和弹性联轴器。刚性联轴器中,分为固定式的刚性联轴器和可移式刚性联轴器,而弹性联轴器都具有一定的可移性。

1．刚性联轴器

刚性联轴器是由刚性传力元件组成的，不具有缓冲性。但是，可以传递较大的扭矩。

（1）固定式刚性联轴器　固定式刚性联轴器的组件是刚性地固接在一起，联轴器零件间不能相对运动，因此，没有补偿两轴间相对位移的能力，要求两轴有较大的刚度和准确地安装，否则安装后或工作后的变形会使轴和轴承产生附加载荷。固定式刚性联轴器主要有套筒联轴器和凸缘联轴器。

1）套筒联轴器　如图1－14所示，它由一公用套筒及键或销等连接方式将两轴连接，其中主要零件是套筒。在图1－14中，（a）、（b）图分别为用于键连接，圆锥销连接的套筒联轴器。这种联轴器结构简单，径向尺寸小，但装拆时轴要作轴向移动。

2）凸缘联轴器　如图1－15所示，两个通过键与轴连接的带凸缘的半联轴器用螺栓组联成一体，图1－15（a）采用两半联轴器凸缘和凹槽对中，依靠两半联轴器接触面间的摩擦力传递转矩，两半联轴器用普通螺栓连接。图1－15（b）采用铰制孔螺栓对中，直接利用螺栓与螺栓孔壁之间的挤压传递转矩。凸缘联轴器使用方便，能传递较大转矩。安装时对中性要求高，主要用于刚性较好、转速较低、载荷较平稳的场合。

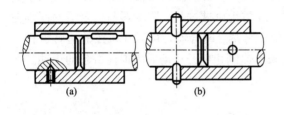

图1－14　套筒联轴器

（a）键连接；（b）圆锥销连接

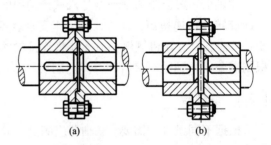

图1－15　凸缘联轴器

（a）利用凸缘和凹槽对中；（b）利用铰制孔与螺栓对中

（2）可移式刚性联轴器　可移式刚性联轴器中个别零件间允许有相对运动，因此，可以消除由于安装误差、轴的受热伸长或受载变形而产生的轴和轴承的附加应力。可移式刚性联轴器有十字滑块联轴器、齿式联轴器和万向联轴器等。

1）十字滑块联轴器　由带十字榫头的中间浮动盘2和两个带沟槽的半联轴器1、3组成，如图1－16所示。如果两轴线不同心或偏斜，运转时中间浮动盘2将在1、3的沟槽内滑动，所以沟槽和中间浮动盘的工作面间要加润滑油。若两轴不同心，当转速较高时，由于中间浮动盘的偏心将会引起较大的离心力和磨损，并给轴和轴承带来附加动载荷，因此它只适用于低速。

2）齿式联轴器　齿式联轴器是由两个有内齿的外壳3和两个有外齿的套筒4所组成（如图1－17所示）。套筒与轴用键相联，两个外壳用螺栓2联成一体，外壳与套筒之间设有密封圈1。工作时靠啮合的轮齿传递转矩。齿式联轴器的优点是能传递很大的转矩和补偿适量的综合位移，因此常用于重型机械中。但是，当传递大转矩时，齿间的压力也随着增大，使联轴器的灵活性降低，而且其结构笨重，造价较高。

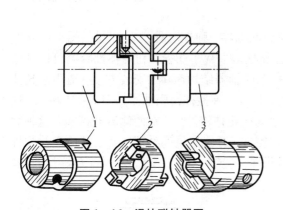

图 1 - 16 滑块联轴器图

1、3—半联轴器;2—中间滑块

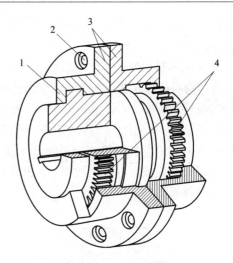

图 1 - 17 齿式联轴器

3)万向联轴器 其结构图如图 1 - 18 所示,图中十字形零件的四端用铰链分别与轴 1、轴 2 上的叉形接头相联。因此,当一轴的位置固定后,另一轴可以在任意方向偏斜 α 角,角位移 α 可达 40°~45°。为了增加其灵活性,可在铰链处配置滚针轴承(图中未标出)。但单个万向联轴器两轴的瞬时角速度并不是时时相等,即当轴 1 以等角速度回转时,轴 2 作变角速转动,从而产生动载荷,对使用不利。因此,在实际中常采用

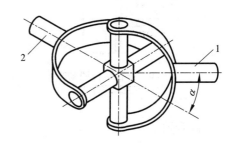

图 1 - 18 万向联轴器

十字轴式万向联轴器,即由两个单万向联轴器串接而成,如图 1 - 19 所示。当主动轴 1 等角速度旋转时,带动十字轴式的中间件 C 作变角速度旋转,利用对应关系,再由中间件 C 带动从动轴 2 以与轴 1 相等的等角速度旋转。因此安装十字轴式万向联轴器时,如要使主、从动轴的角速度相等,必须满足两个条件:①主动轴、从动轴与中间件的夹角必须相等,即 $\alpha_1 = \alpha_2$;②中间件两端的叉面必须位于同一平面内。显然,中间件本身的转速是不均匀的,但因它的惯性小,由它产生的动载荷、振动等一般不致引起显著危害。

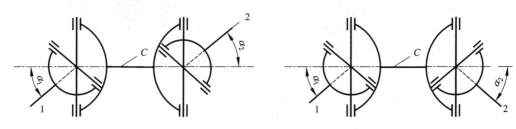

图 1 - 19 十字轴式万向联轴器示意图

2. 弹性联轴器

弹性联轴器中有弹性元件,因此,具有缓冲、减震效果。弹性元件的微小变形还可以补

偿两轴的相对位移，从而具有可移性。弹性元件一般较为薄弱，所以适于安放在高速级和扭矩较小的场合。

弹性联轴器有弹性套柱销联轴器和弹性柱销联轴器。弹性套柱销联轴器如图 1 – 20 所示，其结构与凸缘联轴器相似，只是用橡胶弹性套柱销取代了螺栓，利用弹性套圈可以补偿两轴的偏移，吸收、减小振动和缓冲。弹性套柱销联轴器结构简单、安装方便，适用于转速较高、有振动、双向运动、启动频繁、扭矩不大的场合。弹性柱销联轴器如图 1 – 21 所示，这种联轴器采用尼龙柱销将两半联轴器连接起来，为防止柱销滑出，在两侧装有挡圈。这种联轴器与弹性套柱销联轴器结构类似，更换柱销方便，它对偏移量的补偿不大，其应用与弹性套柱销联轴器类似。

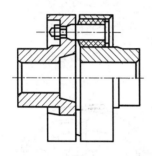

图 1 – 20 弹性套柱销联轴器

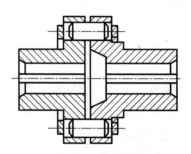

图 1 – 21 弹性柱销联轴器

1.5.2 离合器

对于离合器，主要有这样一些要求：操作方便、运转可靠、动作准确、维修容易。离合器的类型很多，按工作原理分为啮合类和摩擦类；按控制方式分为调制类和自动类；按回转方向分为单向类和双向类。

1. 牙嵌离合器

牙嵌离合器的两个半离合器（套筒）分别与主、从动轴相联，如图 1 – 22 所示，其中套筒 1 紧配在轴上，而套筒 2 可以沿导向平键 3 在另一根轴上移动，利用操纵杆移动滑环 4 使两个套筒接合或分离。为避免滑环过量磨损，可动套筒应装在从动轴上。为便于两轴对中，在套筒 1 中装有对中环 5，从动轴端则可在对中环中自由移动。

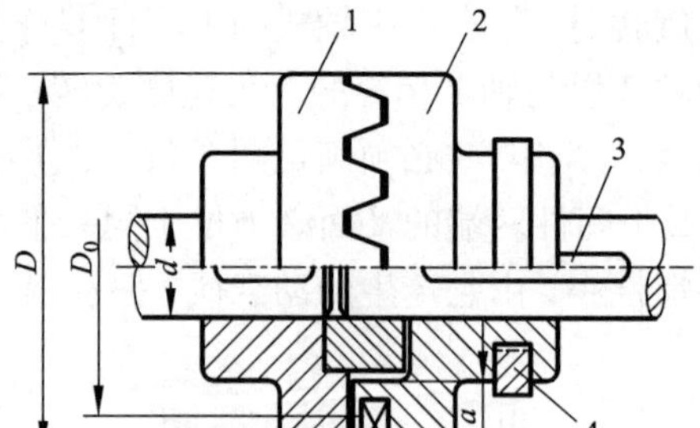

图 1 – 22 牙嵌离合器

离合器套筒的端面带有牙形，工作时靠牙间啮合来传递转矩。常见的牙形有三角形、梯形、锯齿形（如图 1 – 23 所示）。三角形牙传递中、小转矩，梯形、锯齿形牙可传递较大的转矩，梯形牙可以补偿磨损后的牙侧间隙。锯齿形牙只能单向工作，反转时由于有较大的轴向分力，会迫使离合器自行分离。各牙应精确等分，以使载荷均匀分布。

牙嵌离合器的承载能力主要取决于牙根处的弯曲强度。对于操作频繁的离合器，尚需验

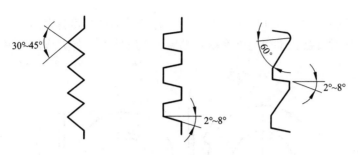

图 1-23　牙嵌离合器的牙形

算牙面的压强,由此控制磨损。

　　牙嵌离合器结构简单,外廊尺寸小,能传递较大的转矩,故应用较多。但牙嵌离合器只宜在两轴不回转或转速差很小时进行接合,否则牙齿可能会因受撞击而折断。

　　牙嵌离合器的常用材料为低碳合金钢。牙嵌离合器可以借助电磁线圈的吸力来操纵,称为电磁牙嵌离合器。电磁牙嵌离合器通常采用嵌入方便的三角形细牙。

　　2. 圆盘摩擦离合器

　　圆盘摩擦离合器有单片式和多片式两种。图 1-24 所示为单片式摩擦离合器简图,其中圆盘 1 紧配在主动轴上,圆盘 2 可以沿导向键在从动轴上移动,移动滑环 3 可使两圆盘接合或分离。工作时对滑环施加推力,使从动圆盘左移与主动摩擦盘接触;从而产生摩擦力,这种摩擦离合器传递的扭矩较小,若在工作时过载,则摩擦片间打滑,可防止其他零件损坏,有一定安全保护作用。

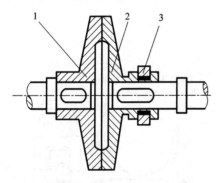

图 1-24　单片式圆盘摩擦离合器

1—主动摩擦片;2—从动摩擦片;3—滑环

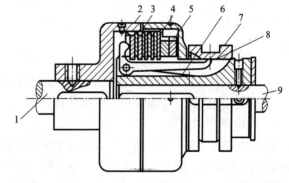

图 1-25　多片式圆盘摩擦离合器

1—主动轴;2—外套筒;3—外摩擦片;4—内摩擦片;
5—圆形螺母;6—内套筒;7—滑环;8—曲臂压杆;9—从动轴

　　多片圆盘摩擦离合器如图 1-25 所示,它有两组摩擦片。外摩擦片 3 与外套筒 2,内摩擦片 4 与内套筒 6 分别用花键相联,外套筒、内套筒分别用平键与主动轴 1 和从动轴 9 相固定。当滑环 7 由操纵机构控制沿轴向左移动时,压下曲臂 8 使内、外摩擦片相互压紧,离合器接合;当滑环右移时,曲臂压杆右移,内、外摩擦片松开,离合器分离。圆形螺母 5 可调节内、外两组摩擦片间隙,以控制压紧力大小,多片式摩擦离合器传递扭矩大小,随轴向压力和摩擦力及摩擦片对数的增加而增大,片数过多会影响分离动作的灵活性,一般在 10~15 对之间。

摩擦离合器摩擦片的形状如图 1 - 26 所示，有带外齿的外摩擦片和带凹槽的内摩擦片。碟形内摩擦片受压时可被压平而与外摩擦片贴紧，去压后由于弹力作用可恢复原形，使其与外盘迅速脱开。

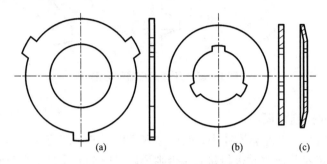

图 1 - 26　摩擦离合器摩擦片的形式

(a)外摩擦片；(b)内摩擦片；(c)碟形内摩擦片

与牙嵌离合器比较，摩擦离合器具有下列优点：①在任何不同转速条件下两轴都可以进行接合；②过载时摩擦面间将发生打滑，可以防止损坏其他零件；③接合较平稳，冲击和振动较小。

上面简单地介绍了两类离合器的工作原理。另外还有多种离合器如磁粉离合器、定向离合器等等，其适应的工作条件、性能等各不相同。

离合器的选择通常是根据工作条件和使用者的需要，先确定离合器的类型，然后通过分析比较在已有标准中选择适当的形式和类型，经验算应该满足转矩和转速要求。

1.5.3　制动器

制动器一般是利用摩擦力使物体降低速度或停止运动，有外抱块式、内涨式和带式等几种。

1. 外抱块式制动器

外抱块式制动器(又称闸瓦制动器)如图 1 - 27 所示，它由制动轮、闸瓦块、主弹簧、制动臂、推杆和松闸器等组成。由主弹簧 3 通过制动臂 4 及闸瓦块 2 使制动轮 1 经常处于制动状态。当松闸器 6 通电时，电磁力操纵推杆 5 将制动臂 4 推向两侧，闸瓦块 2 与制动器松开。松闸器也可用液压、气压或人力等方式操纵。上述通电时松闸、断电时闭合的制

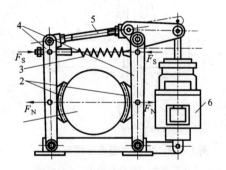

图 1 - 27　外抱块式制动器

1—制动轮；2—闸瓦块；3—主弹簧；
4—制动臂；5—推杆；6—松闸器

动器称为常闭式制动器，适用于起重设备等，制动器也可设计成常开式，即通电时制动、断电时松闸，常开式制动器适用于车辆等的制动。

2. 内涨蹄式制动器

内涨蹄式制动器如图 1 - 28 所示，它由销轴、制动蹄、摩擦片、泵、弹簧及制动轮等组成。当压力油进入泵 4 后，推动左右两个活塞克服弹簧 5 的作用使制动蹄 2、7 压紧制动轮 6，

从而达到制动。油路卸压后，弹簧 5 使制动蹄与制动轮分离而松闸。内涨蹄式制动器体积小、结构紧凑。

3．带状制动器

带状制动器如图 1 - 29 所示，由制动轮、制动带、杠杆等组成。当杠杆 3 上作用外力 F 时，即使制动带 2 压紧制动轮 1 而达到制动，为增加摩擦作用，制动带 2 上一般衬有石棉、橡胶和皮革等材料。带状制动器结构简单，成本低，可实现小扭矩的制动。

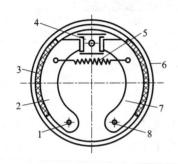

图 1 - 28　内涨蹄式制动器

1、8—销轴；2、7—制动蹄；3—摩擦片；
4—泵；5—弹簧；6—制动轮

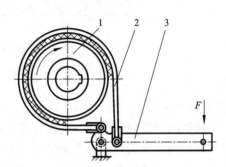

图 1 - 29　带状制动器

1—制动轮；2—制动带；3—杠杆

1.6　钢丝绳

钢丝绳是由数个有相同数目钢丝捻成的绳股绕一绳芯捻制而成，其用途是悬吊提升容器并传递动力。它一般由 6 个绳股组成，钢丝直径为 1.0 ~ 3.0 mm，有光面和镀锌 2 种，镀锌钢丝可防止生锈和腐蚀。钢丝根据韧性分为特号、Ⅰ 号及 Ⅱ 号 3 种，提升人员应用特号钢丝制成的钢丝绳。钢丝的极限抗拉强度（亦称提升钢丝绳的公称抗拉强度）为 1400 ~ 2000 MPa，竖井提升一般用 1550 ~ 1700 MPa 的钢丝绳。

钢丝绳的绳芯是用具有较大抗拉强度的有机纤维 - 麻捻制而成，称为有机质绳芯或麻芯。其作用是储存绳油、防锈和减少内部钢丝的磨损，而且可以起衬垫作用，增加钢丝绳的柔软性，在一定程度上能吸收钢丝绳工作时产生的振动和冲击。

常用钢丝绳的分类和使用范围为：

1．按捻制方向分

（1）左捻的［图 1 - 30（b）、（d）］绳股捻成钢丝绳时是自右向左捻转（左螺旋）；

（2）右捻的［图 1 - 30（a）、（c）］绳股是自右向右捻转（右螺旋）。

当钢丝绳缠绕在卷筒上呈左螺旋时，则选用左捻钢丝绳，反之选用右捻钢丝绳，这主要是为了避免钢丝绳松捻。现场安装时应注意识别。

2．按捻制方法分

（1）交互捻（逆捻）绳中股与股中丝的捻向相反，有交互右捻［交右，图 1 - 30（a）］和交互左捻［交左，图 1 - 30（b）］两种；

（2）同向捻（顺捻）绳中股与股中丝的捻向相同，也有同向右捻［同右，图 1 - 30（c）］和同

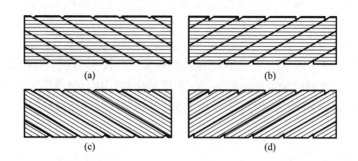

图 1 – 30　钢丝绳的捻向

(a)交互右捻；(b)交互左捻；(c)同向右捻；(d)同向左捻

向左捻[同左,图 1 – 30(d)]两种。

同向捻的钢丝绳较柔软、表面光滑、使用寿命长,但悬挂困难,容易松散和卷成环状。同向捻钢丝绳在我国竖井提升中使用较普遍,在架空索道牵引索和钢丝绳牵引胶带输送机中也都采用。交互捻的钢丝绳多用于斜井提升。

3. 按钢丝的直径分

(1)等直径钢丝　如图 1 – 31(a)所示为 6 股 7 丝的钢丝绳(标记为 6 × 7),图 1 – 31(b)所示为 6 股 19 丝的钢丝绳(标记为 6 × 19),此外还有 6 股 37 丝的钢丝绳(标记为 6 × 37)等。6 × 7 的钢丝绳抗磨性强,但较硬。钢丝越多越软,但耐磨性差。我国竖井提升多用 6 × 19 的钢丝绳,斜井提升和架空索道牵引宜用 6 × 7 的钢丝绳;

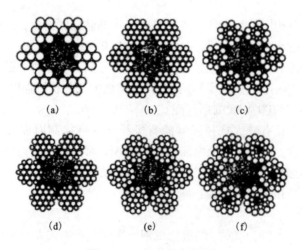

图 1 – 31　钢丝绳断面图

(2)不等直径钢丝　如图 1 – 31(c)所示为西鲁型钢丝绳,其内层钢丝直径较外层为小,但内外层钢丝数目相同[标记为 6X(19)];图 1 – 31(d)所示为瓦林吞型钢丝绳,绳股的外层钢丝大小相间排列[标记为 6W(19)];图 1 – 31(e)所示为填充钢丝绳[标记为 6T(25)]。这3 种钢丝绳股中的钢丝接触呈线状,故称为线接触钢丝绳。它们的主要优点是较柔软,紧密性好,使用寿命长。X 型钢丝绳适用于竖井、斜井提升及钢丝绳胶带输送机,国外也用于多绳摩擦提升中。

4. 按绳股的断面形状和钢丝直径特征分

(1)圆形股 如图 1-31(a)、(b)、(c)、(d)、(e)所示;

(2)异形股 如图 1-31(f)所示为三角股钢丝绳[标记为 6□(21)]。

此外,还有椭圆股钢丝绳等。异形股钢丝绳较圆形股钢丝绳可以增加支承面积,从而减轻钢丝绳的磨损,增加使用寿命,当然制造上也相应复杂一些。三角股钢丝绳在我国多绳摩擦提升中得到广泛使用,也可用于绳罐道和架空索道的承载索。

思考题

1. 机械、机器和机构的概念是什么? 三者有什么不同?

2. 与带传动、链传动相比,齿轮传动有什么优缺点?

3. 轴的作用是什么? 有哪些类别?

4. 简述键连接的类型、特点及应用。

5. 滑动轴承有哪些常见的形式? 各有何特点?

6. 简述联轴器,离合器和制动器的区别。

7. 一般的机器都包括_____、_____和_____三大部分。

8. 运动副分为_____和_____2种。两构件之间_____的运动副称为低副;两构件通过_____的运动副称为高副。

9. 把具有确定相对运动的各构件组合称为_____。

10. _____传动比精确,传动效率高,使用范围广。

11. 下列机构的运动副中属于高副连接的为( )。

A. 连杆机构 B. 凸轮机构 C. 齿轮机构 D. 带传动

12. 自行车的前轴是( )。

A. 心轴 B. 转轴 C. 传动轴

13. 自行车的后轴是( )。

A. 心轴 B. 转轴 C. 传动轴

14. 轴环的用途是( )。

A. 作为轴加工时的定位面 B. 提高轴的强度

C. 提高轴的刚度 D. 是轴上零件获得轴向定位和固定

15. 当轴上安装的零件要承受轴向力时,采用( )来进行轴向固定,所承受的轴向力最大。

A. 螺母 B. 紧定螺钉 C. 弹性挡圈

第2章　液压传动

2.1　概述

　　液压传动是在流体力学、工程力学和机械制造技术基础上发展起来的一门应用技术，它是利用液体的压力能传递能量的传动方式，被广泛地应用于工程机械中。图2-1为机床工作台的液压系统原理图，由油泵、各种控制阀、油缸及油箱、管路等组成。

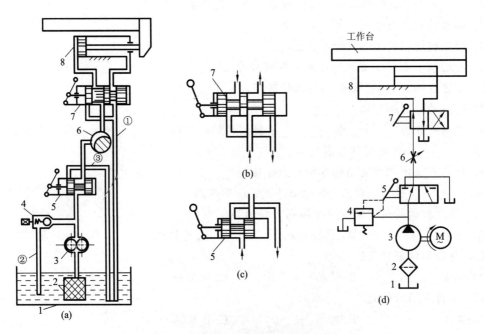

图2-1　机床工作台液压系统原理图

(a)结构原理图；(b)工作台左移时换向阀手柄位置；
(c)工作台不移动和系统无负载开停阀的位置；(d)系统职能符号图

　　系统工作时，液压泵3在电动机M驱动下从油箱1吸油，油液经过滤器2进入管路中，在图2-1(a)所示状态下，油液经开停阀5、节流阀6、换向阀7进入液压缸8左腔，推动活塞使工作台向右移动，液压缸8右腔的油液经换向阀7和回油管①排回油箱1。当换向阀7手柄置于图2-1(b)所示位置，油液进入液压缸8右侧，推动活塞使工作台向左移动，液压缸8左侧的油液经换向阀7和回油管①排回油箱1。当开停阀5手柄置于图2-1(c)所示位置，油液经开停阀5和回油管③直接排回油箱，系统无负载运行、工作台停止运动。

　　工作台移动速度由节流阀6调节，当节流阀开大时，进入液压缸8的油量增多，工作台移动速度增大；当节流阀6关小，进入液压缸8的油量减少，工作台移动速度减小。

当节流阀 6 的开度过小致使液压泵 3 至节流阀 6 间油管中的油液过多和压力过大时，一部分压力油可经溢流阀 4 和回油管②排回油箱，直至系统恢复到由溢流阀调定的压力为止。

由图 2 - 1 可知，液压传动是以密封容积中的受压液体作为工作介质来传递运动和动力的。液压传动的过程是机械能→液压能→机械能的能量转换过程，即液压泵将电动机（或其他原动机）的机械能转换为液体的压力能，再通过控制阀和液压缸将液体的压力能转换为机械能，推动负载运动完成预定的工作。因此，液压系统由 5 个部分组成：①动力部分，如图 2 - 1 中的液压泵 3；②执行机构，如油马达和油缸；③控制部分，如图 2 - 1 中的溢流阀 4、开停阀 5、节流阀 6 和换向阀 7 等；④辅助部分，如图 2 - 1 中的油箱 1、过滤器 2、管路及管接头等；⑤工作介质，如油液。

如图 2 - 1(a)所示，液压系统的各元件是以结构符号表示，直观性强，容易理解。但复杂，不易绘制。为了简化液压系统图，一般将液压元件用规定的符号来表示，如图 2 - 1(d)所示，为液压元件的职能符合图。

与机械、电力、气压传动相比，液压传动：①易获得很大的力或力矩，易于防止过载和事故；②传递运动平稳、均匀；③过载时自动保护性能好，且易于布局及操纵；④在同样功率的条件下，重量轻、结构紧凑、惯性小；⑤能实现直线往复移动或摆动，并能在中间任何位置固定，这是气压传动不能达到的；⑥在工作过程中能进行较大范围的无级调速，在往复和旋转运动中可经常快速而无冲击的变速及换向；⑦容易获得各种复杂的动作，使机械的自动化程度大大提高，成为实现机械自动化，尤其是强力机械自动化的最好手段；⑧能实现自动润滑，元件的寿命较长；⑨与电气或气动适当配合，可创造出各方面性能都很好的、自动化程度很高的传动或控制系统。

液压传动的缺点：①难以避免泄漏；②油的黏度随温度而变化，因而使工作机构欠稳定；③空气渗入液压系统后，引起振动、爬行、噪声等；④液压元件的加工质量要求较高。

2.2　油泵及油马达

油泵是动力机构，将原动机（电动机、内燃机等）的机械能转变为液体的压力能。油泵的结构和种类很多，在性能上也有很大的差别。油泵的工作原理用图 2 - 2 来说明，该手摇油泵由活塞 3 与泵体 2 构成容积可变的密闭油腔 4，当手柄 1 处于图示位置时，腔内的存油既不能从单向阀 7 流出，也不能经单向阀 5 流入。但当向上扳动手柄 1 提起活塞 3 且单向阀 7 仍被其弹簧压住无法打开时，油腔 4 的容积增大而产生局部真空，油箱 6 中的油液便在大气压作用下顶开单向阀 5 被吸入油腔 4。当向下扳动手柄 1 使活塞 3 下降且单向阀 5 的阀芯被油液压住时，油腔 4 的体积减小，油压升高，待油压升高至能克服弹簧的弹力时油液便顶开单向阀 7 而被压入工作系统。由此，油泵工作的必备条件为：①应具有密闭容积，且密封容积能交替变化，如图 2 - 2 中的油腔 4 和活塞 3；②应有辅助装置，满足油腔吸油和排油的要求，如图 2 - 2 中的单向阀 5 和 7；③油箱和大气相通，利用大气压力吸油。

油马达是执行机构，将液体的压力能转变为旋转运动的机械能，油马达输出的是转速和转矩。

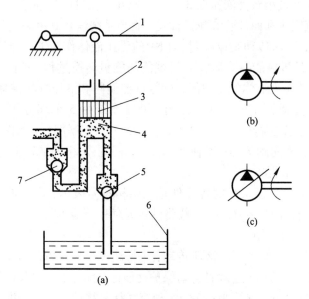

图2-2　油泵的工作原理

(a)工作原理；(b)定量泵职能符号；(c)变量泵职能符号
1—手柄；2—泵体；3—活塞；4—油腔；5、7—单向阀；6—油箱

2.2.1　齿轮泵和齿轮马达

齿轮泵如图2-3所示，由壳体1和两个互相啮合的齿轮2、3组成。当电动机带动齿轮按图示方向转动时，齿轮的右侧逐渐脱离啮合，在轮齿脱离啮合处形成了部分真空，油箱中的油液便在大气作用下吸入油腔，随着轮齿的旋转而被送入左侧油腔。左侧油腔的轮齿逐渐啮合，其密闭容积不断减小，将腔内油液不断压入液压系统中。

齿轮泵结构简单、价格较低、工作可靠、维护方便。但工作时存在不平衡的径向力，使工作压力的提高受到一定限制，另外其油量和压力脉动大，噪声也大，一般应用于低压液压系统中。

齿轮马达工作原理如图2-4所示，压力油进入油马达的进油腔(高压油腔，其压力为p)，由于互相啮合的两个轮齿的齿廓E_1和E_2必在某一点(图中为M点)接触，因而互相啮合的两个齿廓曲面只有一部分处在进油腔。齿廓E_1从M点到齿顶处在进油腔，齿廓E_2从M点到齿根处在进油腔。这样就使每个齿轮上处在进油腔的各个齿面(如齿面E_1'、E_1、E_2'、E_2)所受到的切向液压力对各轮轴的力矩不平衡。齿轮1上所受的切向液压力对轮轴O_1产生的总力矩使齿轮1反时针方向转动(因为齿轮1所受反时针方向力矩大于顺时针方向的力矩)，齿轮2上所受的切向液压力对轮轴O_2产生的总力矩使齿轮2顺时针方向转动(轮2所受顺时针方向的力矩大于反时针方向力矩)。因此油马达就能达到输入压力油，输出转速和转矩的目的。

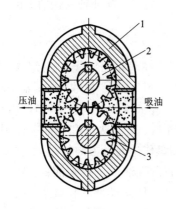

图 2－3　齿轮泵结构及工作原理图

1—壳体；2—主动齿轮；3—从动齿轮

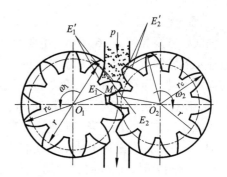

图 2－4　齿轮马达工作原理图

2.2.2　柱塞泵

柱塞泵按柱塞排列方式有径向柱塞泵和轴向柱塞泵 2 类。

1．径向柱塞泵

径向柱塞泵如图 2－5 所示，绕配油轴 5 旋转的转子 2 上径向排列着 5 个柱塞孔 6，孔内分别插入 5 根柱塞 1。转子的内壁紧固一圈耐磨衬套 3，通过衬套与支承转子的固定的配油轴 5 接触，其接触区段的配油轴上制有与轴内进油孔 a 连通的进油腔 b 以及与排油孔 d 连通的排油腔 c。当转子连同衬套和柱塞由电动机驱动旋转时，由于转子与定子之间存在偏心距 e，所以柱塞在旋转的同时还在柱塞孔内进行往复运动，当其中的一个柱塞孔旋转至与进油腔 b 连通时，液压油便进入该孔，相应地其柱塞逐渐外伸，进油量逐渐增多；但当该孔离开进油腔 b 后，柱塞逐渐内缩，密闭的油腔逐渐减少，油压逐渐升高，待该柱塞孔旋转至与配油轴上的排油腔 c 及排油孔 d 连通时，则开始排油，直至其离开 c 腔，完成一个吸油和排油过程为止。转子每旋转一周，每个柱塞吸、排油各一次。移动定子改变偏心距 e，便可改变泵的排量，即为柱塞变量泵；若偏心距 e 从正值变为负值，则吸、排油方向也改变，即为双向径向柱塞变量泵。

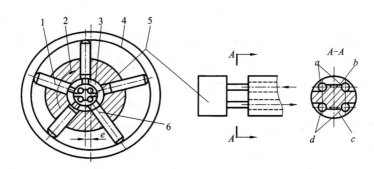

图 2－5　径向柱塞泵结构及工作原理示意图

1—柱塞；2—转子；3—衬套；4—定子；5—配油轴；6—柱塞孔

　　径向柱塞泵性能稳定、工作可靠,但径向尺寸大、结构复杂,配油轴受径向力的作用,容易磨损,制造困难。

　　2. 轴向柱塞泵

　　轴向柱塞泵如图2-6所示,主要由缸体4、配油盘1、柱塞6和斜盘10等组成。斜盘10与缸体4的轴线有交角,配油盘1上的两个弧形孔(见左视图)为吸、排油口,斜盘10与配油盘均固定不动,弹簧5通过心套7将回程盘8和滑靴9压紧在斜盘上。当传动轴2带动缸体旋转时,使柱塞在缸体内作往复运动,通过配油盘的配油口,进行吸油和排油。以图示位置下部的缸孔和柱塞为例,当其向前上方转动时(相对配油盘作逆时针方向转动),柱塞逐渐向左运动,柱塞端部和缸体形成的密闭容积增大,通过配油盘吸油口进行吸油;当转到上部的柱塞再继续旋转时,柱塞向右运动,被斜盘逐渐压入缸体,柱塞端部容积减小,泵通过排油口排油。缸体旋转一周,每个柱塞完成一次吸油和排油。如改变斜盘与缸体交角的大小,就能改变泵的吸压油方向,即成为双向变量轴向柱塞泵。

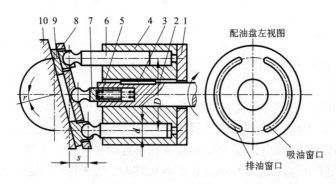

图2-6　轴向柱塞泵

1—配油盘;2—传动轴;3—键;4—缸体;5—弹簧;6—柱塞;7—心套;8—回程盘;9—滑靴;10—斜盘

　　由于柱塞与缸体内孔均为圆柱表面容易得到高精度的配合,所以这类泵的特点是泄漏小、压力高、容积效率高,适用于高压系统,且容易实现流量的调节和液流方向的改变。柱塞泵比其他类型的泵结构紧凑、体积小、重量轻。

2.3　油缸

　　油缸是把液体的压力能转换为机械能的能量转换装置,是执行元件,用来实现往复直线运动或摆动。常将实现直线往复运动的油缸简称为油缸,而将实现摇摆往复运动的油缸称为摇摆油缸。油缸按作用方式分为单作用油缸和双作用油缸2种。单作用油缸是利用液压推动活塞向一个方向运动,反方向的运动则靠重力、弹簧力或另一个油缸来实现;双作用油缸是利用液压推动活塞作正、反两个方向的运动。油缸按结构特点的不同,分为活塞式、柱塞式和摆动式等类型。

　　1. 活塞式油缸

　　活塞式油缸有双杆活塞式油缸和单杆活塞式油缸2类。

　　(1)双杆活塞式油缸　如图2-7(a)所示,主要由活塞5、缸体6、活塞杆7(两根)、缸盖

8(两个)和密封圈2等组成。缸体固定在车床身上,活塞杆与工作台相连,当油液从 a 和 b 油口交替输入缸的左右腔时,推动活塞杆与工作台作往复直线运动,其运动范围为活塞有效行程的3倍,如图2-7(b)所示;若将活塞杆固定在车床身上,缸体与工作台相连时,则其运动范围为液压缸有效行程的2倍,如图2-7(c)所示。对于双出杆缸,通常是两个活塞杆相同、活塞两端的有效面积相同,如果供油压力和流量不变,则活塞往复运动时两个方向的作用力 F_1 和 F_2 相等,速度 v_1 和 v_2 也相等。

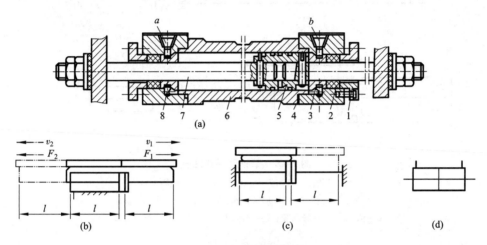

图2-7 双杆活塞式油缸

(a)结构图;(b)缸体固定;(c)活塞杆固定;(d)职能符号

1—法兰盘;2—密封圈;3—导向套;4—密封垫;5—活塞;6—缸体;7—活塞杆;8—缸盖

(2)单杆活塞式油缸 图2-8所示为工程机械设备常用的一种单杆液压缸,主要由缸体5、活塞2、活塞杆6,导向套7、缸底1等组成。工作时,当右腔通入油液,活塞向左运动;左腔通入油液,则活塞向右运动。

单杆油缸两腔的有效面积不等,因此其在两个方向输出的推力 F_1、F_2 和速度 v_1、v_2 也均不相等,单杆液压缸的这一特点常用于实现机床的工作进给和快速退回。

2. 柱塞式油缸

柱塞式油缸如图2-9所示,由缸体1、柱塞2、导向套3、弹簧卡圈4等组成。当油液从左端进入缸内,推动柱塞向右运动。

柱塞式油缸只能作单向运动,它的回程需要借助于运动件的自重(垂直放置)或其他外力来完成,因此称其为单作用油缸。如果需要往复运动,可采用图2-10所示的组合柱塞油缸,当一只缸进油时,另一只缸回油,这样交替工作来完成工作机构的往复运动。

3. 摆动式油缸

摆动式油缸是把油液的压力能转变为摆动运动的机械能,分单叶片和双叶片2种。图2-11所示为单叶片式摆动油缸,它主要由定子块1、缸体2、转子5、叶片6、支承盘7、盖板8等组成。定子块与缸体固定在一起,叶片和转子连为一体,当油口相继通油时,叶片便带动转子做往复摆动。摆动式油缸具有结构紧凑、输出转矩大的特点,但密封较困难,一般用于中、低压系统。

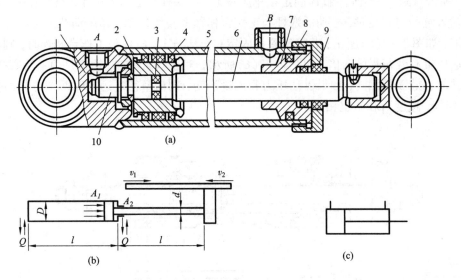

图 2-8　单杆活塞式油缸

(a)结构图；(b)液压缸运动范围；(c)职能符号

1—缸底；2—活塞；3—O 形密封圈；4—Y 形密封圈；5—缸体；

6—活塞杆；7—导向套；8—缸盖；9—防尘圈；10—缓冲柱塞

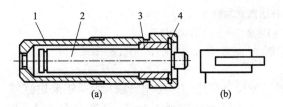

图 2-9　柱塞式油缸

(a)结构图；(b)职能符号

1—缸体；2—柱塞；3—导向套；4—弹簧卡圈

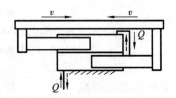

图 2-10　组合式柱塞油缸示意图

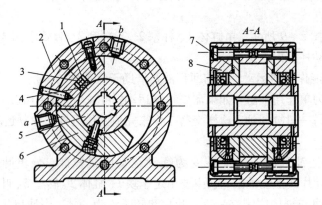

图 2-11　单叶片摆动油缸结构

1—定子块；2—缸体；3—密封条；4—弹簧片；5—转子；6—叶片；7—支承盘；8—盖板

2.4　操纵控制阀及液压基本回路

操纵控制阀是用来操纵和控制液压系统中油的压力、流向和流量的液压元件。从工作原理上来说,操纵控制阀都是通过改变油液的通路或液阻来实现其调节与控制;从结构上来说,操纵控制阀都是由阀体、阀芯和操纵部分组成;从作用上来说,操纵控制阀分为压力控制阀、方向控制阀和流量控制阀。

液压基本回路是由液压元件组成的、用以完成特定功能目的的典型油路,常用的基本回路有:压力控制回路、速度控制回路、方向控制回路等。

2.4.1　压力阀及压力控制回路

压力阀是控制油液压力大小,或者是利用油液压力大小来控制油路通断的控制阀,它是依靠作用在阀芯上的油液压力和弹簧力相平衡来获得被控制液体的压力。从结构形式上看,压力阀有阀座式和滑阀式 2 种结构形式,而阀座式压力阀分球式和锥式 2 种。从其功用上看,压力控制阀又分为安全阀、溢流阀、减压阀、顺序阀、压力继电器。

阀座式压力阀依靠作用在阀芯上的弹簧力将阀芯压紧在阀座上造成封油面,切断阀中的通油。当作用在阀芯上的液压力与弹簧力相平衡时,阀芯才被推离阀座,使阀的通路打开。球式压力阀的结构如图 2 - 12,锥式压力阀的结构如图 2 - 13 所示,滑阀式压力阀的结构如图 2 - 14 所示。

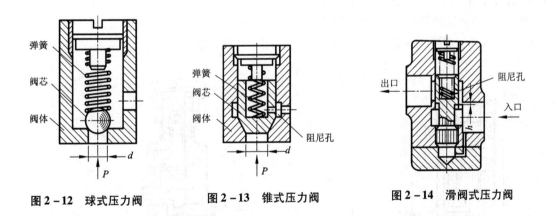

图 2 - 12　球式压力阀　　　　图 2 - 13　锥式压力阀　　　　图 2 - 14　滑阀式压力阀

如图 2 - 12 所示,球式压力阀的阀芯是一个钢球,结构简单、工艺性好,在制造时易于达到密封性要求,并且在初始使用阶段密封性较好。但由于此种阀无法加阻尼孔,故振动大,压力脉动也大,易发生钢球与阀座的撞击、产生较大的噪声,且由于钢球与阀座的磨损和撞击易失去密封性,故球式压力阀只适用于低压小流量。锥式压力阀的阀芯是一个圆锥体,如图 2 - 13 所示,其上有一个圆柱部分起导向作用,阀芯不会绕垂直于圆锥阀芯轴线的轴转动,故不会像球式压力阀那样易失去密封性。此阀在圆锥阀芯侧面开了一个小孔,可起阻尼作用,减少了阀芯的振动,故其压力脉动较小。但是锥式压力阀的阀芯与阀座仍有撞击,因而也产生噪声。锥式压力阀既具有球式压力阀的优点,又部分地克服了球式压力阀的缺点，故可用在较高压力及较大流量的情况。

滑阀是由滑阀(阀芯)轴向位置的改变来控制系统的压力和通道的开闭的，如图2-14所示。当压力油作用在滑阀端面上的液压力大于弹簧力时，才能推动滑阀移动到一个新的位置。滑阀与阀体有一定的封油长度(图中h)，当滑阀的移动距离超过封油长度时才能打开。由于滑阀和弹簧的惯性，滑阀在移动过程中阀所控制的压力比打开后控制的压力大很多，即超调量较大，这是它的一个缺点。但由于滑阀式压力阀结构不太复杂，工艺性较好，若能保证油液黏度和加工精度，间隙密封的效果良好，由于阀芯与阀体不会产生撞击，且增加了阻尼孔，减少了阀的振动，故滑阀式压力阀仍是压力阀中应用最广泛的一种。

1. 溢流阀及卸荷回路

溢流阀的工作原理如图2-15所示，设弹簧作用力为F，阀芯的有效作用面积为A，系统压力为p，则$F = pA$时作用于阀芯上的液体压力和弹簧力相平衡。当$p < F/A$时，阀芯向下移动，阀口关闭不溢流；当系统压力上升至$p > F/A$时，滑阀向上移动，阀口打开，部分油液流回油箱，限制油压继续升高，使压力保持在$p = F/A$恒定值上，起溢流定压作用，由于阀芯有效作用面积A为定值，故只要调节弹簧预紧力即可达到控制系统压力的目的。按工作原理不同，溢流阀分为直动式溢流阀和先导式溢流阀2种。直动式溢流阀用于低压系统，先导式溢流阀用于中、高压系统。

(1)直动式溢流阀　直动式溢流阀如图2-16所示，由阀体1、阀芯2、上盖3、弹簧4、调节螺母5等组成。被控油液由P口进入溢流阀，经阀芯的中间小孔(称阻尼孔)作用在阀芯的底部端面上。当油压较小时，阀芯在弹簧的作用下，处于下端位置，将P口与T口隔开；当进口压力升高，则阀芯上移，接通P口与T口，将多余的油液排回油箱，保持进口压力近似于恒定。通道e使弹簧腔与溢流腔的回流口沟通，以排掉泄入弹簧腔的油液，阻尼小孔f用于减缓阀芯振动，提高阀的工作稳定性，调整螺母用于改变弹簧力F，以调整溢流阀进口压力p。

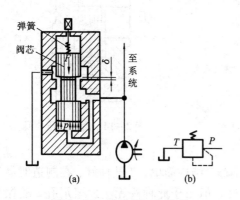

图2-15　溢流阀工作原理

(a)结构原理图；(b)职能符号

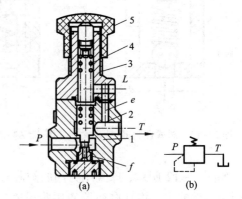

图2-16　直动式溢流阀结构及职能符号

(a)结构图；(b)职能符号

1—阀体；2—阀芯；3—上盖；4—弹簧；5—调节螺母

直动式溢流阀是利用阀芯上端的弹簧力直接与下端面的油液压力相平衡进行压力控制，因此其弹簧较硬，尤其是流量较大时，使弹簧有较大变形量，使阀所控制的压力随流量的变化而有较大的变化。因弹簧较硬，调节费力，故这种阀只适用于系统流量不大、压力较低的场合。

（2）先导式溢流阀　先导式溢流阀如图 2 – 17（a）所示，它由主阀和先导阀两部分组成，先导阀用于控制压力，主阀控制溢流流量。

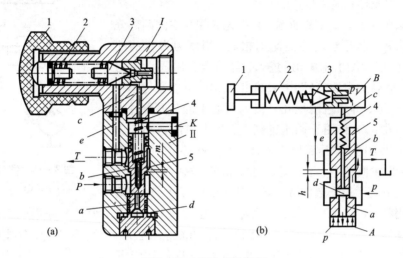

图 2 – 17　先导式溢流阀

（a）结构图；（b）工作原理图

1—调节螺母；2—调压弹簧；3—锥阀；4—主阀弹簧；5—阀芯

先导阀的工作原理如图 2 – 17（b）所示，油液经通道 a 进入主阀芯 5 下端油腔 A，并经节流小孔 b 进入其上腔，再经通道 c 进入先导阀右腔 B。在稳定状态下，当压力 p 较小时，锥阀 3 上的液压作用力小于弹簧 2 的弹力，先导阀闭合，此时，没有油液流过节流小孔 b，腔 A 和腔 B 压力相同，在弹簧 4 的作用下，主阀阀芯处于最下端位置，主阀闭合，没有溢油；当压力 P 增大时，作用在锥阀上的液压力大于弹簧 2 的弹力，先导阀打开，使油液经通道 e 流回油箱。这时，油液流过阻尼孔 b 产生压力降，使 B 腔油压 p_1 小于 A 腔油压 p，当此压力差超过平衡弹簧 4 的弹力且足以克服阀芯自重和摩擦力时，阀芯 5 向上移动，使 P 口与 T 口接通，溢流阀溢油，使油压 p 不超过设定压力。当 p 下降时，p_1 也下降，当 p_1 下降到作用在锥阀上的液压力小于弹簧 2 的弹力时，先导阀闭合，阻尼孔 b 没有油液流过，$p_1 = p$，主阀芯 5 在平衡弹簧 4 的作用下，移到下端而停止溢油。这样，在系统超过设定压力时，溢流阀溢油，不超过设定压力则不溢油，从而起到限压、溢流作用。

由于先导式溢流阀主阀有 p_1 存在，其主阀弹簧 4 动作时，只需克服阀芯 5 的摩擦力，所以即使被控压力 p 较大，主阀弹簧仍可以做得很软，这种阀在溢流流量变化时，被控压力 p 变动较小，具有较好的恒压性能。与直动式调压阀相比，先导式溢流阀具有压力稳定、灵敏度高、波动小等优点，广泛应用于中压液压系统。

溢流阀在液压系统中主要起溢流保护作用，如图 2 – 18 的卸荷回路就是通过溢流阀来控制液压系统中的油压。变量泵 1 供油，溢流阀 2 与油缸 3 并联在油路上，进入油缸 3 的油量由变量泵本身调节，系统的工作压力决定于负载的大小，只有当系统的压力超过预先调定的最大工作压力时，溢流阀 2 的阀口才开，使油液溢回油箱，保证了系统的安全。

2. 减压阀及低压回路

减压阀是一种利用液流流过缝隙产生压降的原理、使出口压力低于进口压力的压力控制阀,它可用于减低液压系统中某一分支油路的压力,以满足部分油路的需要。与溢流阀一样,减压阀也有直动式和先导式两种类型,其中先导式应用较广。

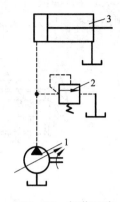

图 2 - 18　卸荷回路

1—泵;2—溢流阀;3—油缸

先导式减压阀如图 2 - 19 所示,它由先导阀和主阀两部分组成。其结构和工作原理均与溢流阀相似,当压力为 p_1 的油液从 c 腔处进油口(图中未画出)进入,经节流口减压后压力降为 p_2 并从 e 腔处的出油口(图中未画出)流出。e 腔通过小孔 f 与阀芯底部连通,并通过阻尼孔 d 流入阀芯上腔,再通过先导阀盖上的通孔 b、a 作用于调压锥阀上,当出口压力小于调压锥阀的调定压力时,调压锥阀 2 闭合。由于阻尼孔口中没有油液流动,所以主阀芯上、下两端的油压相等,这时主阀芯在主阀弹簧作用下处于最下端位置,节流口 g 全部打开,减压阀没有减压作用。当 e 腔处出油口的压力超过调压弹簧 1 的调定压力时,锥阀被打开,e 处油液经阻尼孔 d 和通道 b、a 由泄油口 L 流回油箱,油液经阻尼孔 d 产生压力降,使主阀芯上端面的油液压力低于下端面的油液压力。当这个压力差大于主阀弹簧力时,主阀芯上移,使节流口 g 的缝隙减小。这样,油液经节流口 g 时产生的压力降增加,从而降低了出油口的压力,直到使作用在锥阀上的液压力和调节弹簧力在新的位置上重新达到平衡,出口压力等于调定压力时为止。减压阀出口压力的大小,可通过调压弹簧 1 进行调节。

图 2 - 20 是一个低压回路,该回路是用减压阀 3 从主系统中分出一个低压支路向油缸 4 供油。用减压阀所构成的低压回路多被应用于辅助控制系统和润滑系统中。

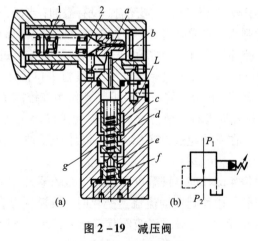

图 2 - 19　减压阀

(a)结构图;(b)职能符号

1—调压弹簧;2—调压锥阀

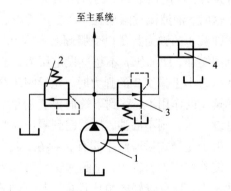

图 2 - 20　低压回路

1—油泵;2—溢流阀;3—减压阀;4—油缸

溢流阀和减压阀相比,其主要区别是:①在常态下,减压阀阀口常开,而溢流阀阀口常闭;②减压阀进、出口压力均为工作压力,所以先导阀的泄油必须单独接油箱,溢流阀则不必;③溢流阀保持进油口的压力基本不变,而减压阀则保持出油口的压力基本不变。

3. 顺序阀及顺序动作回路

顺序阀是利用油路中压力的变化来控制阀门的启闭,以实现各工作部件按顺序动作的液压元件,有直动式和先导式等类型。当顺序阀利用外来液体压力进行控制时,称液控顺序阀。

图 2-21、图 2-22 分别为直动式顺序阀和先导式顺序阀,它们与直动式溢流阀、先导式溢流阀的结构相似,其主要区别是:溢流阀的出油口接油箱,而顺序阀的出油口与压力油路相通,因此顺序阀的泄油口要单独接油箱。当顺序阀的进油口压力超过调定压力时阀口开启,顺序阀输出油液使其后面油路的执行元件动作。

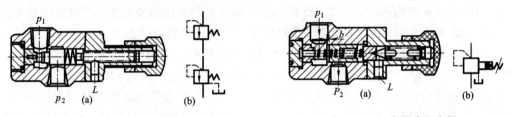

图 2-21　直动式顺序阀

(a)结构图;(b)职能符号

图 2-22　先导式顺序阀

(a)结构图;(b)职能符号

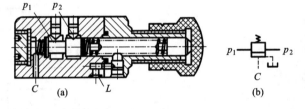

图 2-23　液控顺序阀

(a)结构图;(b)职能符号

图 2-23 为液控顺序阀,油液从控制口 C 进入,当控制油液压力超过弹簧的调定压力时,阀口打开,p_1 和 p_2 接通,阀口的开启与闭合与阀的主油路进油口压力无关,而只决定于控制口 C 引入的控制压力。

图 2-24 为顺序动作回路,这种回路常用于有 2 个或 2 个以上执行元件且要求这些执行元件作顺序动作或同步动作的液压回路。如在机床加工中该回路常用来实现对工件先定位后夹紧的动作顺序。当二位四通手动阀 1 的右位接入油路时,压力油首先进入定位缸 5 的下腔,完成定位动作以后,系统中压力升高,达到顺序阀 2 的调定压力时,顺序阀 2 被打开,油液就经过顺序阀 2 流入夹紧缸 4 的下腔,实现液压夹紧。当扳

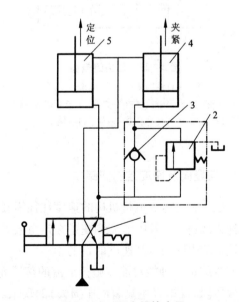

图 2-24　顺序阀的应用

1—二位四通阀;2—顺序阀;3—单向阀;4、5—油缸

动二位四通阀1的手柄使它的左位接入回路时，油液则同时进入定位缸5和夹紧缸4的上腔，拔出定位销，松开工件，此时夹紧缸通过单向阀3回油。此图中顺序阀和单向阀并联工作，为了减少液压元件数量，应用时可将两个阀合为一个单向顺序阀，图中带点画线框的组合图形即为单向顺序阀的符号。

4. 压力继电器

压力继电器是将液压系统中的压力信号转换为电信号的转换装置。它是根据液压系统的压力变化自动接通和断开有关电路，以实现程序控制和安全保护作用。

压力继电器的结构原理如图2-25所示，控制口 K 与液压系统相连通，当液压系统压力达到预先调定的压力时，薄膜1鼓起，推动柱塞5上升及两侧钢球2、8水平移动，通过杠杆9、触销10和微动开关11发出电信号；当系统压力下降到一定值时，弹簧6将滑阀压下，微动开关复位，中断电信号，拧动调节螺钉7，可以调节发出电信号时的系统压力。

图2-26所示为压力继电器在液压系统中的应用。当活塞带动工作部件碰上挡块后，液压缸进油腔的压力升高，达到某一调定数值时，压力继电器即发出电信号，使电磁铁1YA断电，2YA通电，活塞快速退回。

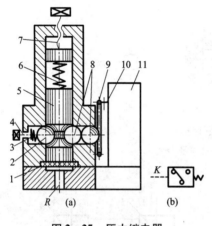

图2-25　压力继电器

(a)结构图；(b)图形符号

1—薄膜；2、8—钢球；3、6—弹簧；4、7—调节螺钉；
5—柱塞；9—杠杆；10—触销；11—微动开关

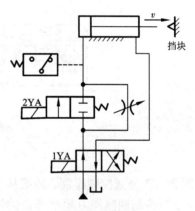

图2-26　压力继电器的应用示例

2.4.2　流量阀及速度控制回路

油缸、油马达等执行机构的速度往往需要改变，以适应工作要求。改变执行机构速度的方法称为调速法，其中节流调速是在定量泵系统中，用流量阀来改变输入到执行机构的油液的流量，以达到调节其速度的目的。

流量阀是一种能对液流施行节流的液压元件，所谓节流，即液体流径小孔或缝隙而受到显著液压阻力（即发生显著液压损失）的现象。任何一个流量阀都有一个发生节流的部分（简称节流部分），并且节流的轻重程度可以调节。流量阀在液压系统中的作用就是一个可调节的液压阻力（又称阻尼），液压阻力大的油路流量小，液压阻力小的油路流量大。油路流量的改变也就是改变了执行机构的运动速度。流量阀按其结构分为简式节流阀和复式节流阀(调速阀)。

1. 节流阀(简式节流阀)

节流阀是借助改变阀口通流面积达到对通过流量的调节作用。由于系统中一般采用定量泵供油,所以其多余的油液从溢流阀溢出,从而使节流阀对液压缸的速度实现调节。常见的节流口结构形式如图 2 – 27 所示,图(a)为针阀式节流口,针阀做轴向移动,调节环形面积的大小实现流量调节;图(b)为偏心式节流口,其阀芯上开有截面为三角形(或矩形)的偏心槽,通过转动阀芯改变通流面积而调节流量;图(c)为轴向三角槽式节流口,在阀芯端部开有一个或两个斜三角槽,通过轴向移动阀芯改变通流面积实现流量调节;图(d)为周向缝隙式节流口,在圆周方向上开有一狭缝,通过旋转阀芯改变通流面积而调节流量;图(e)为轴向缝隙式节流口,在其阀芯衬套上开有轴向缝隙,轴向移动阀芯改变缝隙通流面积大小调节流量。

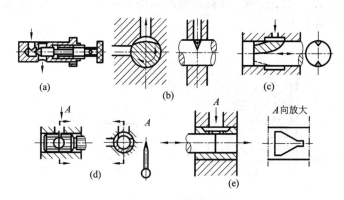

图 2 – 27　节流口的结构形式

(a)针阀式;(b)偏心槽式;(c)轴向三角槽式;(d)周向缝隙式;(e)轴向缝隙式

如图 2 – 28 所示为普通节流阀,这种节流阀的节流口为轴向三角槽式,油液从进油口 p_1 进入,经阀芯上三角槽节流后,由出油口 p_2 流出,转动调节螺母可使推杆推动阀芯做轴向移动,从而改变节流口的通流面积,对通过节流阀的流量大小实现调节。

节流阀结构简单、制造容易、体积小,但负载和温度的变化对流量的稳定性影响较大,因此只适用于负载和温度变化不大,或速度稳定性要求较低的液压系统。

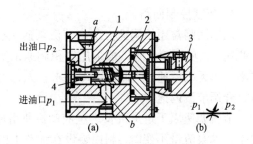

图 2 – 28　普通节流阀

(a)结构图;(b)职能符号

1—阀芯;2—推杆;3—调节螺母;4—弹簧

2. 调速阀

通过控制阀的流量 Q,除了与通流截面积 A 的大小有关外,还与节流阀前后压力差 Δp 的大小有关。当通流截面积 A 一定时,节流阀前后压力差 Δp 愈大,流量 Q 就愈大;反之亦反。也即节流阀可用来调节速度,但不能稳定速度,对于运动平稳性要求较高的液压系统,通常采用调速阀。

调速阀(复式节流阀)是定差减压阀与节流阀串联而成的组合阀,其中的定差减压阀在负载变化时,对节流阀进行压力补偿,从而使节流阀前后的压力差在负载变化时自动保持近乎不变,使工作机构的速度与负载的波动无关,而只与节流阀的开口大小有关。图2-29所示为调速阀的结构,其工作原理为:当进口油压 p_c 增大时,p_1 也随之增大,作用在定差减压阀上使之左移的液压力也增大,故定差减压阀的滑阀左移,减压阀的节流缝口的开度 δ 便减小,节流作用增加,使 p_1 又降低,直至使节流阀前后的压力差 $p_1 - p_2$ 近于保持不变;当进口油压 p_c 减小时,p_1 也随之减小,作用在滑阀上的液压力也减小,于是滑阀在弹簧力的作用下右移,使节流缝口的开度 δ 增大,节流作用减小,p_1 又升高而使节流阀前后的压力差 $p_1 - p_2$ 近于保持不变。若当出口压力 p_r 增加时,因 $p_r = p_2$,作用在滑阀上并使之右移的液压力也增大,使滑阀右移,节流缝口的开度 δ 增大,减压阀的节流作用减小,使 p_1 升高,这样虽然 p_2 升高了,但由于减压阀的作用使 p_1 也相应升高了,结果节流阀前后的压力差 $p_1 - p_2$ 仍能近乎保持不变。若当出口压力 p_r 减小时,同理,在减压阀的作用下 p_1 也相应减小,从而也能保证节流阀前后的压力差 $p_1 - p_2$ 近乎不变。

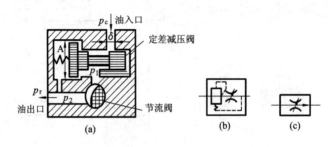

图2-29　调速阀

(a)调速阀的结构图;(b)职能符号;(c)简化职能符号

3. 速度控制回路

调速回路常用的调速方法有节流调速、容积调速和分级调速3种。前两种方法能实现无级调速,在功率较大时一般采用容积调速来实现液压无级调速。但某些工作机构的运动速度并不要求无级调速,调速范围却要求较大,功率又较大,这时采用分级调速就比较合适。本节只介绍节流调速。

节流调速用于定量泵及定量液动机所组成的系统(定量液动机包括油缸及定量油马达)。它是在油泵流量不变时,利用装设在油路上的阀来改变包括液动机在内的两条并联油路液流阻力的相对大小,使一部分压力油排回油箱而不通过液动机,从而改变进入液动机的流量,实现液动机的无级调速。节流阀在节流调速回路上的安装位置有三种:装在执行机构的进油油路上、装在执行机构的回油油路上及装在与执行机构并联的支油路上,这三种方式分别称为进油节流、回油节流及支路节流。现以进油节流回路为例加以简介,图2-30为进油节流示意图,此时节流阀被串联在油泵和油缸(液动机)之间,这种调速回路调速范围较大,但稳定性较差,功率损失较大,一般用在负载变化不大的地方及辅助装置中。

调速阀的应用之一是可构成同步回路,如图2-31所示为两个并联的液压缸,由两个调速阀分别控制所组成的同步回路,两个调速阀分别调节两液压缸活塞的运动速度。由于调速阀具有当外负载变化时仍然能够保持流量稳定这一特点,所以只要仔细调整两个调速阀开口的大小, 就能使两个液压缸保持同步。这种同步回路结构简单, 同步速度可以调整, 而且调整好的速度不会因负载变化而变化, 但是它只能是单方向速度同步且同步精度不理想。

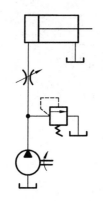

图 2 – 30　进油节流

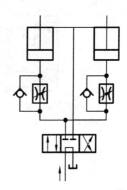

图 2 – 31　用调速阀的同步回路

2.4.3　方向阀及方向控制回路

方向阀用来控制液压系统的液流方向, 按其用途可分为单向阀和换向阀两大类。

1. 单向阀

单向阀(止回阀)用来使油路只向一个方向流动而不反流, 按其阀芯的结构有钢球式和锥阀式 2 种。图 2 – 32 所示为常用单向阀, 由阀体 1、阀芯 2、弹簧 3 等组成。图 2 – 32(a)为钢球式单向阀, 图 2 – 32(b)为管式连接的锥阀式单向阀, 图 2 – 32(c)为板式连接的锥阀式单向阀。板式连接阀的进、出油口均设在底平面上, 以便于连接在相应油口的连接板上。

将单向阀接入系统后, 当油液从 p_1 口进入单向阀时, 油压克服弹簧力的作用推动阀芯, 从而使油路接通, 压力油从 p_2 流出; 若压力油从 p_2 流入单向阀时, 油压及弹簧的弹力将阀芯压紧在阀体上, 使油液不能通过。

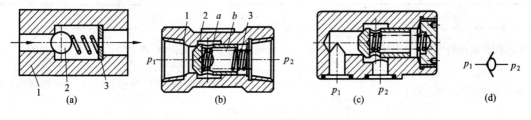

图 2 – 32　单向阀

(a)钢球式单向阀; (b)管式连接锥阀式单向阀; (c)板式连接锥阀式单向阀; (d)职能符号
1—阀体; 2—阀芯; 3—弹簧

图 2 – 33 所示为液控单向阀, 液控单向阀既可做单向阀, 也可使液流双向通过。它是在单向阀的结构上增加了一个控制油口 C、控制活塞 1 和顶杆 2。当控制油口 C 未通入油液时, 液控单向阀与单向阀的功能相同, 只能单向流动; 当给控制油口通入油液时, 控制活塞 1 向右移动, 推动顶杆 2 将阀芯 3 顶开, 使 p_1、p_2 油口接通, 油液可在两个方向自由流通。

图 2–33(b)为液控单向阀的符号。

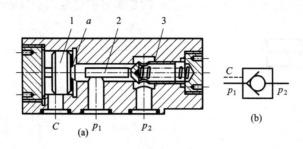

图 2–33　液控单向阀

1—控制活塞；2—顶杆；3—阀芯

2. 换向阀

换向阀是利用阀芯和阀体的相对移动，使阀所控制的各个油口接通或断开，以变换液压系统中液流方向。换向阀的种类较多，根据操纵阀芯运动的方式、阀的工作位置数和控制通路数、阀的结构形式及阀的安装方式等，可将换向阀按表 2–1 进行分类。换向阀的常见结构形式如图 2–34 所示。

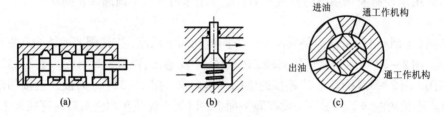

图 2–34　换向阀结构形式

(a)滑阀型换向阀；(b)锥阀门型换向阀；(c)旋转阀型换向阀

表 2–1　换向阀的分类

分类方式	型　式
操纵阀芯运动的方式	手动换向阀、机动换向阀、电磁换向阀、液动换向阀、电液换向阀
阀的工作位置数和控制的通路数	二位二通换向阀、二位三通换向阀、二位四通换向阀、三位四通换向阀等
阀的结构形式	滑阀式换向阀、转阀式换向阀、锥阀式换向阀(如图 2–34)
阀的安装方式	管式(亦称螺纹式)换向阀、板式换向阀、法兰式换向阀

为了突出换向阀的特点和性能，一般对换向阀采用复合命名方式，如三位四通电磁滑阀、二位三通液动滑阀等。由于滑阀式换向阀应用广泛，具有代表性，所以不特别说明时，其换向阀一般均指滑阀式换向阀。

(1)换向阀的工作原理及职能符号　滑阀式换向阀是靠阀芯在阀体内做往复滑动，使相应的油路接通或断开而实现换向作用。如图 2-35 所示，滑阀阀芯是一个具有多段环形槽的圆柱体，直径大的部分称为凸肩(图示阀芯有三个凸肩)，阀体内孔与阀芯凸肩相配合。阀体上开有若干段环形槽(图示阀体为五槽)，每段环形槽都通过相应的孔道(图示中为了简化用直线表示)与外部相通。这里 P 为进油口，T 为出油口，A 和 B 为工作油口，A 和 B 口通执行元件的两腔。

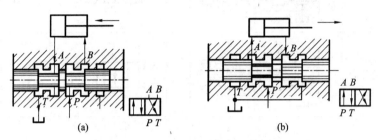

图 2-35　滑阀型换向阀的换向原理
(a)工作位置 1；(b)工作位置 2

当阀芯处于图 2-35(a)位置时，通过阀芯上的环形槽使油口 P 和 B、A 和 T 相通，液压缸有杆腔进油，活塞向左运动；当阀芯向右移动处于图 2-35(b)位置时，油口 P 和 A、B 和 T 相通，液压缸无杆腔进油，活塞向右移动。图中右侧为其符号表示，此换向阀有两个工作位置，四个通油口，故为二位四通阀。

换向阀的换向功能主要取决于阀的工作位置数和由它所控制的通路数，用符号可清晰的表示出换向阀的结构原理。如图 2-36 所示，用方框表示阀的工作位置，有几个方框就表示有几位；一个方框内的上边和下边与外部连接的接口数表示几通；方框内的箭头表示在此位置上油路处于接通状态，"⊥"和"⊤"与方框的交点表示通路被阀芯堵死，每个换向阀都有一个常态位(即阀芯在未受到外力作用时的位置)，用 P 表示进油口，T 表示回油口，A、B 表示工作油口，这些字母一般均标注在常态位。

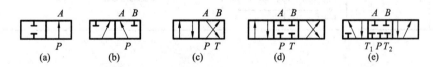

图 2-36　换向阀的位置和通路的职能符号表示
(a)二位二通；(b)二位三通；(c)二位四通；(d)三位四通；(e)三位五通

三位换向阀的阀芯在阀体中有左、中、右三个位置，左、右位置是使执行元件分别产生不同的运动状态，中间位置是常态位，除了使执行元件停止运动外，还表示了各油口有不同的连通方式，可体现出阀芯处于不同位置时的各种功能，称为滑阀机能(或中位机能)。常用三位四通滑阀的中位机能见表 2-2。

(2)常用换向阀　换向阀按改变阀芯位置的操纵方式有手动换向阀、机动换向阀、电磁换向阀、液动换向阀和电液动换向阀。其符号如图 2-37 所示。

表2-2　三位四通滑阀的中位机能

机能符号	名称	结构简图	符号	机能特点和作用
O	中间封闭			各油口全部关闭,系统保持压力,油缸封闭
H	中间开启			各油口全部连通,油泵卸荷,油缸两腔接通
P	PAB 连接			压力油口 P 与缸两腔连通,回油口封闭
Y	ABT 连接			P 口保持压力,油缸两腔连通
K	PAT 连接			油泵卸荷,油缸 B 口封闭
M	PT 连接			油泵卸荷,油缸两腔封闭

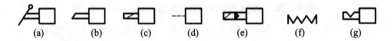

图2-37　换向阀操纵方式符号

(a)手动;(b)机动;(c)电磁;(d)液动;(e)电液动;(f)弹簧;(g)定位

1)手动换向阀　手动换向阀是由操作者直接控制的换向阀。如图2-38所示为三位四通手动换向阀,图示位置时阀芯处在中位,油口 P、A、B、T 全部封闭;扳动手柄向右,阀芯移向左,油口 P 与 A 相通,B 口与 T 口经阀芯内的轴向孔相通;扳动手柄向左,阀芯移向右位,则 P 口与 B 口、A 口与 T 口相通,从而实现换向。

2)机动换向阀　机动换向阀是由行程挡块(或凸轮)推动阀芯而实现换向,故又称行程

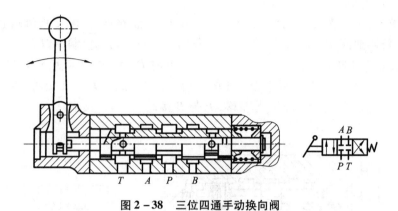

图 2 - 38 三位四通手动换向阀

阀。图 2 - 39 所示为二位三通机动换向阀，在常态位时，P 口与 A 口相通；当行程挡块 5 推动压下换向阀滚轮 4 时，阀芯下移，P 口与 B 口相通。图中阀芯 2 上的轴向孔是泄漏通道，可减轻阀运动时的冲击与振动。机动换向阀具有动作可靠、调节方便等优点，广泛应用于机床液压系统中。

3）电磁换向阀 电磁换向阀简称电磁阀，它是利用通电后电磁铁的电磁力推动阀芯动作而实现换向。图 2 - 40 所示为二位四通电磁阀，它由电磁铁 1、推杆 2、阀芯 3、阀体 4 和弹簧 5 等组成。它的工作原理如图 2 - 40（b）所示，当电磁铁断电时，阀芯在弹簧力的作用下处于左位，来自泵的油液经 P、B 进入缸的右腔，液压缸向左运动，缸左腔的油液经 A、T 回油箱；当电磁铁通电时，阀芯在电磁力作用下克服弹簧力处于右位，油液经 P、A 进入缸的左腔，推动液压缸向

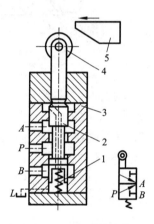

图 2 - 39 机动换向阀

1—弹簧；2—阀芯；3—阀体；
4—滚轮；5—行程开关

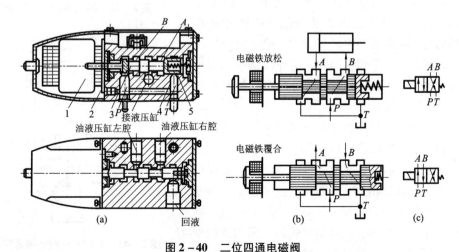

图 2 - 40 二位四通电磁阀

（a）结构图；（b）工作原理；（c）职能符号

右运动, 缸右腔的油液经 B、T 回油箱。

4) 液动换向阀　液动换向阀是利用系统中控制油路的油液来推动阀芯的换向阀。图 2-41 为三位四通液动换向阀的结构及图形符号, 当左右两端控制油口 C_1、C_2 都未通入油液时, 阀芯在弹簧力的作用下处于图示的常态位, 此时 P、A、B、T 口互不相通; 当控制回路的油液从控制油口 C_1 进入时, 阀芯在油压的作用下右移, 此时 P 与 A 接通、B 与 T 接通; 当控制油液从控制油口 C_2 进入时, 阀芯左移, P 与 B 接通、A 与 T 接通。

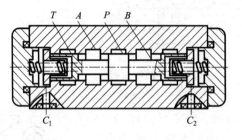 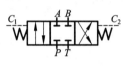

图 2-41　液动换向阀

液动换向阀结构简单、动作可靠、平稳, 由于液压驱动力大, 故可用于流量较大的液压系统中。

3. 换向阀在方向控制回路中的应用

控制液流的通、断和流动方向的回路称为方向控制回路, 方向控制回路中换向动作的执行元件一般由换向阀来实现。

(1) 换向回路　图 2-42 所示为三位四通换向阀构成的换向回路, 当阀芯处于图示位置时, 工作台向右运动, 当阀芯处于右位时, 工作台向左运动。

(2) 锁紧回路　锁紧回路是使液压缸能在任意位置上停止, 且停止后不会在外力作用下移动位置。锁紧回路可以采用 O 形或 M 形机能的三位换向阀实现锁紧的回路, 阀芯处于中间位置时, 液压缸的进出油口均被封闭, 从而将活塞锁住, 这种回路中滑阀可能有泄漏, 因此停止时间稍长, 即可能产生松动而使活塞漂移, 锁紧效果较差。

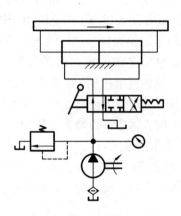

图 2-42　换向阀的换向回路

图 2-43 采用的是液控单向阀锁紧回路。换向阀处于左位时, 压力油经液控单向阀进入缸体左腔, 同时将右液控单向阀打开, 使缸体右腔油液能经液控单向阀及换向阀流回油箱; 反之亦反。该锁紧回路活塞可以在行程的任何位置锁紧, 其锁紧精度只受液压缸内少量的内泄漏的影响, 锁紧精度较好。采用液控单向阀的锁紧回路, 换向阀的中位机能应使液控单向阀

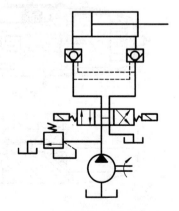

图 2-43　液控单向阀的锁紧回路

的控制油液卸压(即应采用 H 形或 Y 形滑阀机能的换向阀)，此时，液控单向阀便能立即关闭，活塞停止运动。

2.5　工程机械典型液压系统

本节以汽车起重机为例，通过对其液压系统的分析，进一步熟悉常见液压元件和基本回路在系统中的作用，加深对液压系统工作原理的理解。

汽车起重机是将起重机安装在汽车底盘上的一种起重运输设备。它主要由起升、回转、变幅、伸缩和支腿等工作机构组成，这些动作的完成由液压系统来实现。对于汽车起重机的液压系统，一般要求输出力大、动作平稳、耐冲击，且操作要灵活、方便、安全可靠。

图 2-44 为 Q_2-8 型汽车起重机外形简图，它由载重汽车 1、回转机构 2、支腿 3、变幅油缸 4、吊臂伸缩缸 5、起升机构 6 和基本臂 7 等组成。起重机的最大起重量为 80 kN，最大起重高度为 11.5 m，起重装置可连续回转。该机有较高的行走速度，可以和运输车队编队行驶，机动性好。

起重机的液压系统分上车和下车两部分，其中上车系统完成吊臂伸缩、吊臂变幅、转台回转和重物升降等动作，支腿的收放由下车系统完成。为简化系统图，下面只分析其上车系统。

如图 2-45 所示，液压泵 1 输出的压力油液，经滤油器 2 过滤后，通过手动换向阀 5 切换至上车或下车系统。当阀 5 处于右位时(图示位置)，油液进入上车系统，经手动阀组后回到油箱。手动阀组由四个三位四通手动换向阀

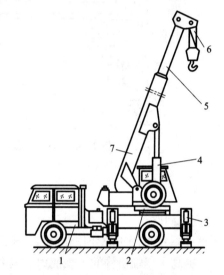

图 2-44　Q_2-8 型汽车起重机外形简图
1—载重汽车；2—回转机构；3—支腿；4—变幅油缸；
5—吊臂伸缩缸；6—起升机构；7—基本臂

组成，各阀均为 M 形中位机能，相互串联组合，使执行元件既能单独动作又能联合动作。当各阀处于中位时，液压泵卸荷。溢流阀 4 限制上车系统的最高工作压力，起安全保护作用。

1. 吊臂伸缩回路

吊臂由基本臂和伸缩臂组成，伸缩臂套装在基本臂中，吊臂的伸缩运动是由伸缩液压缸来驱动的。换向阀 6 可控制伸缩臂地伸出、缩回和停止，例如，当阀 6 在左位工作时，吊臂伸出。其油路为：

进油路：泵 1→滤油器 2→阀 5 右位→阀 6 左位→平衡阀 14 中单向阀→伸缩缸下腔。

回油路：伸缩缸上腔→阀 6 左位→阀 7 中位→阀 8 中位→阀 9 中位→油箱。

吊臂缩回时，因液压力与负载力方向一致，为防止吊臂在重力作用下自行收缩，在伸缩缸的下腔回油腔设置了平衡阀 14，以提高收缩运动的可靠性。

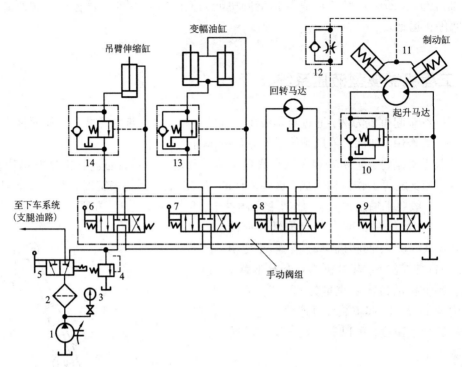

图 2 – 45　Q_2 – 8 型汽车起重机上车液压系统原理图

1—液压泵；2—滤油器；3—压力表；4—溢流阀；5—二位三通手动换向阀；
6、7、8、9—三位四通手动换向阀；10、13、14—平衡阀；11—制动缸；12—单向节流阀

2. 变幅回路

吊臂变幅机构用于改变作业高度，要求能带载变幅，且动作要平稳。本机采用两个液压缸并联，提高了变幅机构的承载能力。其要求以及油路与吊臂伸缩油路类同。

3. 回转油路

回转机构要求吊臂能在任意方位起吊。该机构采用液压马达作为执行元件，操作换向阀，可使回转马达正、反转或停止。由于转台回转速度小（1～3 r/min），马达的转速也小，因此不设缓冲装置。

4. 起升回路

起升回路是起重机系统中的主要工作回路，重物的提升和落下由一个大扭矩液压马达带动卷扬机来完成。换向阀 9 控制起升马达的正、反转，平衡阀 10 用来防止重物超速下降。

由于液压马达的内泄漏比较大，当重物吊在空中时，有可能产生"溜车"现象（重物缓慢下移）。为此，在液压马达的驱动轴上设置制动缸 11，当液压马达停转时，弹簧力使制动缸锁住驱动轴；当起升机构工作时，在系统油压的作用下，制动缸松闸。

当重物在悬空停止后再次起升时，若制动缸立即松闸，由于液压马达进油路来不及立刻建立足够的油压，进而造成重物短时间拖动马达反转而失控下滑。为了避免这种现象的产生，在制动缸油路设置单向节流阀 12，使得液压马达停转时，制动缸能迅速制动。而在起升机构工作时，制动缸缓慢松闸（松闸时间用节流阀调节）。

重物起升时油路为：

进油路：泵 1→滤油器 2→阀 5 右位→阀 6 中位→阀 7 中位→阀 8 中位→阀 9 左位→平衡阀 10 中单向阀→起升马达。

单向节流阀 12 中节流阀→制动缸下腔(松闸)。

回油路：起升马达→阀 9 左位→油箱。

重物下降时，手动换向阀 9 切换至右位工作，液压马达反转，回油经阀 12 的液控顺序阀、阀 9 右位回油箱。

当停止作业时，阀 9 处于中位，泵卸荷，制动缸 11 在弹簧力作用下使液压马达制动。

思考题

1. 填空题

(1)液压传动是以_____能来传递和转换能量的。

(2)液压传动装置由_____、_____、_____、_____和_____五部分组成，其中_____和_____为能量转换装置。

(3)液压系统中的压力，即常说的表压力，指的是_____压力。

(4)三位换向阀处于中间位置时，其油口 P、A、B、T 间的通路有各种不同的联结形式，以适应各种不同的工作要求，将这种位置时的内部通路形式称为三位换向阀的_____。

(5)压力阀的共同特点是利用_____和_____相平衡的原理来进行工作的。

(6)顺序阀是利用油路中压力的变化控制阀口_____，以实现执行元件顺序动作的液压元件。

2. 选择题

(1)流量连续性方程是( )在流体力学中的表达形式，而伯努利方程是( )在流体力学中的表达形式。

A.能量守恒定律　　B.动量定理　　　C.质量守恒定律　　D.其他

(2)液压系统的最大工作压力为 10 MPa，安全阀的调定压力应为( )。

A.等于 10 MPa　　B.小于 10 MPa　　C.大于 10 MPa　　D.不能确定

(3)一水平放置的双杆液压缸，采用三位四通电磁换向阀，要求阀处于中位时，液压泵卸荷，液压缸浮动，其中位机能应选用( )；要求阀处于中位时，液压泵卸荷，且液压缸闭锁不动，其中位机能应选用( )。

A.O 型　　　　　B.M 型　　　　　C.Y 型　　　　　D.H 型

(4)( )在常态时，阀口是常开的，进、出油口相通；( )在常态时，阀口是常闭的，进、出油口不通。

A. 溢流阀　　　B. 减压阀　　　C.顺序阀

3. 计算题

如图 1 所示，两串联双杆活塞液压缸的有效作用面积 $A_1 = 50$ cm^2，$A_2 = 20$ cm^2，液压泵的流量 $q_v = 3$ L/min，负载 $F_1 = 5$ kN，$F_2 = 4$ kN，不计损失，求两缸工作压力 p_1、p_2 及两活塞运动速度 v_1、v_2。

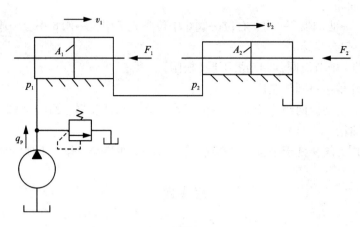

图 1

第3章 工程机械基础

3.1 工程机械产品型号的编制方法

产品型号由工程机械产品的类、组、型、特性代号与主参数代号构成,如需增添变型、更新代号时,其变形、更新代号置于原产品型号的尾部,如图3-1所示。

类、组、型、特   主参数代号   变型、更新

图3-1 工程机械产品型号的编制

产品型号编制要求:①组、型、特性代号均用印刷体大写正体汉语拼音字母表示,该字母应是组、型与特性名称中有代表性汉语拼音字头表示,如与其他型号有重复时,也可用其他字母表示,组、型、特性代号的字母总数原则上不超过3个,最多不超过4个,如其中有阿拉伯数字,则阿拉伯数字位于产品型号的前面。②主参数用阿拉伯数字表示,每1个型号尽可能采用1个主参数代号。③当产品结构、性能有重大改进和提高,需重新设计、试制和鉴定时,其变形、更新代号用汉语拼音字母 A、B、C 等表示,置于原产品型号的尾部。④当产品的主参数、动力性能等有重大改变时,则应改变产品的型号。

工程机械产品型号编制规定见表3-1。

产品型号应用示例:三一混凝土泵 HBT60C-1410 型号编制如图3-2。

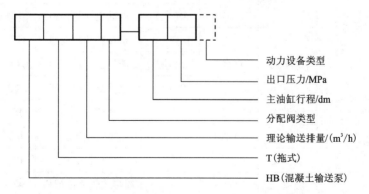

动力设备类型
出口压力/MPa
主油缸行程/dm
分配阀类型
理论输送排量/(m³/h)
T(拖式)
HB(混凝土输送泵)

图3-2 三一重工 HBT60C-1410 混凝土泵的型号编制

表3-1 产品型号编制节选(摘自 JB/T 9725—1999)

类	组		型		特性	产品		主参数	
名称	名称	代号	名称	代号	代号	名称	代号	名称	单位
挖掘机械	单斗挖掘机	W(挖)	履带式	—	—	履带式机械挖掘机	W	整机质量	t
					Y(液)	履带式液压挖掘机	WY		
					D(电)	履带式电动挖掘机	WD		
			轮胎式	L(轮)	—	轮胎式机械挖掘机	WL		
					Y(液)	轮胎式液压挖掘机	WLY		
					D(电)	轮胎式电动挖掘机	WLD		
			汽车式	Q(汽)	—	汽车式机械挖掘机	WQ		
					Y(液)	汽车式液压挖掘机	WQY		
			步履式	B(步)	—	步履式机械挖掘机	WB		
					Y(液)	步履式液压挖掘机	WBY		
					D(电)	步履式电动挖掘机	WBD		
	挖掘装载机	WZ(挖装)	—	—	—	挖掘装载机	WZ	标准斗积	m³
	多斗挖掘机	W	轮斗式	U(轮)	—	机械轮斗挖掘机	WU	生产率	m³/h
					Y(液)	液压轮斗挖掘机	WUY		
					D(电)	电动轮斗挖掘机	WUD		
			链斗式	T(条)	—	机械链斗挖掘机	WT		
					Y(液)	液压链斗挖掘机	WTY		
					D(电)	电动链斗挖掘机	WTD		
	多斗挖沟机	G	轮斗式	U(轮)	—	机械轮斗挖掘机	GU	挖沟深度	m×10
					Y(液)	液压轮斗挖沟机	GUY		
					D(电)	电动轮斗挖沟机	GUD		
			链斗式	T(条)	—	机械链斗挖沟机	GT		
					Y(液)	液压链斗挖沟机	GTY		
					D(电)	电动链斗挖沟机	GTD		
	掘进机	J	隧道式	S(隧)	—	隧道掘进机	JS	刀盘直径	
			顶管式	G(管)	—	顶管掘进机	JG		
			盾构式	D(盾)	—	盾构掘进机	JD		
	特殊用途挖掘机	W(挖)	隧道式	S(隧)	—	履带式隧道挖掘机	WS	整机质量	t
			湿地式	SD(湿地)	—	湿地挖掘机	WSD		
			船用式	C(船)	—	船用挖掘机	WC		
			水陆两用式	SL(水陆)	—	水陆两用挖掘机	WSL		

续表 3-1

类 名称	组 名称	代号	型 名称	代号	特性 代号	产品 名称	代号	主参数 名称	单位
铲土运输机械	准备作业机械	Z(准)	除荆机	J(荆)	—	除荆机	ZJ	功率	kW×1.341
			除根机	G(根)	—	除根机	ZG		
	推土机	T(推)	履带式	—	—	履带式机械推土机	T		
					Y(液)	履带式液力推土机	TY		
					Q(全)	履带式全液压推土机	TQ		
			履带湿地式	S(湿)	—	机械湿地推土机	TS		
					Y(液)	液力机械湿地推土机	TSY		
					Q(全)	全液压湿地推土机	TSQ		
			轮胎式	L(轮)	—	轮胎式液力机械推土机	TL		
					Q(全)	轮胎式全液压推土机	TLQ		
			特殊用途	—	J(井)	通井机	TJ		
					B(扒)	推扒机	TB		
				DG(吊管)	—	履带式机械吊管机	DG	额定总起重量	t
					Y(液)	履带式液压吊管机	DGY		
	装载机	Z(装)	履带式	—	—	履带式机械装载机	Z	额定载重量	t×10
					Y(液)	履带式液力机械装载机	ZY		
					Q(全)	履带式全液压装载机	ZQ		
			履带湿地式	S(湿)	—	机械湿地装载机	ZS		
					Y(液)	液力机械湿地装载机	ZSY		
					Q(全)	全液压湿地装载机	ZSQ		
			轮胎式	L(轮)	—	轮胎式液力机械装载机	ZL		
					Q(全)	轮胎式全液压装载机	ZLQ		
			特殊用途	—	LD(轮井)	轮胎式井下装载机	ZLD		
					LM(轮木)	轮胎式木材装载机	ZLM		
	铲运机	C(铲)	自行轮胎式	L(轮)	—	轮胎式铲运机	CL	铲斗几何容量	m³
					S(双)	轮胎式双发动铲运机	CLS		
			自行履带式	U(履)	—	履带式装载机	CU		
			拖式	T(拖)	—	机械拖式铲运机	CT		
					Y(液)	液压拖式铲运机	CTY		
	平地机	P(平)	自行式平地机	—	—	机械式平地机	P	功率	kW×1.341
					Y(液)	液力机械式平地机	PY		
					Q(全)	全液压平地机	PQ		

3.2 内燃机

内燃机是将燃料和空气的混合物在发动机内部燃烧，并且放出热能而做功的原动机，它在工程机械上应用极其广泛。

3.2.1 内燃机的工作原理

图3-3所示为单缸四冲程柴油机的工作循环图，由进气、压缩、做功和排气4个冲程构成一个工作循环。在阐述其工作原理前，先介绍几个术语。

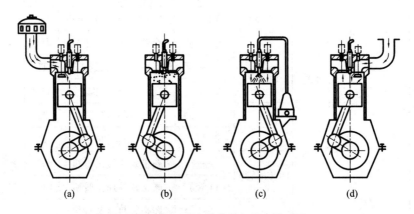

图3-3 单缸四冲程柴油机的工作过程
(a)进气冲程；(b)压缩冲程；(c)做功冲程；(d)排气冲程

①上止点，活塞顶在汽缸中离曲轴中心距离最远的位置。
②下止点，活塞顶在汽缸中离曲轴中心距离最近的位置。
③活塞冲程，活塞从上止点到下止点所移动的距离，用S表示。
④汽缸工作容积，活塞在汽缸中从上止点移到下止点所包容的容积。
⑤燃烧室容积，活塞在上止点时，活塞顶上部的汽缸容积。
⑥汽缸总容积，活塞在下止点时，活塞顶上部的汽缸容积，汽缸总容积为燃烧室容积与汽缸工作容积之和。
⑦压缩比，汽缸总容积与燃烧室容积之比，一般汽油机的压缩比约为6~10，柴油机的压缩比约为16~21。

四冲程内燃机的一个工作循环包括进气、压缩、做功和排气4个冲程。

1. 进气冲程

如图3-3(a)所示，当曲轴转动，活塞由上止点向下止点移动，由于汽缸容积逐渐增大（此时进气门开启，排气门关闭），新鲜空气在汽缸内外压力差的作用下吸入汽缸内，当活塞移到下止点，进气门关闭，进气冲程终了。

2. 压缩冲程

如图3-3(b)所示，曲轴继续转动，活塞由下止点向上止点移动，由于进、排气门均关闭，汽缸容积不断缩小，受压缩气体的温度和压力不断升高，为喷入柴油并自行着火燃烧创造良好条件，当活塞移动到上止点时，压缩冲程结束。

3. 做功冲程

如图 3 - 3(c)所示，当压缩冲程接近结束时，由喷油器向燃烧室喷入一定数量的高压雾化柴油，雾化柴油遇到高温、高压的空气后，边混合边蒸发，迅速形成可燃混合气并自行着火燃烧，因此，受热气体膨胀推动活塞由上止点迅速向下止点移动，并通过连杆迫使曲轴旋转而产生动力，故此冲程为做功冲程。

4. 排气冲程

如图 3 - 3(d)所示，当做功冲程终了时，汽缸内充满废气，由于飞轮的惯性作用使曲轴继续旋转，推动活塞从下止点向上止点移动，排气门打开，进气门仍关闭，由于做功后的废气压力高于外界大气压力，废气在压力差及活塞的排挤作用下，经排气门迅速排出汽缸外，当活塞移到上止点时，排气冲程结束。

四冲程内燃机每完成 1 个工作循环中，只有 1 个是做功冲程，其余 3 个都是做功冲程的辅助冲程，消耗动力。由于曲轴在做功冲程时的转速大于其他 3 个冲程的转速，因此，单缸内燃机的工作不平稳，多缸内燃机能克服这个弊病。例如，四缸四冲程内燃机的 1 个工作循环中，每 1 冲程均有 1 个汽缸为做功冲程，因此，曲轴旋转较均匀，内燃机工作也就较平稳。

四冲程汽油机的工作过程与四冲程柴油机相似，主要不同之处是：

①混合气形成方式不同。汽油机的汽油和空气在汽缸外混合，进气冲程进入汽缸的是可燃混合气，而柴油机进气冲程进入汽缸的是纯空气；柴油是在做功冲程开始阶段喷入汽缸的，在汽缸内与空气混合。

②着火方式不同。汽油机用电火花点燃混合气，而柴油机是用高压将柴油喷入汽缸内，并靠高温气体加热自行着火燃烧。所以汽油机有点火系统，而柴油机则无点火系统。

3.2.2　内燃机的性能指标及型号

1. 内燃机的性能指标

内燃机的主要性能通常是指它的动力性和经济性。在内燃机产品的铭牌和使用说明中，都标有几种有代表性的性能指标，便于使用人员了解内燃机的性能，达到合理使用内燃机的目的。

(1)有效扭矩 M_e　内燃机飞轮对外输出的扭矩，称为有效扭矩，它是指发动机克服内部各运动件的摩擦阻力和驱动各辅助装置(水泵、油泵、风扇、发电机等)后，在飞轮上可供外界使用的扭矩。

(2)有效功率 P_e　内燃机正常运转时从输出轴输出的功率。

有效功率是内燃机最主要的性能指标之一，它是内燃机的有效扭矩 M_e 与转速 n 的乘积，可用式(3 - 1)来计算：

$$P_e = \frac{2n}{60} M_e \times 10^{-3} \qquad (3 - 1)$$

式中　P_e——内燃机的有效功率，kW；

　　　M_e——曲轴扭矩，N·m；

　　　n——曲轴转速，r/min。

根据内燃机的不同用途，我国规定了 15 min 功率、1 h 功率、12 h 功率、持久功率等 4 种标定功率的方法，其中 12 h 功率又称额定功率，用 P_e 表示。工作中应严格按照规定的功率范围使用内燃机，否则易使内燃机发生故障或缩短其使用寿命。

（3）耗油率 g_e　耗油率表示发动机每发出 1 kW 有效功率，在 1 h 内所消耗的燃油克数，它是衡量内燃机经济性的重要指标。耗油率越低，内燃机的经济性越好。耗油率 g_e 可用公式（3－2）来计算：

$$g_e = \frac{G}{P_e} \times 10^3 \tag{3－2}$$

式中　g_e——内燃机的耗油率，g/kW · h；

　　　G——发动机每小时消耗的燃油量，kg/h。

内燃机的上述三个性能指标中，前两个表示其动力性，后一个表示其经济性。

2. 国产内燃机型号的编制规则

内燃机的型号是区别其类型的标志，为了便于内燃机的生产管理和使用，就应该懂得内燃机名称和型号的编制含义。

我国对内燃机名称和型号的编制方法做了统一的规定，现将此规定的主要内容介绍如下：

（1）内燃机分类　内燃机按其所采用的主要燃料的不同，可分为柴油机、汽油机、煤气机等。

（2）内燃机的型号　内燃机的型号反映了内燃机的主要结构及性能，如图 3－4 所示，它包括以下四项内容：

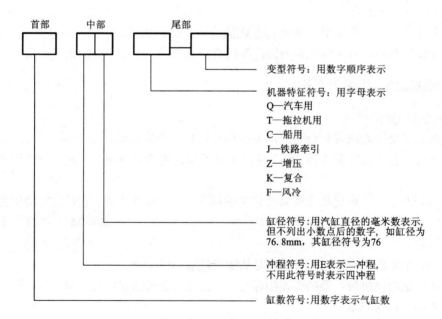

图 3－4　内燃机型号编制

1）汽缸数：用阿拉伯数字表示一台内燃机所具有的汽缸数目。

2）机型系列：用阿拉伯数字表示内燃机汽缸的直径（mm），用汉语拼音的首位字母表示完成一个工作循环的冲程数（一般同一机型汽缸直径相同，不论汽缸数多少，其主要零件彼此都可以通用）。

3）变型符号：表示该机经过改型后，在结构和性能上的变化。用数字表示改型顺序，并用"－"与前面符号分开。

4）用途及结构特点：必要时，在短横前可增加机器特征符号，以表示内燃机的主要用途和不同结构特点。

内燃机型号编制规定如下：

内燃机型号编制举例：

①4135C－l 柴油机——表示 4 缸、四冲程、缸径为 135 mm、水冷、船用，第一种变型产品。

②12E230C 柴油机——表示 12 缸、二冲程、缸径为 230 mm、船用。

③1E56F 汽油机——表示单缸、二冲程、缸径为 56 mm、风冷。

④4100Q－4 汽油机——表示 4 缸、四冲程、缸径为 100 mm、汽车用、第四种变型产品。

有些内燃机的型号编制与上述规定不相符合，例如：

①CA－10B 汽油机——CA 为第一汽车厂的企业代号，10 表示载货汽车用（汽车种类代号）、B 表示第二种变型产品。

②25Y－6100Q 汽油机——25 表示装载质量为 2 500 kg，Y 表示越野汽车，6100Q 表示 6 缸、四冲程、缸径为 100 mm、汽车用。

3.3 工程机械底盘

底盘是整机的支承，并能使整机以作业所需要的速度和牵引力沿规定方向行驶。一般由传动系、行走系、转向系和制动系组成。

3.3.1 传动系

1. 传动系功用

工程机械的动力装置和驱动轮之间的传动部件总成称为传动系。由于柴油机或汽油机的输出特性与工程机械运行或作业特性存在矛盾，所以工程机械不能把柴油机或汽油机与驱动轮直接相连接而需要通过传动系。柴油机或汽油机的输出特性是转矩小、转速高，而且转矩和转速变化范围小，工程机械运行或作业时往往需要大转矩、低速度，以及转矩和速度变化范围大。工程机械通过传动系将发动机的动力按需要降低转速和增加转矩后传递给驱动轮，使之适应工程机械运行或作业的需要，而且，传动系还具有切断动力实现空载启动和换挡的功能。传动系根据动力传动形式分为机械式、液力机械式、全液压式和电传动式 4 种类型。

2. 传动系组成

工程机械传动系可用简图表示其动力及运动传动情况，叫做传动简图或传动图。

（1）机械式传动系组成 图 3－5 所示为轮式工程机械的机械式传动图，主要由主离合器、变速器、万向传动装置、主传动器和差速器等组成。主离合器位于发动机和变速器之间，由驾驶员操纵，可以根据机械运行作业的实际需要切断或接通传给变速器等总成的动力，以满足机械起步、换挡与发动机不熄火停车的需要；变速器可改变机械的行驶速度，或改变机械的行驶方向。由于变速器动力输出轴与传动系其他装置的动力输入轴不在同一直线上，而且动力输入轴和输出轴的相对位置在行驶过程中是变化的，所以需要用万向传动装置连接并传递动力；万向传动装置包括万向节3和传动轴8；主传动器7由一对或两对齿轮组成，它除了进一步降低转速、增大扭矩外，还将万向传动装置传递来的动力方向改变90°，进而传给差速器5。工程机械在行驶过程中，因转弯等原因，会出现在同一行驶时间内左右驱动轮所滚过的路程不相等的现象，为此，把驱动左右轮的驱动轴做成两段，形成两根半轴6，由差速器把两半轴连接起来，以实现左右驱动轮不等速滚动，保证机械的正常行驶。主传动器、差速器和半轴装在同一壳体内，形成一个整体，称为驱动桥。

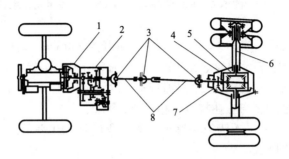

图3-5　轮式工程机械传动图

1—离合器；2—变速器；3—万向节；4—驱动桥；5—差速器；6—半轴；7—主传动器；8—传动轴

图3-6所示为履带式工程机械传动图。内燃机1纵向前置，与之连接的是主离合器3。动力从内燃机输出，经主离合器、联轴器传给变速器4，变速器动力输出轴和主传动齿轮制成一体。动力方向改变90°后，由紧固在驱动轴上的从动锥齿轮传给左右转向离合器6，最后经终传动装置7传到驱动链轮8。

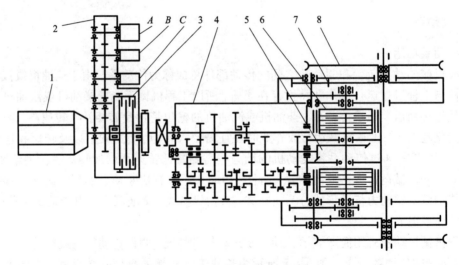

图3-6　履带式工程机械传动图

1—内燃机；2—齿轮箱；3—主离合器；4—变速器；5—主传动齿轮；6—转向离合器；7—终传动装置；
8—驱动链轮；A—工作装置液压油泵；B—离合器液压油泵；C—转向离合器液压油泵

　　履带式工程机械的机械传动系因转向方式与轮式机械不同，故在驱动桥内设置了转向离合器。另外，在动力传至驱动链轮之前，为进一步减速增矩，增设了终传动装置，以满足履带式机械需要较大牵引力的需求。

（2）液力机械式传动系的组成　　液力机械式传动系愈来愈广泛地用在工程机械上。图3-7所示为ZL50型装载机传动图，纵向后置内燃机将动力经液力变矩器1及具有双行星排的动力换挡行星变速器3传给前后驱动桥。这种液力机械式传动系与机械式传动系相比，主要优点为：

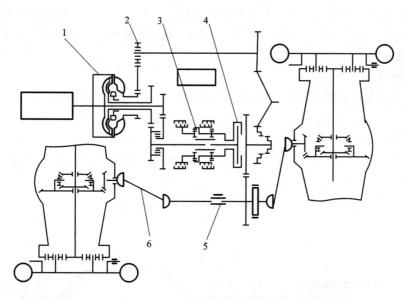

图3-7　ZL50型装载机传动图

1—液力变矩器；2—单向离合器；3—行星变速器；4—换挡离合器；5—脱桥机构；6—传动轴

1）能自动适应外阻力的变化，使机械能在一定范围内无级地变更其输出轴转矩与转速。当阻力增加时，则自动降低转速，增加转矩，从而提高机械的平均速度与生产率。

2）因液力传动的工作介质是液体，所以能吸收并消除来自内燃机及外部的冲击和振动，从而提高了机械的寿命。

3）因液力装置自身具有无级调速的特点，故变速器的挡位数可以减少，并且因采用动力换挡变速器，减小了驾驶员的劳动强度，简化了机械的操纵。

（3）全液压式传动系的组成　　由于全液压式传动具有结构简单、布置方便、操纵轻便、工作效率高、容易改型换代等优点，近年来，在公路工程机械上应用广泛。例如，具有全液压式传动系的挖掘机，目前已基本取代了机械式传动系的挖掘机。图3-8所示为挖掘机的全液压式传动图。

柴油机9通过分动箱8直接驱动5个液压泵，其中两个双向变量柱塞泵2供走行装置中柱塞式液压马达6用，两个辅助齿轮泵1作为走行装置液压系统补油用，另一个齿轮泵7供工作装置用。走行装置是由柱

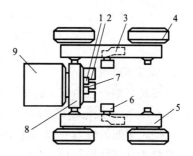

图3-8　全液压式传动图

1—辅助齿轮泵；2—双向变量柱塞泵；3—小齿轮箱；4—走行轮；5—走行减速器；6—柱塞式液压马达；7—齿轮式液压泵；8—分动箱；9—柴油机

塞式液压马达通过齿轮箱3来驱动四个走行轮的。有的机械也直接用液压马达驱动走行轮，进一步简化了传动系。

3.3.2　行走系

行走系用以支承工程机械底盘各部件并保证工程机械的行驶。根据行走装置的不同，行走系可分为履带式、轮胎式、轨行式和步行式4种。履带式由机架、履带架和四轮一带等组成，轮式由机架、悬架、桥壳与轮胎、轮辋等组成，轨行式由机架、转向架和轮对等组成，步行式由机架和步行装置等组成。

1. 整体式车架

整体式车架由两根纵梁和若干根横梁采用铆接或焊接的方法连接成坚固的框架。纵梁由钢板冲压而成，断面一般为槽形。对于重型机械的车架，为了提高车架的抗扭强度，纵梁断面可采用箱形结构。

横梁不仅用来保证车架的扭转刚度和承受纵向荷载，而且还用来支承机械的各个部件。因此，横梁在车架上的位置、形状及其数量，应由车架的受力情况及机械的总体布置要求来决定。图3-9所示为TL160型轮胎推土机整体式车架示意图。

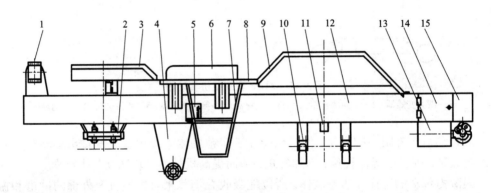

图3-9　TL160型轮胎推土机整体式车架示意图

1—推土板油缸支架；2—前桥支架；3—前挡泥板；4—推架支承；5—转向助力缸支架；
6—活动盖板；7—车梯；8—驾驶室底板；9—后挡泥板；10—后桥支架；11—限位块；
12—车架主梁；13—牵引钩；14—蓄电池箱；15—保险杠

2. 铰接式车架

铰接式车架一般由前、后车架通过车架之间销轴铰接而成，并通过转向机构使前车架相对后车架转动。铰接式车架具有较小的转弯半径。

铰接式车架的铰点一般采用销套式、球铰式和滚锥轴承式等形式。

销套式具有结构简单、工作可靠等优点，但上、下铰点销孔的同心度要求高，上、下铰点间距离不宜过大。一般适用于中、小型工程机械上。

球铰式可改善铰销的受力情况，增加上、下铰销之间的距离，一般适用于大型装载机上。滚锥轴承式能使前后车架偏转更为灵活，但结构较为复杂、成本较高。图3-10所示为966D型装载机铰接式车架。

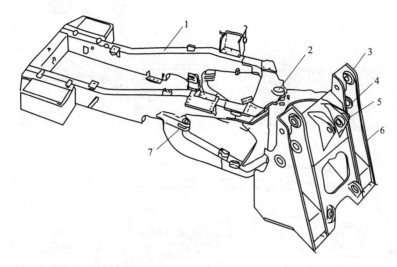

图 3 – 10　966D 型装载机铰接式车架

1—后车架；2—铰销；3—动臂销座；4—动臂油缸销座；5—转斗油缸销座；6—前车架；7—转向油缸销座

3. 履带式行走系

履带式行走系主要是支持机体，并将传动系传到驱动链轮上的转矩变成所需的牵引力，使机械进行作业和行驶。

履带式行走系通常由驱动轮 1、履带 2、支重轮 3、台车架 4、张紧装置 5、引导轮 6、车架 7、悬架弹簧 8 及托轮 9 等零部件组成，如图 3 – 11 所示。

与轮式行走系相比，履带式行走系的支承面积大，接地比压力小，适合在松软或泥泞的场地进行作业，通过性能较好。另外，履带支承面上有履齿，不易打滑，牵引附着性能好。但是，履带式行走系统结构复杂、质量大、减振功能差，"四轮一带"磨损严重，因此行驶速度低、机动性较差。

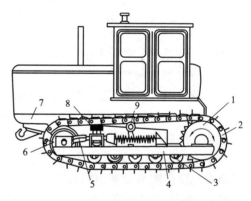

图 3 – 11　履带式拖拉机行走系的组成

1—驱动轮；2—履带；3—支重轮；4—台车架；5—张紧装置；
6—引导轮；7—车架；8—悬架弹簧；9—托轮

（1）台车架　台车架是走行机构的主体，图 3 – 12 所示为 T220 型推土机左台车简图。它是用加强槽钢的箱形断面纵梁，以 U 形和 L 形横板连接成矩形的框架结构，在左、右纵梁前部的上面和内侧各焊有供引导轮支架移动用的导向板条，梁的下平面和内侧分别焊有弹簧箱和斜撑臂。这种结构具有足够的强度，可承受推土机工作或行驶时所受到的巨大冲击荷载。

（2）悬架　悬架是车架和台车架之间的连接元件，其功用是将机体重量全部或部分通过悬架传给支重轮，再由支重轮传给履带。同时，悬架还兼有缓冲作用，可以减轻走行装置产生的冲击振动传给传动系统。

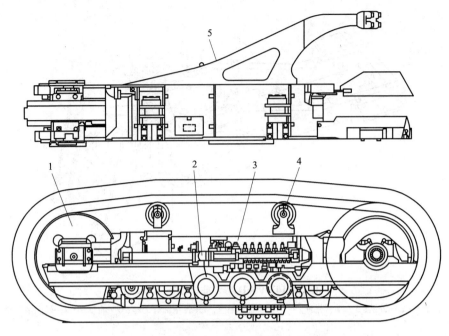

图3-12　T220型推土机左台车简图

1—引导轮；2—支重轮；3—张紧装置；4—托轮；5—后托架

悬架有弹性悬架、半刚性悬架、刚性悬架之分。工程机械由于行驶速度较低，目前多采用半刚性和刚性悬架两种。

（3）"四轮一带"　"四轮一带"是指驱动轮、支重轮、托轮、引导轮和履带。

驱动轮安装在最终传动的从动轴或从动轮毂上，用来卷绕履带，使终传动传来的驱动力变为驱动力。它有组合式和整体式之分。组合式驱动轮由齿圈与轮毂组成，齿圈由几段齿圈节分别用螺钉紧固在轮毂上，如图3-13所示；整体式驱动轮是将齿圈轮毂制成一体。

支重轮用来支承机体重量，并在履带的链轨上滚动，使机械沿链轨行驶。它还用来夹持履带，使其不沿横向滑脱，并在转弯时迫使履带在地面上滑移。

托轮的功用是托住履带，防止履带下垂过大，以减小腰带在运动中的振跳现象，并防止履带侧向滑落。托轮与支重轮相似，但其所承受的荷载较小、工作条件较支重轮为好，所以尺寸较小。

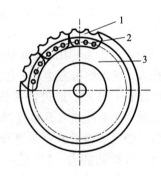

图3-13　组合式驱动轮

1—齿圈节；2—固定螺钉；3—轮毂

引导轮的功用是支撑履带和引导它正确运动。导向轮与张紧装置一起使履带保持一定的张紧度并缓和从地面传来的冲击力，从而减轻履带在运动中的振跳现象，避免引起剧烈的冲击，进而加速履带销和销套间的磨损。履带张紧后，还可防止它在运动过程中脱落。

履带的功用是支承整机重量，保证产生足够的牵引力。履带经常在泥水中工作，条件恶劣，极易磨损。因此，除了要求它有良好的附着性能外，还要求它有足够的强度、刚度和耐磨性。

4. 轮式行走系

轮式行走系通常由车架、车桥、悬架和车轮等组成，如图 3 – 14 所示。车架通过悬架连接着车桥，而车轮则安装在车桥的两端。

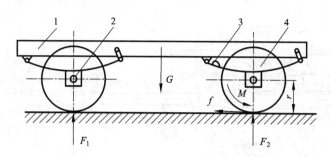

图 3 – 14　轮式走行系的组成
1—车架；2—车桥；3—悬架；4—车轮

对于行驶速度较低的轮式工程机械，为保持其作业时的稳定性，一般不装悬架，而将车桥直接与车架连接，仅依靠低压的橡胶轮胎缓冲减振。对于行驶速度高于 40 ~ 50 km/h 的工程机械，则必须装有弹性悬架装置。悬架装置有用弹簧钢板制作的，也有用气 – 油为弹性介质制作的，后者的缓冲性能较好，但制造技术要求高。

轮式工程机械的车桥是一根刚性的实心梁或空心梁，它的两端装有车轮。车桥用来支承机械的重量，并将车轮上的牵引力、制动力和侧向力传给车架。车桥一般分为驱动桥、转向桥和转向驱

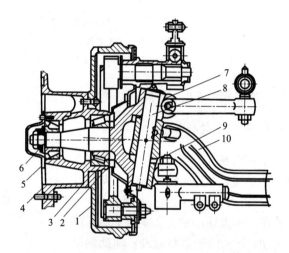

图 3 – 15　QD100 型汽车起重机转向桥结构示意图
1—制动鼓；2—油封；3、5、9—圆锥滚子轴承；
4—轮毂；6—转向节；7—衬套；8—主销；10—前轴

动桥三种。驱动桥只传递动力，其车轮不相对车桥偏转；转向桥只偏转车轮，完成转向，不传递动力；而转向驱动桥既要传递动力，又要偏转车轮。

（1）转向桥　转向桥是通过操纵机构使转向车轮偏转一定角度，以实现车辆的转向。转向桥除承受垂直反力外，还承受制动力和侧向力以及这些力引起的力矩。

各种机械的转向桥结构基本相同，主要由前梁、转向节和轮毂等三部分组成，如图 3 – 15 所示。

（2）转向驱动桥　在一些铲土运输机械中，为了获得最大的牵引力，多采用全轮驱动，即前后桥都是驱动桥。对于具有整体式车架、用偏转车轮转向的铲土运输机械，必须有转向驱动桥才能使驱动轮兼有传递动力与转向的功能。

图 3 – 16 为 TL160 型轮式推土机转向驱动桥的结构示意图。由于转向驱动桥的车轮在转向时要绕主销 5 偏转一个角度，故它的半轴分成内半轴 4 和驱动轴 8 两段，通过等角速万向

节 6 把它们连接起来。当车桥驱动时，动力通过内半轴、等角速万向节和驱动轴传给轮边减速器 9，然后传给驱动轮。

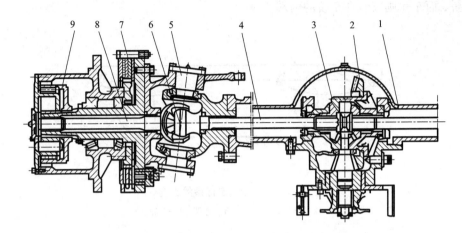

图 3 - 16　TLl60 型轮式推土机转向驱动桥结构示意图

1—桥壳；2—主传动大锥齿轮；3—差速器；4—内半轴；5—转向主销；
6—等角速万向节；7—主制动器；8—驱动轴；9—轮边减速器

当操纵转向系时，转向节便可绕转向主销转动而使转向轮偏转，实现推土机转向。

3.3.3　轮式底盘制动系

　　轮式机械整个制动系可分为三个单独的系统，即：车轮制动系(脚制动系)，一般用于行车制动；手制动系，一般装在变速器输出轴上，多用于场地停车制动，偶尔用于紧急制动；辅助制动系，一般是装在发动机排气管上的排气制动，也有装在传动轴上的液力制动，以便于下长坡时作为辅助制动。小吨位机械仅用前两种，而大吨位机械才具有上述 3 种制动系统。

　　车轮制动系的组成与工作原理如图 3 - 17 所示。以内圆面为工作表面的金属制动鼓 8 固定在车轮轮毂上，随同车轮一起旋转。制动底板与车桥连接而且固定不动，其上装有液压制动分泵 6 和两个支承销 11。支承销支承着两个

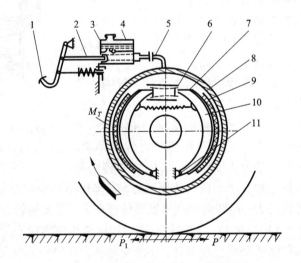

图 3 - 17　制动系的组成与工作原理图

1—制动踏板；2—推杆；3—制动总泵活塞；4—制动总泵；
5—油管；6—制动分泵；7—制动蹄回位弹簧；8—制动鼓；
9—摩擦衬片；10—制动蹄；11—支承销

弧形制动蹄 10 的下端，制动蹄的外圆上装有非金属摩擦衬片 9。

　　制动总泵活塞 3 可由驾驶员通过制动踏板 1 来操纵。制动时，只要踩下踏板 1，活塞 3 在推杆 2 的作用下内缩，制动总泵 4 中油液的压力升高，压力油经油管 5 流入制动分泵 6，将

分泵的两个活塞往外推出，从而使制动蹄上的摩擦衬片 9 压紧在制动鼓 8 上。此时，固定的制动蹄对旋转的制动鼓作用一摩擦力矩 M_T，其方向和车轮旋转方向相反。制动鼓将该力矩传到车轮后，由于车轮与地面间有附着作用，车轮即对地面产生一作用力 P，同时地面又对车轮产生一反作用力，即制动力 P_T。其可阻止机械前进，从而达到减速或停车的目的。

当驾驶员放开制动踏板时，制动分泵 6 中油液流回总泵，制动蹄回位弹簧 7 将制动蹄从制动鼓上拉回原位，摩擦衬片与制动鼓内圆之间出现环形间隙，制动即被解除。

上述制动系包括作用不同的两大部分：制动器和制动驱动机构。用来直接产生制动力矩迫使车轮转速降低的部分称为制动器，它的主要成分是由旋转元件和固定元件组成的摩擦副；制动踏板、制动总泵和制动分泵等传力、助力机构，总称为制动驱动机构，其作用是将来自驾驶员或其他力源的作用力传到制动器，使其中的摩擦副互相压紧，产生制动力矩。

1. 制动器

制动器根据工作原理的不同可分为机械摩擦式制动器和液力式制动器两类。机械摩擦式制动器制动力的获得是靠摩擦副的相互摩擦而产生的，按其结构形式的不同又分为蹄式、盘式和带式三种；液力式制动器靠连接在传动轴上的泵轮叶片搅动液体，产生阻尼来进行制动的。

2. 制动驱动机构

制动驱动机构根据其操纵力源的不同可分为机械式和动力式两类。机械式是整个驱动机构为机械传动，靠人力操纵，结构简单，操纵费力，一般用于手制动；动力式靠液压(见图 3 - 17)、气压、气 - 液复合式来驱动传力、助力机构，驾驶员可通过制动踏板操纵控制阀，控制液体或空气的压力和流动方向，因此操纵省力。制动迅速，目前广泛应用于各种工程机械中。

图 3 - 18 为 CL7 型自行式铲运机的制动系简图。该系统以压缩空气作为制动力源，空气压缩机 2、油水分离器 8、调压器 12、储气筒 10、脚踏制动阀 7、气压表 5、快速放气阀 11 及管子等组成了气压制动传动机构。

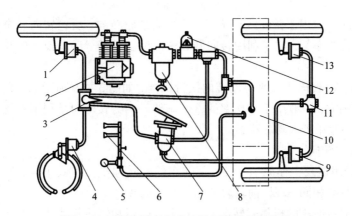

图 3 - 18　CL7 型自行式铲运机制动示意简图

1、4—前制动气室；2—空气压缩机；3—气动转向阀；5—气压表；6—气喇叭；7—脚踏制动阀；
8—油水分离器；9、13—后制动气室；10—储气筒；11—快速放气阀；12—调压器

空压机输出的压缩空气，先经油水分离器 8 除去空气中所含的水分和自空气压缩机内带出的润滑油后，再进入储气筒 10。储气筒中气压规定不得超过 0.7 MPa，为此在油水分离器

和储气筒之间装有调压器 12，当压力超过上述值时，压缩空气便由调压器排入大气，以维持规定的压力。前后制动气室 1、4 和 9、13 可由脚踏制动阀 7 控制，使它们在制动时与储气筒相通，而在解除制动时和大气相通。

按驾驶员要求的不同，制动强度、制动时在制动气室内建立的气压也应不同，但储气筒内气压在任何时候都应高于制动气室的压力。在气压制动传动机构中必须有随动装置，以保证制动气室和制动器所产生的制动力矩与踏板力和踏板行程有一定的比例关系，制动阀就是这样的随动装置。其他各种形式的动力制动传动装置都具有不同类型的随动装置。

气动转向阀 3 的作用是当铲运机液压转向系统工作失灵时，通过气动转向阀用制动前桥某侧车轮的方法实现应急转向。

气动转向阀有左、中、右 3 个位置，当气动转向阀处于中间位置时，从储气筒来的压缩空气被阀芯堵住，而左、右制动气室与脚踏制动阀 7 之间的气路则接通，进入左、右气室的压缩空气即由脚踏制动阀 7 控制。如果液压转向失灵，此时可扳动气动转向阀手柄，使之处于左位或右位，转向阀便将脚踏制动阀 7 与左、右制动气室气路切断，储气筒与左或右制动气室接通，使左侧或右侧车轮制动，以实现转向。铲运机转向后，松开气动转向阀手柄，手柄在气动转向阀内的回位阀作用下自动回到中间位置，脚踏制动阀与左、右制动气室的气路又被气动转向阀接通。

3.3.4　轮式底盘转向系

1. 转向系的作用和分类

转向系的作用是使机械按照驾驶员的意图达到转弯或直线行驶的目的。转向系应能根据需要保持车辆稳定地沿直线行驶，并能按要求灵活地改变行驶方向。

轮胎式机械的转向都是通过操纵方向盘来实现的。根据转向方式的不同，轮式底盘转向系可分为偏转车轮转向和铰接式转向两大类；按驱动转向轮（或驱动前、后车架）进行转向的操纵力来源的不同，又可分为人力式（机械式）和动力式两种。

偏转车轮转向一般用于整体式车架，它可分为前轮转向、后轮转向和全轮转向 3 种。铰接式转向用于铰接式车架，它是利用转向器和转向油缸使前、后车架发生相对转动来达到转向的目的。

人力式（机械式）转向由人来驱动转向执行机构，如图 3 - 19 所示。它的一整套传动机构只是用来放大作用力，一般用于小功率的整体车架。动力式转向是利用液压或气压来驱动转向执行机构的，一般用于大功率机械。

2. 偏转车轮式转向

（1）转向系的组成及工作原理　各种偏转车轮式转向虽然形式不同，但其转向系统的组成和转向原理却基本相同，现以前轮转向为例来进行说明。

图 3 - 19 为偏转前轮的机械式转向系，它由转向器和转向传动装置两部分组成。方向盘 1、转向轴 2、蜗杆 3、齿扇 4 等总称为转向器，它的作用是将方向盘上的作用力加以放大，并改变传动方向；转向垂臂 5、纵拉杆 6、转向节臂 7 和转向梯形组成转向传动装置，其作用是将放大了的作用力传给车轮；由左右梯形臂 9 和 12、横拉杆 10 及前轴 11 构成的转向梯形机构，可保证两侧转向轮偏转角具有一定的相互关系。

转向时，转动方向盘 1，通过转向轴 2 带动相互啮合的蜗杆 3 和齿扇 4，使转向垂臂 5 绕其

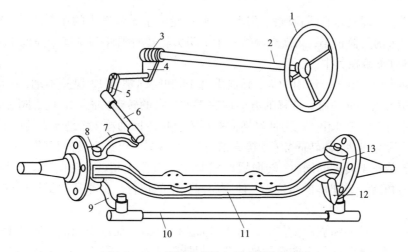

图 3 – 19　偏转前轮的机械式转向系统

1—方向盘；2—转向轴；3—蜗杆；4—齿扇；5—转向垂臂；6—纵拉杆；
7—转向节臂；8—转向主销；9、12—梯形臂；10—横拉杆；11—前轴；13—右转向节

轴摆动，再经纵拉杆 6 和转向节臂 7 使左转向节及装在其上的左转向轮绕主销 8 偏转。与此同时，左梯形臂 9 经横拉杆 10 和右梯形臂 12 使右转向节 13 及右转向轮绕主销向同一方向偏转。

（2）动力转向　轮式工程机械的转向阻力矩大，工作中又要求频繁转向，为了减轻司机的疲劳，多数工程机械都采用动力转向。

采用动力转向系，驾驶人员只需很小的操作力来操纵控制元件，克服转向阻力的能量是由动力（发动机）来提供的。目前，国内外用的最多的是液压常流式滑阀结构的动力转向，图 3 – 20 为其原理图。

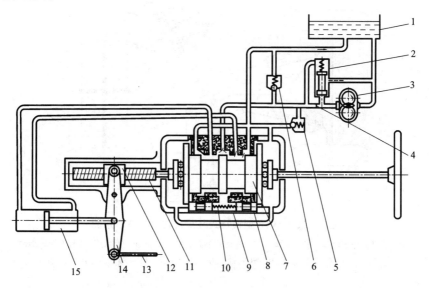

图 3 – 20　液压动力转向原理图

1—油箱；2—溢流阀；3—齿轮油泵；4—量孔；5—单向阀；6—安全阀；7—阀芯；8—反作用阀；
9—转向阀；10—回位弹簧；11—转向螺杆；12—转向螺母；13—纵拉杆；14—转向垂臂；15—转向油缸

图示为中位,即机械直线行驶的情况。此时齿轮油泵 3 输送出的压力油,经转向阀 9 后流回油箱,油泵的负荷很小,只需克服管路中的阻力。转向螺杆 11 和转向轴装成一体,阀芯 7 经两个止推轴承装在其中。

在开始转向时,由于转向阻力大,转向垂臂 14 和转向螺母 12 保持不动,因而转向螺杆就必然相对螺母做轴向位移,位移的方向取决于方向盘的转动方向。这时,阀芯随之一起做轴向移动,使油路发生变化,压力油经转向阀后不直接流回油箱,而是流入转向油缸 15 的相应腔内,推动活塞移动,使转向轮(铰接式则为车架)偏转,以达到转向目的。

在转向轮或车架转动的同时,转向螺母 12 随同活塞产生相反的轴向移动,并在转向轮转过与方向盘转角成一定比例的角度后,使阀芯回到中间位置。如果需要继续转向,则应继续转动方向盘。

阀芯的位移使转向油缸产生位移,而转向油缸的位移又反过来会消除阀芯的位移,从而保证了转向轮的偏转角度与方向盘的转动角度保持随动关系,因此转向阀又称随动阀。

3. 铰接式转向

铰接式转向如图 3-21 所示,前车架 1 与后车架 6 通过铰销 4 连成一体,由于两侧转向油缸 3、12 的伸缩,使前后车架相对偏转,从而达到转向的目的。

与方向盘固接在一起的转向轴 9 与转向控制阀 5(三位四通阀)连成一体,转动方向盘可以使转向控制阀处于三种不同的位置。图示为使油缸闭锁的中位,上位为右转位置,下位为左转位置,转向轴中部所制的螺杆与螺母相配,而螺母外面的"齿条"与转向垂臂 10 上的齿扇相啮合。此外,转向轴上部还装有两个限位板,用以限制转向轴轴向移动量 6 的最大值。随动杆 11 一端与前车架相连,另一端与装在后车架上的转向垂臂相接。

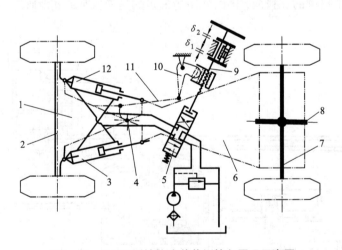

图 3-21　ZL50 型铰接式装载机转向原理示意图

1—前车架;2—前驱动桥;3、12—左、右转向油缸;4—铰销;5—转向控制阀;6—后车架;
7—后桥;8—后桥摆动轴;9—转向轴;10—转向垂臂;11—随动杆;12—活塞杆

当向右转向时,操纵方向盘顺时针转动。由于前、后车架此时尚未发生转动,螺母暂时不动,转向轴 9 只能沿轴线方向下移,使转向控制阀切换到上位工作,于是来自油泵的压力油使右侧油缸的活塞杆内缩,左侧外伸,从而使前、后车架相对地转过一定角度。在车架向右偏转的同时，随动杆 11 推动转向垂臂 10 绕其支点转动，于是螺母携同螺杆一同上行。当消除原来下行的距离后，转向控制阀的阀芯在弹簧力作用下又回至中间位置，油路被截断，前、后车架便维持在这个相对位置上。如果继续转动方向盘，重复上述过程，转向角便不断增大。

如需左转，原理同上，其过程为：方向盘左转→转向轴 9 轴向上移→转向控制阀 5 处于下位→油缸 3 活塞杆内缩、活塞杆 12 外伸（车辆左转弯）→随动杆 11 拉转向垂臂 10 反向转动→转向轴 9 轴向下移→转向控制阀 5 回到中位，车架停止偏转。

铰接式转向的主要优点：结构简单、转向半径小、机动性强、作业效率高。如铰接式装载机的转向半径约为后轮转向装载机转向半径的 70%，作业效率提高 20%。缺点是转向稳定性差，转向后不能自动回正，且保持直线行驶的能力差。

思考题

1. 填空题

(1) 产品型号一般是由_____代号与_____代号两部分组成的。

(2) 四冲程内燃机的一个工作循环包括_____、_____、_____ 和_____ 4 个冲程。

(3) 内燃机按燃料不同可分为_____、_____ 和_____等。

(4) 主传动器、差速器和半轴装在同一壳体内，形成一个整体，称为_____。

(5) 工程机械底盘是整机的支承，一般由_____、_____、_____ 和_____组成。

2. 选择题

(1) 内燃机的四个冲程中，转速最大的是_____。

A. 进气冲程　　　　　B. 压缩冲程　　　　　C. 做功冲程　　　　　D. 排气冲程

(2) 下列哪个是内燃机的经济性能指标参数？_____

A. 内燃机有效扭矩　　B. 内燃机转速　　　　C. 燃油消耗率　　　　D. 升功率

(3) 在进气行程中，汽油机和柴油机分别吸入的是_____。

A. 纯空气和可燃混合气体　　　　　　　B. 可燃混合气体和纯空气

C. 可燃混合气体和可燃混合气体　　　　D. 纯空气和纯空气

(4) 对于四冲程内燃机来说，发动机每完成一个工作循环曲轴旋转_____。

A. 180°　　　　　　　B. 360°　　　　　　　C. 540°　　　　　　　D. 720°

(5) 6135Q 柴油机的缸径是_____。

A. 61 mm　　　　　　B. 613 mm　　　　　　C. 13 mm　　　　　　D. 135 mm

(6) 下列说法正确的是_____。

A. 活塞上止点是指活塞顶平面运动到离曲轴中心最远点位置

B. 活塞在上、下两个止点之间的距离称活塞冲程

C. 一个活塞在一个行程中所扫过的容积之和称为气缸总容积

D. 一台发动机所有工作容积之和称为改发动机的排量

(7) 下列说法正确的是_____。

A.汽油机比柴油机压缩比高　　　　　　　B.汽油机比柴油机自然点高

C.汽油机最高燃烧温度比柴油机高　　　　D.汽油机比柴油机工作粗暴

(8)燃油消耗率最低的负荷是_____。

A.发动机怠慢时　　　　　　　　　　　　B.发动机大负荷时

C.发动机中等负荷时　　　　　　　　　　D.发动机小负荷时

3.问答题

(1)何谓内燃机? 请简述内燃机的一个工作循环过程。

(2)液力机械式传动系与机械式传动系相比, 优点有哪些?

(3)履带式行走系统中四轮一带指什么, 各有什么作用?

第2篇　土石方施工运输机械

第4章　挖掘机

4.1　概述

挖掘机是以土石方开挖为主的工程机械，它具有挖掘效率高、产量大的特点，而且通过更换各种工作装置，还可以进行其他多种土石方作业。该设备是露天矿开采用的主要设备之一，用来完成表土的剥离、堆弃(或转载)以及矿物的采掘和装运等项工作，此外还广泛地应用于建筑、铁道、公路、水利和国防工程的有关作业中。挖掘机的分类及其主要特点如表4-1。在土石方工程施工中，常用的挖掘机是履带式单斗挖掘机，这种挖掘机可以更换的主要工作装置如图4-1，在不同工作装置下单斗挖掘机的特点和应用范围如表4-2。

表4-1　挖掘机的分类及其主要特点

分　类	基本类型	主　要　特　点
按铲斗数分	单斗挖掘机	循环式工作,挖掘时间占工作时间的15%～30%
	多斗挖掘机	连续式工作,对土壤和地形适应性较差、生产率高
按构造特性分	正铲挖掘机	斗齿朝外,主要开挖停机面以上的土,见图4-1(a)
	反铲挖掘机	斗齿朝内,主要开挖停机面以下的土,见图4-1(b)
	拉铲挖掘机	铲斗用钢丝绳吊挂于支杆上,主要用于挖停机面以下泥沙,见图4-1(c)
	抓铲挖掘机	铲斗具有活瓣,吊挂于支杆上,主要开挖停机面以下水中土壤和装卸散粒材料,见图4-1(f)
	其他机型	主要有刨土机、起重机、拔根机、打桩机、刷坡机等,见图4-1(d),(e),(g),(h),(i)
按操纵动力分	杠杆操纵	操作紧张,生产率低
	液压操纵	操作平稳,作业范围广
	气动操纵	操作灵敏、省力,主要用于制动装置

续表 4 - 1

分　类	基本类型	主　要　特　点
按行走装置分	履带式	大中型挖掘机,行走方便,对土壤压力小
	轮胎式	多为小型挖掘机,灵活机动,越野性能较差
	轨轮式	只限于轨道上行驶
	步行式	一般用于大型索铲
按动力装置分	柴油机械	机动性能好
	电动机械	要有电源,作业范围小
按铲斗容积分	大容量	$3 m^3$ 以上,生产率高,用于大的土方工程
	中容量	$0.5 \sim 1 m^3$,介于大型和小型机械之间
	小容量	$0.5 m^3$ 以下,灵活机动,工作面小,生产率低
按通用情况分	万能式	有 3 种以上的换装设备,应用范围广,主机使用率高
	半通用式	有 $2 \sim 3$ 种换装设备,可用于正铲、反铲和起重等作业
	专用式	生产效率高

表 4 - 2　不同工作装置挖掘机的特点和应用范围

型　式	特　点	应　用　范　围
正铲挖掘机	前进向上,强制挖掘	挖掘力大,生产率高,能开挖 Ⅰ ~ Ⅳ级土,宜用于挖掘高度大于 2 m 的干燥基坑,但需设置下坡道
反铲挖掘机	后退向下,强制挖掘	挖掘力较正铲小,能开挖 Ⅰ ~ Ⅱ级土,宜用于挖深不大于 4 m 的基坑,地下水位较高亦可应用
拉铲挖掘机	后退向下,自重挖掘	挖掘半径和挖深较大,能开挖 Ⅰ ~ Ⅱ级土,但不如反铲灵活准确,宜用于大而深基坑、河道及水下挖掘
抓斗挖掘机	直上直下,自重挖掘	挖掘力较小,只能开挖 Ⅰ ~ Ⅱ级土,宜用于开挖窄而深的基坑、桥梁基础、大量砂砾及水中淤泥,对潮湿土亦能适应

4.2　单斗液压挖掘机

　　单斗液压挖掘机是在机械传动式挖掘机的基础上发展起来的高效率装载设备。它们都由工作装置、回转装置和行走装置三大部分组成,而且工作过程也基本相同。两者的主要区别在于动力装置和工作装置上的不同,液压挖掘机是在动力装置与工作装置之间采用了容积式液压传动系统,直接控制各机构的运动状态,从而进行挖掘工作的。

　　液压挖掘机分为全液压传动和非全液压传动两种。若挖掘、回转、行走等主要机构的动作均为液压传动,则称为全液压传动。一般情况下,对液压挖掘机,其工作装置及回转装置必须是液压传动,只有行走机构可为液压传动,也可为机械传动。

　　液压挖掘机的工作装置的结构,有铰接式和伸缩臂式的动臂结构。回转装置也有全回转

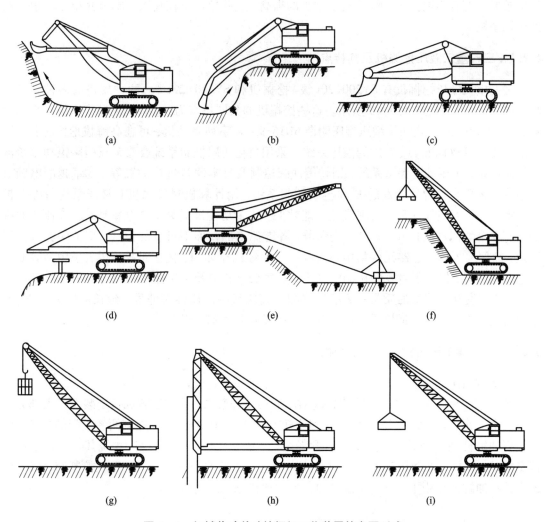

图 4 - 1　机械传动单斗挖掘机工作装置的主要形式

(a)正铲；(b)反铲；(c)刨铲；(d)刮铲；(e)拉铲；(f)抓斗；(g)吊钩；(h)桩锤；(i)夯板

和非全回转之分。行走装置根据结构的不同，又可分为履带式、轮胎式、汽车式和悬挂式、拖式等。

　　液压传动与机械传动相比，具有调速范围大、可实现无级调速、能得到稳定的低转速、快速作用时液压元件的运动惯量小、可作高速反转、传动平稳、结构简单、能吸收振动和冲击、操作省力、易实现自动化控制等特点，因而液压传动单斗挖掘机已得到广泛应用。液压传动单斗挖掘机与机械传动单斗挖掘机比较具有以下优点：①挖掘力及牵引力大，传动平稳、作业效率高，不需要庞大复杂的中间传动，简化了传动机构。重量可比同级的机械传动挖掘机减轻30%，使接地比压降低，因而大大改善了挖掘机的技术性能；②各元件可相对独立布置，使结构紧凑、布局合理，易于改进变型，更换工作装置时并不牵连转台上部的其他机构；③液压传动有防止过载的能力，使用安全可靠，操纵简便、灵活、省力。

　　采用液压传动的主要缺点是：液压元件的精度要求高，维修较困难，系统易漏油、发热，效率较低。随着制造技术和维修技术水平的提高，这些缺点正在克服。本节介绍三一重工的液压挖掘机。

4.2.1　三一重工液压挖掘机及其特点

三一重工液压挖掘机有 SY200(20t 级)挖掘机和 SY220(22t 级)两种规格的多种型号产品，其主要技术性能如表4-3所示。这些挖掘机的共同特点为：①强劲的动力系统。采用超强力、大扭矩、直喷式涡轮增压型康明斯 6BT5.9-C 系列发动机，可在高海拔地区工作，满足欧美废气排放标准。②先进的液压系统。采用负荷传感控制系统或双泵双回路恒功率负流量控制系统，采用动臂保持系统、回转缓冲阀控制及日本原装进口油缸等。③卓越的电脑监控系统。采用自行设计开发的 PLC 电子控制系统，用计算机对发动机和液压泵进行综合控制，使二者达到最佳匹配，实现最佳节能效果。④多功能舒适豪华驾驶室环境。⑤便捷的维护。有 3 个侧门可以打开，日常检查保养、各维护点都在伸手可及的位置，维护保养点标识清楚，简便易操作。电器元件集中布置在一个单独的箱体内，便于维护保养；采用高效双滤芯空气滤清器，保证了对发动机的供气质量；油水分离器及两级燃油滤清器，将燃油多次过滤，保证了发动机的供油质量；液压回路配有高质量的液压油过滤器，延长液压元件寿命；采用自润滑轴承，大大延长了工作装置的维护保养时间等。

4.2.2　三一重工液压挖掘机主要结构

1. 总体结构

图4-2为液压反铲挖掘机结构示意图，它由工作装置、回转装置和行走装置三大部分组成。其中工作装置的结构是：动臂 10 和斗杆 14 铰接，用油缸 13 来控制两者之间的夹角；依靠动臂油缸使动臂绕其下支点上进行升降运动；依靠斗杆油缸使斗杆 14 绕其与动臂上的铰接点摆动；同样，借助转斗油缸可使铲斗绕着它与斗杆的铰接点转动；操纵控制阀，就可使各构件在油缸的作用下，产生所需要的各种运动状态和运动轨迹。

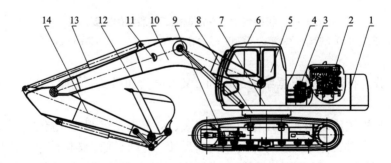

图4-2　液压反铲挖掘机结构示意图

1—配重；2—动力系统；3—液压系统；4—覆盖件；5—空调系统；6—驾驶室；7—回转平台；
8—回转支承；9—行走装置；10—动臂；11—电气系统；12—铲斗；13—油缸；14—斗杆

2. 动力系统

动力系统由发动机及附件、燃油箱、水箱等组成。发动机采用在日本合资厂生产的康明斯 6BT5.9-C 和 6BTA5.9-C 型柴油机，该产品的可靠性、动力性、燃油经济性和低排放性等指标在国际上都具有领先水平，燃油箱容积为 340L，内装有滤网、液位传感器等。

3. 工作装置

工作装置包括动臂、斗杆、铲斗、连杆机构、动臂油缸、斗杆油缸、铲斗油缸、销轴、管路等；动臂、斗杆均采用大型焊接箱型结构，在高应力区用多块厚板加强，为提高强度，在重要部位用锻件、铸件。SY200 挖掘机标准铲斗斗容 0.8 m^3，SY220 挖掘机标准铲斗斗容 1.0 m^3。

各部件之间全部采用销轴铰接连接，由油缸的伸缩来实现挖掘过程的各种动作。动臂的下铰点与上部平台铰接，以动臂油缸来支承和改变动臂的倾角，通过动臂油缸的伸缩可使动臂绕下铰点转动实现动臂升降。斗杆铰接于动臂的上端，由斗杆油缸控制斗杆与动臂的相对角度。当斗杆油缸伸缩时，斗杆便可绕动臂上铰点转动，铲斗与斗杆前端铰接，铲斗油缸与连杆机构铰接，并通过铲斗油缸伸缩连杆机构的变位使铲斗转动。连杆机构的采用，可增大铲斗的转角，便于铲斗装土工作的完成。

4. 三一重工液压挖掘机的技术特性及性能参数如表 4-3。

表 4-3　三一液压挖掘机的技术特性

产品型号	SY200 C	SY220C
铲斗标准斗容/m^3	0.8	1.0
发动机型号	6BT5.9 - C	6BTA5.9 - C
发动机功率/kW	101.5	127
发动机转速/(r·min^{-1})	2000	2100
主泵最大流量/(L·min^{-1})	2×207	2×228
伺服流量/(L·min^{-1})	20	20
工作装置油压/MPa	34.3	34.3
行走系统压力/MPa	34.3	34.3
回转系统压力/MPa	25.5	26.5
伺服系统压力/MPa	3.9	3.9
回转速度/(r·min^{-1})	12.5	12.5
爬坡度	70%	70%
行走速度/(km·h^{-1})	3.2/5.5	3.2/5.5
最大挖掘半径/mm	9885	10180
最大挖掘深度/mm	6630	6920
铲斗最大挖掘力/kN	138	142
斗杆最大挖掘力/kN	98	117
轮距/mm	3260	3445
接地比压/kPa	44.8	48.1
整机外形尺寸/mm	9425×2800×2970	9780×2980×3160
整机质量/t	19.6	22

4.3　挖掘机选用和生产率的计算

4.3.1　挖掘机的选型

　　至今，全世界已生产有斗容从 0.01 m^3 的微型挖掘机到斗容为 168 m^3 的拉铲等数百种不同规格、用途和结构形式的单斗挖掘机。挖掘机的选型原则为：①按施工土方位置选择。挖掘土方在停机面以上时，采用正铲挖掘机；当挖掘土方在停机面以下时，一般选择反铲挖掘机。②按土的性质选择。挖取水下或潮湿泥土时，应选用拉铲或抓铲挖掘机；而装卸松散物料时，应采用抓斗挖掘机。③按土方运距选择。挖掘不需将土外运的基坑、沟壕等，可选用挖掘装载机；长距离管沟可选用多斗挖掘机；当运土距离较远时，应采用自卸汽车运输，选择挖土斗容与自卸汽车容量能合理配合的机型。④按土方量大小选择。当土方工程量不大而必须采用挖掘机施工时，可选用机动性好的轮胎式挖掘机或装载机；而对于大型土方工程，则应选用大型、专用的挖掘机，并采用多种机械联合施工。如选择正铲挖掘机，其最小工程量和工作面最小高度的关系如表 4-4。

表 4-4　一般正铲挖掘机工程量和工作面高度关系

挖土斗容量/m^3	最小工程量/m^3	土的类别	工作面最小高度/m
0.5	15000	Ⅰ~Ⅱ	1.5
		Ⅲ	2.0
		Ⅳ	3.5
1.0	20000	Ⅰ~Ⅱ	2.0
		Ⅲ	2.5
		Ⅳ	3.0
1.5	40000	Ⅰ~Ⅱ	2.5
		Ⅲ	3.0
		Ⅳ	3.5

　　在露天采矿中，与挖掘机配套的运输设备主要有铁路运输车辆和卡车运输车辆。为了提高运输效率，必须使挖掘机的斗容与运输设备的容积合理配套，目前采用的方案有：①1 m^3 的挖掘机与 4~8 t 的自卸卡车配套使用，装备年产量 30 万 t 以下的矿山；②2 m^3 的矿用挖掘机与 8~12 t 自卸卡车配套，装备年产量 30 万 t~100 万 t 的矿山；③4 m^3 的挖掘机与 20 t、32 t 自卸卡车或 60t 铁路自翻车配套，装备年产量为 100~500 万 t 的矿山；④8~12 m^3 的挖掘机与 100 t 自卸卡车或 60 t 铁路自翻车配套，装备年产量 1000 万 t 的矿山。

4.3.2　单斗挖掘机生产率的计算

　　单斗挖掘机的生产率是指单位时间内，从挖土区挖取并卸到运输车辆或料堆上的土石方量，其单位为 m^3/h。单斗挖掘机的生产率 Q 计算公式为：

$$Q = 3600qK_mK_B/TK_s \tag{4-1}$$

式中　q——铲斗容量，m^3；

　　　T——工作循环时间，由机械制造厂给定；

　　　K_m——铲斗装满系数，它与铲斗的种类、土的性质以及司机熟练程度有关，其取值满足表 4-5；

　　　K_s——土壤松散系数，其取值满足表 4-6；

　　　K_B——时间利用系数，视具体施工条件而定，一般取 0.7~0.85。

表 4-5　铲斗的装满系数 K_m 表

铲斗形式	轻质松软土	轻质黏性土	普通土	重质土	爆破后岩石
正铲	1~1.2	1.15~1.4	0.75~0.95	0.55~0.7	0.3~0.5
拉铲	1~1.15	1.2~1.4	0.8~0.9	0.5~0.65	0.3~0.5
抓斗	0.8~1	0.9~1.1	0.5~0.7	0.4~0.45	0.2~0.3

表 4-6　不同类别的土的松散系数 K_s 表

斗容量/m^3	Ⅰ	Ⅱ	Ⅲ	Ⅳ	爆破好的Ⅴ Ⅵ	爆破不好的Ⅴ Ⅵ
0.25~0.75	1.12	1.22	1.27	1.35	1.46	1.50
1.0~2.0	1.10	1.20	1.25	1.32	1.44	1.48
3.0~15	1.08	1.17	1.22	1.28	1.41	1.45
20~40	1.05	1.17	1.20	1.25	1.38	1.42

4.3.3　挖掘机需用台数选择

挖掘机需用台数 N 选择计算公式为：

$$N = W/QT \tag{4-2}$$

式中　W——设计期内应由挖掘机完成的总的工程量，m^3；

　　　Q——所选挖掘机的实际生产率，m^3/h；

　　　T——设计期内挖掘机的有效工作时间，h。

4.3.4　运输机械的选配

每台挖掘机应配自卸汽车的台数 N_q 计算公式为：

$$N_q = T_w/nt_w \tag{4-3}$$

式中　T_w——汽车运土循环时间，min；

　　　t_w——挖掘机工作循环时间，min；

　　　n——每台汽车装土的斗数。

当用运输机械配合挖掘机运土时，为了保证流水作业连续均衡，以提高总的生产率，所采用的自卸汽车的车厢容量应为挖掘机斗容量的整数倍，一般选用 3 倍。

思考题

1. 填空题

(1)挖掘机按操纵动力分可以分为_____、_____和_____。

(2)单斗液压挖掘机由_____、_____和_____三大部分组成。

(3)单斗挖掘机的工作过程包括:_____、_____、_____、和_____4个过程

2. 问答题

(1)液压传动单斗挖掘机与机械传动单斗挖掘机相比,有什么优缺点?

(2)挖掘机如何选型?应该考虑哪些因素?

第 5 章　钻孔爆破机械

5.1　概述

在岩土工程和矿山开采中，钻孔爆破法是最常用的机械化施工方法，该方法起始于 1857 年意大利所发明的气动凿岩机。钻孔爆破法的竞争力有赖于钻孔机械的性能、效率和设备的选择。根据岩石机械破碎机理的不同，钻孔机械主要有牙轮钻机、潜孔钻机、顶锤钻机 3 大类，表 5 - 1 为 3 大钻孔设备使用特点的对比。潜孔钻机由于冲击能量直接作用在钻头上，凿岩速度不受孔深的影响，但钻孔直径受冲击器的结构尺寸和钻具强度的限制，比较适合钻凿中等直径的深孔；顶锤钻机由于冲击能量是通过钻杆传递到钻头，钻杆越长，能量传递效率就越低，且钻杆强度要求高，这就决定了它只适合钻凿小直径的浅孔；牙轮钻机与上两种钻机在破碎岩石机理上完全不一样，它主要依靠强大的轴压来压碎岩石，要求钻杆直径不能过小，必须具备足够的强度和刚度，它不适合在极硬岩石中穿凿小直径的炮孔。

表 5 - 1　3 大钻孔设备使用特点对比表

项目	顶锤钻机	潜孔钻机	牙轮钻机
钻孔直径	$\phi28 \sim \phi102$ mm	$\phi76 \sim \phi250$ mm	$\phi250 \sim \phi380$ mm
钻孔深度	小于 20m	接杆可达 200m	小于 30m
钻孔方向	上向扇形孔	360°环形孔	下向孔
适用岩性	整体性好的各种岩石	各种岩石	中硬以下岩石
成孔精度	低	高	中
钻孔效率	气动效率低，液压效率高	气压越高，效率越高	高
作业成本	高	中	低
能量消耗	气动能耗高，液压能耗低	高	低
整机尺寸	小	中	大

根据钻孔机械所使用动力不同，顶锤钻机分为液压式、风动式、电动式和内燃式 4 种，其中液压钻孔机械效率高、能耗少、噪音低、应用广泛。钻孔机械在 20 世纪 70 年代初进入液压化时代，液压钻孔机械重量重，采用履带式或轮胎式行走机构，构成了现在广泛使用的凿岩台车。进入 20 世纪 90 年代，钻孔机械开始进入自动化时代，目前，自动化钻孔机械得到越来越广泛的应用。

5.2　凿岩台车

5.2.1　概述

凿岩台车是随着掘进与采矿工业不断发展而出现的一种凿岩设备,这种设备的特点是以机械代替人扶持凿岩机进行工作。这种设备是 20 世纪 40 年代发展起来的,最初采用气动方式控制,虽然它不够完善,但其优越性的确显示出来,比如它减轻了凿岩工人的体力劳动,改善了劳动条件,提高了机械化水平,在保证炮孔质量的前提下,加快了凿孔速度,从而提高了凿岩效率。20 世纪 70 年代初,发明了液压凿岩机和全液压凿岩台车,从而使凿岩台车成为机械化凿岩的主要设备。

凿岩台车类型很多。按其用途可分为:露天台车、井下台车、采矿台车、锚杆台车等。按行走方式可分为轨轮式凿岩台车、轮胎式凿岩台车和履带式凿岩台车;按驱动的动力可分为电动凿岩台车、气动凿岩台车和内燃机凿岩台车;按所装凿岩机的数目可分为单机、双机、三机及多机凿岩台车。

5.2.2　凿岩台车的工作机构

主要用于巷道掘进和隧道掘进。工作中要求做到:①自动进入和退出工作面;②按炮孔布置图的要求,准确地找到工作面所要凿的炮孔位置和方向;③将凿岩机顺利地推进或退出。因此,功能齐全的凿岩台车的总体结构如图 5 - 1 所示,其主要结构由推进器 5、托架 6、钻臂 9、转柱 11、车体 15、行走装置 16、操作台 13、凿岩机 10 和钎具 4 等组成。其中凿岩机、钎具、推进器、托架、钻臂、转柱、补偿机构和平移机构构成了凿岩台车的工作机构。

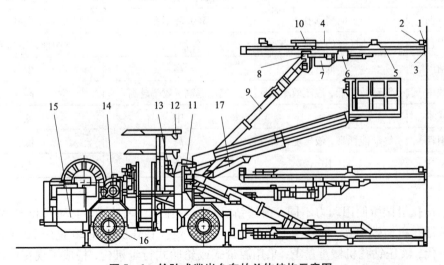

图 5 - 1　轮胎式凿岩台车的总体结构示意图

1—钎头;2—托钎器;3—顶尖;4—钎具;5—推进器;6—托架;7—摆角缸;8—补偿缸;9—钻臂;
10—凿岩机;11—转柱;12—照明灯;13—操作台;14—转钎油泵;15—车体;16—行走装置;17—支臂缸

1. 推进器

推进器的作用是在凿岩时完成推进或退回凿岩机,并对钎具施加足够的推力。掘进台车使用着各种不同结构形式和不同工作原理的推进器,其中典型的有 3 种:油缸 – 钢丝绳式推进器、油马达 – 丝杠式推进器和油马达 – 链条式推进器。

(1)油缸 – 钢丝绳式推进器　如图 5 – 2(a)所示,主要由导轨 1、滑轮 2、推进缸 3、调节螺杆 4、钢丝绳 5 等组成。其钢丝绳的缠绕方法如图 5 – 2(b)所示,两根钢丝绳的端头分别固定在导轨的两侧,绕过滑轮牵引滑板 9,从而带动凿岩机运动。钢丝绳的松紧程度可用调节螺杆 4 进行调节,以满足工作牵引要求。图 5 – 2(c)为推进缸的基本结构,它由缸体、活塞、活塞杆、端盖、滑轮等组成。活塞杆为中空双层套管结构,它的左端固定在导轨上,缸体和左右两对滑轮可以运动。当压力油从 A 孔进入活塞的右腔 D 时,左腔 E 的液压油从 B 孔排出,缸体向右运动,实现推进动作;反之,当压力油从 B 孔进入活塞的左腔 E 时,右腔 D 的低压油从 A 孔排出,缸体向左运动,凿岩机退回。

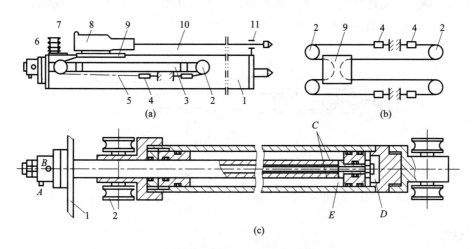

图 5 – 2　油缸 – 钢丝绳式推进器

(a)推进器组成;(b)钢丝绳缠绕方式;(c)推进缸结构

1—导轨;2—滑轮;3—推进缸;4—调节螺杆;5—钢丝绳;6—油管接头;

7—绕管器;8—凿岩机;9—滑板;10—钎杆;11—托钎器

这种推进器的特点是推进缸的活塞杆固定,缸体运动。由推进缸产生的推力经钢丝绳滑轮组传给凿岩机,且作用在凿岩机上的推力等于推进缸推力的二分之一,而凿岩机的推进速度和移动距离是推进缸推进速度和行程的两倍。

这种推进器的优点是:结构简单、工作平稳可靠、外形尺寸小、维修容易,因而获得广泛的应用。缺点是推进缸的加工较难。

(2)油马达 – 丝杠式推进器　如图 5 – 3 所示,这是一种传统型结构的推进器。输入压力油,则油马达通过减速器、丝杠、螺母、滑板,带动凿岩机前进或后退。这种推进器的优点是:结构紧凑、外形尺寸小、动作平稳可靠。其缺点是:长丝杠的制造和热处理较困难、传动效率低,在井下的恶劣环境下凿岩时,水和岩粉对丝杠、螺母磨损快。

(3)油马达 – 链条式推进器　如图 5 – 4 所示,这也是一种传统型推进器,在国外一些长行程推进器上应用较多。油马达的正转、反转和调速,可由操纵阀进行控制。其优点是工作

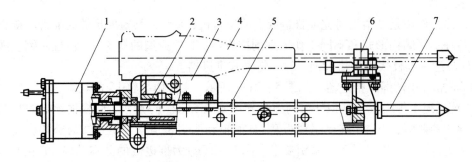

图5-3　油马达–丝杠式推进器

1—油马达；2—丝杠；3—滑板；4—凿岩机；5—导轨；6—托钎器；7—顶尖

可靠、调速方便、行程不受限制。但一般油马达和减速器都设在前方，尺寸较大，工作不太方便；另外，链条传动是刚性的，在振动和泥沙等恶劣环境下工作时，容易损坏。汽马达亦可由液压马达代替，两者的结构原理大致相同。

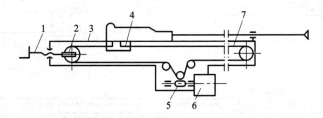

图5-4　油马达–链条式推进器

1—链条张紧装置；2—导向链轮；3—导轨；4—滑板；5—减速器；6—油马达；7—链条

2. 钻臂

钻臂是支撑托架、推进器、凿岩机进行凿岩作业的工作臂，它的前端与托架铰接（十字铰），后端与转柱相铰接。钻臂的长短决定了凿岩作业的范围；其托架摆动的角度，决定了所钻炮孔的角度。因此，钻臂的结构尺寸、钻臂动作的灵活性、可靠性对钻车的生产率和使用性能影响都很大。

钻臂的分类，通常按其动作原理分为直角坐标钻臂、极坐标钻臂和复合坐标钻臂；另外按凿岩作业范围分为轻型、中型、重型钻臂；按钻臂结构分为定长式、折叠式、伸缩式钻臂；按钻臂系列标准分为基本型、变型钻臂等等。

（1）直角坐标钻臂　如图5-5所示，这种钻臂在凿岩作业中具有以下动作：其中 A 为钻臂升降，B 为钻臂水平摆动，C 为托架仰俯角，D 为托架水平摆角，E 为推进器补偿运动。这5种动作是直角坐标钻臂的基本运动。

这种形式的钻臂是传统型钻臂，其优点是：结构简单、定位直观、操作容易，适合钻凿直线和各种形式的倾斜掏槽孔以及不同排列方式并带有各种角度的炮孔，能满足凿岩爆破的工艺要求，因此应用很广，国内外许多台车都采用这种形式的钻臂。其缺点是使用的油缸较多，操作程序比较复杂，对一个钻臂而言，存在着较大的凿岩盲区（在钻臂的工作范围内，有一定的无法凿岩区域称为凿岩盲区）。

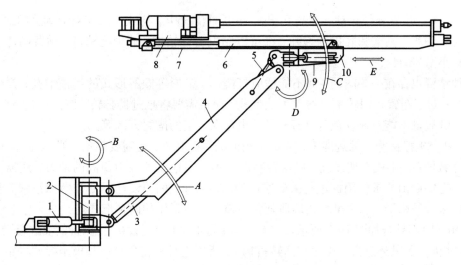

图 5 – 5　直角坐标钻臂

1—摆臂缸；2—转柱；3—支臂缸；4—钻臂；5—仰俯角缸；

6—补偿缸；7—推进器；8—凿岩机；9—摆角缸；10—托架

　　如果不用转柱，而以齿条齿轮式回转机构代替，则钻臂运动的功能具有极坐标性质，组成极坐标形式的台车。

　　（2）极坐标钻臂　极坐标钻臂如图 5 – 6 所示，它是在直角坐标钻臂的基础上进展起来的，这种钻臂在结构与动作原理方面都大有改进，减少了油缸数量，简化了操作程序。因此，国内外有不少台车采用这种钻臂。

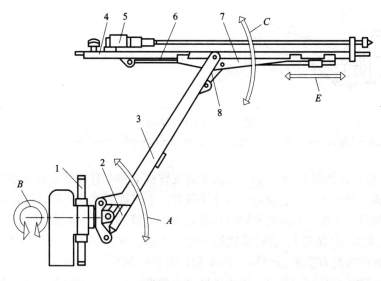

图 5 – 6　极坐标钻臂

1—齿条齿轮式回转机构；2—支臂缸；3—钻臂；4—推进器；

5—凿岩机；6—补偿缸；7—托架；8—仰俯角缸

这种钻臂在调定炮孔位置时，只需做以下动作：A 为钻臂升降，B 为钻臂回转，C 为托架仰俯角，*E* 为推进器补偿运动。钻臂可升降并可回转360°，构成了极坐标运动的工作原理。这种钻臂对顶板、侧壁和底板的炮孔，都可以贴近岩壁钻进，减少超挖量，钻臂的弯曲形状有利于减小凿岩盲区。

　　这种钻臂也存在一些问题：如不能适应打楔形、锥形等倾斜形式的掏槽炮孔；操作调位直观性差；对于布置在回转中心线以下的炮孔，司机需要将推进器翻转，使钎杆在下面凿岩，这样对卡钎故障不能及时发现与处理；另外也存在一定的凿岩盲区等。

　　(3)复合坐标钻臂　掘进凿岩，除钻凿正面的爆破孔外，还需要钻凿一些其他用途的孔，如照明灯悬挂孔、电机车架线孔、风水管固定孔等。在地质条件不稳固的地方，还需要钻些锚杆孔。有些矿山要求使用掘进与采矿通用的凿岩台车，因而设计了复合坐标钻臂。复合钻臂也有许多种结构形式，这里介绍瑞典阿特拉斯公司所采用的两种形式。

　　1）BUT10 型钻臂如图5-7 所示。它有1个主臂4 和1个副臂6，主副臂的油缸布置与直角坐标钻臂相同，另外还有齿条齿轮式回转机构1，所以它具有直角坐标和极坐标两种钻臂的特点，不但能钻正面的炮孔，还能钻两侧任意方向的炮孔，也能钻垂直向上的采矿炮孔或锚杆孔，性能更加完善，并且克服了凿岩盲区。但结构复杂、笨重。这种钻臂适用于大型台车。

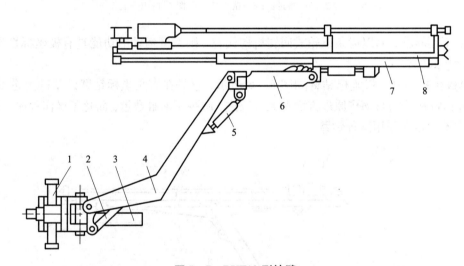

图5-7　BUT10 型钻臂

1—齿条齿轮式回转机构；2—支臂缸；3—摆臂缸；4—主臂；5—仰俯角缸；6—副臂；7—托架；8—伸缩式推进器

　　2）BUT30 型钻臂如图5-8 所示，它由1 对支臂缸1 和1 对仰俯角缸3 组成钻臂的变幅机构和平移机构。钻臂的前、后铰点都是十字铰接，十字铰的结构如图5-8(d)所示。支臂缸和仰俯角缸的协调工作，不但可使钻臂作垂直面的升降和水平面的摆臂运动，而且可使钻臂作倾斜运动(例如45°角等)，这时推进器可随着平移。推进器还可以单独作仰俯角和水平摆角运动。钻臂前方装有推进器翻转机构4 和托架回转机构5，这样的钻臂具有万能性质，它不但可向正面钻平行孔和倾斜孔，也可以钻垂直侧壁、垂直向上以及带各种倾斜角度的炮孔。其特点是调位简单、动作迅速、具有空间平移性能、操作运转平稳，定位准确可靠、凿岩无盲区，性能十分完善。但结构复杂、笨重，控制系统复杂。

　　3. 回转机构

　　回转机构是安装和支持钻臂、使钻臂沿水平轴或垂直轴旋转、使推进器翻转的机构。通

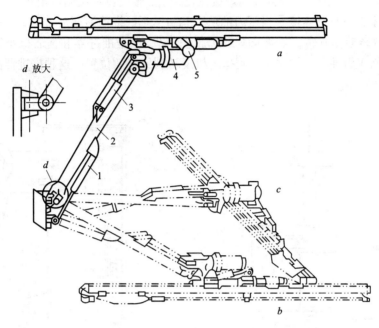

图 5 - 8　BUT30 型钻臂

（图中点画线表示机构到达的位置）

a—上部钻孔位置；b—下部钻孔位置；c—垂直侧面钻孔位置；d—十字铰的结构

1—支臂缸；2—钻臂；3—仰俯角缸；4—推进器翻转机构；5—托架回转机构

过回转运动，使钻臂和推进器的动作范围达到巷道掘进所需要的钻孔工作区的要求。常见的回转机构有以下几种结构形式。

（1）转柱　图 5 - 9 所示是一种常见的直角坐标钻臂的回转机构，它主要由摆臂缸 1、转柱套 2、转柱轴 3 等组成。转柱轴固定在底座上，转柱套可以转动，摆臂缸一端与转柱套的偏心耳环相铰接，另一端铰接在车体上，当摆臂缸伸缩时，由于偏心耳的关系，便可带动转柱套及钻臂回转，其回转角度由摆臂缸行程确定。这种回转机构的优点是结构简单、工作可靠、维修方便，因而应用广泛，例如国产 PYT - 2C 型凿岩台车就是采用这种转柱。其缺点是转柱只有下端固定，上端成为悬臂梁，承受弯矩较大。为此，许多制造厂为改善受力状态，在转柱的上端也设有固定支承。

（2）螺旋副式转柱　螺旋副式转柱如图 5 - 10 所示，它由螺旋棒 2、活塞（螺旋母）3、轴头 4 和缸体 5 等组成。螺旋棒 2 用固定销与缸体 5 固装成一体，轴头 4 用螺栓固定在车架 1 上；活塞 3 上带有花键和螺旋母，当向 A 腔或 B 腔供油时，活塞 3 作直线运动，于是螺旋母迫使与其相啮合的螺旋棒 2 作回转运动，随之带动缸体 5 和钻臂等也作回转运动。这种转柱的特点是外表无外露油缸，结构紧凑，但加工难度较大，国产 CCJ - 2 型凿岩台车就是采用这种转柱。这种形式的回转机构，不但用于钻臂的回转，更多的是应用于推进器的翻转运动。图 5 - 11 所示是国产 CCJ - 2 型凿岩台车所采用的推进器翻转机构，它由螺旋棒 4、活塞 5、转动体 3 和油缸外壳等组成。其原理与螺旋副式转柱相似而动作相反，即油缸外壳固定不动，活塞可转动，从而带动推进器作翻转运动。图中推进器 1 的一端用花键与转动卡座 2 相连接，另一端与支承座 7 连接；油缸外壳焊接在托架上；螺旋棒 4 用固定销 6 与油缸外壳定位；活塞 5 与转动体 3 用花键连接。当压力油从 B 口进入后，推动活塞沿着螺旋棒向左移动并作旋转运动，带着转动体旋转，转动卡座 2 也随之旋转，于是推进器和凿岩机绕钻进方向作翻转 180°运动；当压力油从 A 口进入，则凿岩机反转到原来的位置。这种推进器翻转机构的外形尺寸小、结构紧凑。

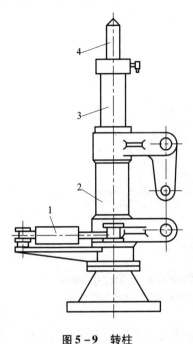

图 5 - 9　转柱

1—摆臂缸；2—转柱套；3—转柱轴；4—稳车顶杆

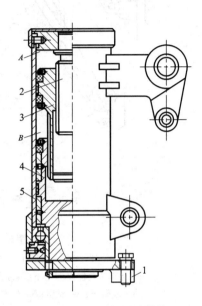

图 5 - 10　螺旋副式转柱

1—车架；2—螺旋棒；3—活塞(螺旋母)；
4—轴头；5—缸体

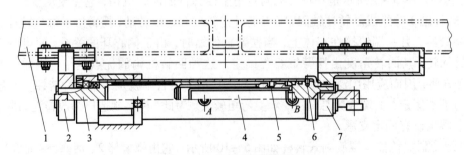

图 5 - 11　螺旋副式翻转机构

1—推进器；2—转动卡座；3—转动体；4—螺旋棒；5—活塞；6—固定销；7—支承座；A、B—进油口

（3）齿轮齿条式旋转机构　齿轮齿条式旋转机构如图 5 - 12 所示，它由齿轮 5、齿条 6、油缸 2、液压锁 1 和齿轮箱体等组成。齿轮套装在空心轴上，以键相连，钻臂及其支座安装在空心轴的一端。当油缸工作时，两根齿条活塞杆作相反方向的直线运动，同时带动与其相啮合的齿轮和空心轴旋转。齿条的有效长度等于齿轮节圆的周长，因此可以驱动空心轴上的钻臂及其支座，沿顺时针及逆时针各转 180°。

这种回转机构安装在车体上，其尺寸和质量虽然较大，但都承受在车体上，与螺旋副式转柱相比较，减少了钻臂前方的质量，改善了台车总体平衡。由于钻臂能回转 360°，便于凿岩机贴近岩壁和底板钻孔，减少超挖，实现光面爆破，提高了经济效益。因此，它成为极坐标钻臂和复合坐标钻臂实现 360°回转的一种典型的回转机构，其优点是动作平缓、容易操作、工作可靠，但重量较大，结构较复杂。

4. 平移机构

为了满足爆破工艺的要求，提高钻平行炮孔的精度，几乎所有现代台车的钻臂都装设了自动平移机构。该机构的作用是指当钻臂移位时，托架和推进器随机保持平行移位。概括地讲，该机构有 2 种类型：机械平移机构和液压平移机构。

(1)机械平移机构　这类平移机构，常用的是机械内四连杆式平移机构，该机构如图 5 - 13 所示。钻臂在升降过程中，ABCD 四边形的杆长不变，其中 AB = CD，BC = AD，AB 边固定而且垂直于推进器。根据平行四边形的性质，AB 与 CD 始终平行，亦即推进器始终作平行移动。

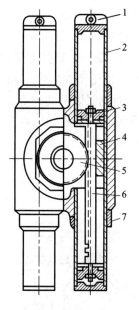

图 5 - 12　钻臂回转机构

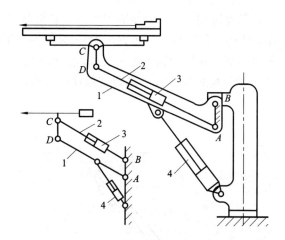

图 5 - 13　内四连杆平移机构

1—钻臂；2—连杆；3—仰俯角缸；4—支臂缸

当推进器不需要平移而钻带倾角的炮孔时，只需向仰俯角缸一端输入液压油，使连杆 2 伸长或缩短($AD \neq BC$)即可得到所需要的工作倾角。

这种平移机构的优点是连杆安装在钻臂的内部，结构简单、工作可靠、平移精度高，因而在小型钻车上应用广泛，如国产 CCJ - 2 型、PYT - 2C 型等凿岩台车。其缺点是不适应于中型或大型钻臂，因为它连杆很长、细长比大、刚性差、机构笨重。

以上这种平移机构，只能满足垂直平面的平移，如果水平方向也需要平移时，则再安装一套同样的机构会很困难。因此，法国塞柯玛公司 TP 型钻臂采用 1 种机械式空间平移机构，该机构如图 5 - 14 所示。它由 MP、NQ、OR 三根互相平行而长度相等的连杆构成，三根连杆前后都用球形铰与两个三角形端面相连接，构成一个棱柱体型的平移机构，其实质是立体的四连杆平移机构,这个棱柱体就是钻臂。当钻臂升降时,利用棱柱体的两个三角形端面始终保持平行的原理,使推进器始终保持空间平移。

(2)液压平移机构　液压平移机构如图 5 – 15 所示,它主要由平移引导缸 2 和仰俯角缸 5 等组成。该机构的油路连接如图 5 – 16 所示。当钻臂升起(或落

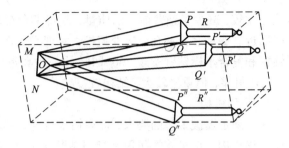

图 5 – 14　空间平移机构原理图

下)$\Delta \alpha$ 角时,平移引导缸 2 的活塞被钻臂拉出(或缩回),这时平移引导缸的压力油排入仰俯角缸 5 中,使仰俯角缸的活塞杆缩回(或拉出),于是推进器、托架便下俯(或上仰)$\Delta \alpha'$ 角。在设计平移机构时,合理地确定两油缸的安装位置和尺寸,便能得到 $\Delta \alpha = \Delta \alpha'$,在钻臂升起或落下的过程中,推进器托架始终是保持平移运动,这就能满足凿岩爆破的工艺要求,而且操作简单。目前国内外的凿岩台车广泛应用这种机构,如国产 CGJ – 3 型、CTJ – 3 型钻车,瑞典的 BUTl5 型钻臂,加拿大的 MJM – 20M 型钻车等。其优点是结构简单、尺寸小、重量轻、工作可靠,不需要增设其他杆件结构,只利用油缸和油管的特殊连接,便可达到平移的目的。这种机构适用于各种不同结构的大、中、小型钻臂和伸缩式钻臂,便于实现空间平移运动,平移精度准确。其缺点是需要平移引导缸并相应地增加管路,也由于油缸安装角度的特殊要求,使得空间结构不好布置。无平移引导缸的液压平移机构能克服以上的缺点,只需利用支臂缸与仰俯角缸的适当比例关系,便可达到平移的目的,因而显示了它的优越性,国外有些钻臂如瑞典的 BUT15 型钻臂就是这种结构。

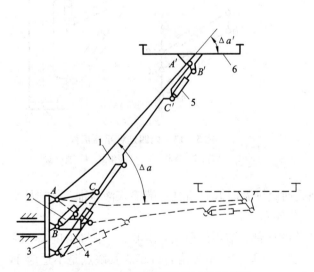

图 5 – 15　液压平移机构工作原理图

1—钻臂;2—平移引导缸;3—回转支座;

4—支臂缸;5—仰俯角缸;6—托架

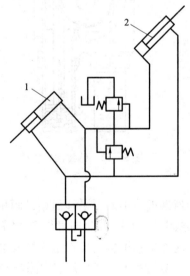

图 5 – 16　液压平移机构的油路连接图

1—平移引导缸;2—仰俯角缸

5. 液压凿岩机

COPl238 液压凿岩机如图 5-17 所示,该机具有旋转、冲击和缓冲吸振 3 种功能。其特点是:①细长杆冲击活塞的直径与钎杆近似相等,这为钎杆提供了最佳的冲击波输送,使其全部冲击能量最大限度地用于破碎岩石,提高了钎杆的寿命;②液压缓冲机构有效地吸收了来自钎杆的反弹,这是通过一个缓冲活塞套,将钎杆的反冲力传递给蓄能器,被蓄能器内的高压氮气所吸收;③设 2 只高压蓄能器,对由于压力波动出现的压力降至谷底时,可增大储备和释放能量的潜力;④配用 4 种不同型号的旋转马达,为不同的使用条件提供了不同的转钎力矩;⑤3 级可调的冲程长度,保证了在不同岩石硬度条件下,均可提供适当的冲击能以达到高的效率;⑥将输送冲洗水的水套,改用不锈钢制作,提高了使用寿命。

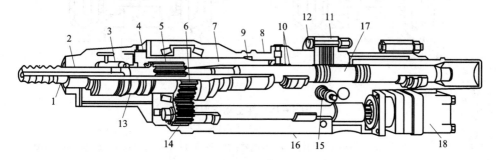

图 5-17　COPl238 型液压凿岩机

1—钎尾;2—耐磨轴瓦;3—冲洗头;4—止推环;5—驱动套;6—旋转齿轮;7—回转卡盘轴套;8—缓冲活塞;9—油腔;10—密封圈;11—调整油槽;12—调整螺栓;13—排泄孔;14—齿轮;15—换向阀;16—旋转轴;17—冲击活塞杆;18—旋转马达

(1)旋转动作原理　旋转马达 18 产生的动力经旋转轴 16、齿轮 14、旋转齿轮 6 至钎尾带动钎杆和钎头旋转。为适应不同的工作条件,COPl238 型凿岩机可以配备 4 种类型的旋转马达。中等冲击能马达(ME)适用于多种工作环境;低冲击能马达(LE)适用于巷道、隧洞开挖和露天台阶式开采;高冲击能马达(HE)适用于露天台阶式开采;高频冲击马达(HF)适用于巷道、隧洞开挖。旋转速度均为无级调速,并可逆转。

(2)冲击动作原理　冲击系统由图 5-17 中的冲击长度调整螺栓 12、冲击换向阀 15、冲击活塞杆 17 等组成。其动作原理见图 5-18。阀杆 C 的位置是由油路 2 和 6 中液压油的流向决定的,这两个油路中的液压油分别在阀杆 C 的两端油腔 8 内建立压力,推动阀杆 C 动作,使进入活塞杆 B 的液压油频繁换向。阀杆 C 上的油道 9 是使阀杆 C 定位锁紧用的,两侧的 D 为充氮气的高压蓄能器。

液压油由入口 P 经阀杆 C,油路 1 至冲击活塞杆 B 的后腔建立压力,推动活塞杆 B 向前(图中向左)产生冲击动作,见图 5-18(a)。当冲击活塞杆 B 的后凸肩移动到油路 2 的出口时,液压油即从油路 2 流向阀杆 C 的右端油腔 8,推动阀杆 C 向左移动,进行换向。此时,液压油由入口 P 经阀杆 C、油路 5 进入冲击活塞杆 B 的前油腔建立压力,使冲击活塞杆向后(图中向右)回退,见图 5-18(b)。当冲击活塞杆 B 的前凸肩退到油路 b 出口时,前油腔液压油即经油路 6 进入阀杆 C 向右移动,再次换向。油路 3、7 分别是冲击、回退动作完成后的卸油油路。回油时,液压油经油路 4、出油口 R 进入总回油油路。冲击活塞杆 B 连续完成冲击、回退动作，可以反复完成冲击工作循环。

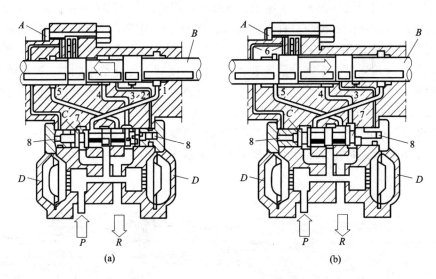

图5－18　冲击动作原理

（a）冲击；（b）回退

A—调整螺栓；*B*—冲击活塞杆；*C*—阀杆；*D*—蓄能器；*P*—进油口；*R*—出油口；1~7—油路；8—油腔

（3）缓冲吸振原理　COPl238型凿岩机的缓冲吸振原理示意图，如图5－19所示。当冲击活塞杆产生的冲击力，经钎尾传递给钎杆、钎头而作用在岩石上时，岩石同时产生反冲击力经钎头、钎杆传递给钎尾1。钎尾1将反冲击力传递给回转卡盘轴套2、缓冲活塞3、液压缸4、最后由高压薄膜型蓄能器5全部吸收，予以缓冲，使得反冲击应力衰减到最小。蓄能器5还能消除液压油的瞬时脉动应力。因此缓冲吸振装置可以使钎杆上损耗能量小，减少了凿岩机、推进器及钻臂上的振动应力。

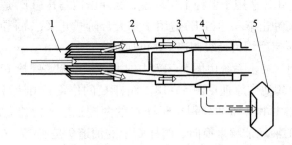

图5－19　缓冲吸振原理示意图

1—钎尾；2—回转卡盘轴套；3—缓冲活塞；4—液压缸；5—蓄能器

5.2.3　凿岩台车选择与计算

由于凿岩台车种类繁多，结构差别较大，功能及适用范围不同，因此，合理选择凿岩台车很重要的。在选用该设备时，应考虑设备的技术、经济指标的合理性和先进性以及爆破工艺的要求。具体来讲有：①凿岩速度快、工作稳定可靠，结构简单，便于操作和维修；②满足各种凿岩爆破工艺对钻孔布置和深度的要求；③满足巷道断面尺寸和运输方式等的要求。

为了合理地选择凿岩台车，更好的使用凿岩台车，应对其各种参数进行计算。

1. 生产率计算

当使用凿岩台车钻孔时，每班的生产率可按下式确定：

$$L = K \cdot V \cdot T \cdot n \cdot 10^{-2} \qquad (5-1)$$

式中　L——每班钻进深度，m；

n——凿岩台车上同时工作的凿岩机台数；

T——每班纯工作时间，min；

V——技术钻进速度，其值与台车的构造有关，cm/min；

K——凿岩机的时间利用系数。

时间利用系数 K 是凿岩机纯工作时间与每个掘进循环中凿岩工序所占时间的比值（%）。它与钻臂结构、推进器行程、岩石物理机械性质及操作技术熟练程度等有关。在其他条件相同时，K 值与推进器行程的关系见表 5-2。

表 5-2　时间利用系数 K

推进器行程/mm	1000	1500	2000	2500
时间利用系数 K	0.5	0.6	0.7	0.8

2. 凿岩机类型及台数的确定

凿岩台车的结构和性能，很大程度上取决于选择配套的凿岩机类型。当选择确定凿岩机之后，即可确定钻臂数和推进器形式等。

在凿岩台车上安装凿岩机台数，主要根据工作面尺寸和所凿钻孔总深度来确定：

$$n = \frac{100L}{K \cdot V \cdot T} = \frac{100 \cdot Z \cdot h}{K \cdot V \cdot T} \qquad (5-2)$$

式中　L——所需钻孔的总深度，m；

$L = Z \cdot h$；

Z——所需钻孔数；

h——每班所钻孔的平均深度，m。

根据经验，巷道断面 A 与凿岩机台数的对应关系为：

二机：A（高×宽）= 1.8 m × 2.0 m ~ 2.6 m × 3.2 m；

三机：A（高×宽）= 2.4 m × 2.6 m ~ 3.5 m × 4.5 m；

三机以上：A（高×宽）≥ 3.5 m × 4.5 m。

确定凿岩机数，也就是确定了钻臂数。在确定凿岩机台数时，应注意工作均衡，互不干扰，而且应有一定的备用量。选用液压凿岩机钻孔速度快，在断面 100 m² 以下的隧道中，钻臂数最多不超过四个。凿岩机台数不足时，可以采用两台台车同时作业。

3. 外形尺寸与弯道半径确定

凿岩台车的外形尺寸及转弯半径是受巷道断面限制的，根据巷道条件来选择台车的外形尺寸及弯道半径。由于无轨设备在巷道中运行不受轨道限制，它可偏离给定方向行走，因此它和巷道壁之间必须留出相应的安全距离,这个距离与设备的运行速度成正比。当设备沿主巷道运行速度为 10 km/h 时,侧向距离应不小于 0.6 ~ 0.8 m,高度方向的距离应不小于 0.3 ~ 0.6 m。在通过弯道时,必须保证设备最突出部分不接触巷道壁并留有一定安全距离。

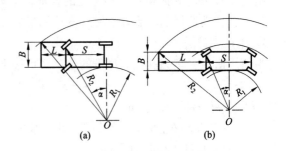

图 5 - 20　刚性车体胶轮行走转弯图

(a)前轮转向;(b)前后轮转向

胶轮行走的台车通过弯道时的弯道半径与转向机构形式及转向轮的个数有关。对于刚性车体的胶轮行走机构的转弯半径计算有 2 种情况,如图 5 - 20 所示。

当有 2 个转向轮时,如图 5 - 20(a)。转弯时,转弯圆周的中心通过非转向轮的轮轴,其转弯半径为:

$$R_2 = \left[(S \cdot \cot\alpha)^2 + (S + L)^2 \right]^{\frac{1}{2}} \tag{5-3}$$

$$R_1 = S \cdot \cot\alpha - B \tag{5-4}$$

当有 4 个转向车轮时,如图 5 - 20(b),其转弯半径为:

$$R_2 = \frac{1}{2} \left[(S \cdot \cot\alpha)^2 + (S + 2L)^2 \right]^{\frac{1}{2}} \tag{5-5}$$

$$R_1 = \frac{1}{2} S \cdot \cot\alpha - B \tag{5-6}$$

式中　R_1、R_2——内侧,外侧转弯半径;

　　　S——轴距;

　　　L——前轮轴至钻车前端的最大长度;

　　　α——外轮转向角。

对于大型胶轮行走的掘进凿岩台车,采用铰接车体结构,使转弯半径减小,行走转弯机动灵活。铰接车体转弯如图 5 -21 所示,转弯半径计算如下:

$$R = \frac{B}{2} + DO \tag{5-7}$$

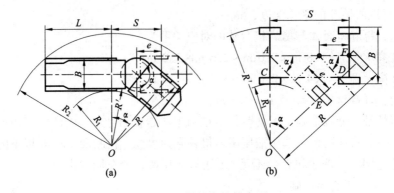

图 5 -21　铰接车体转弯图

(a)铰接车体转弯图;(b)铰接车体转弯示意图

$$DO = \frac{CD}{\sin\alpha}; \ CD = (S - e) + e \cdot \cos\alpha \qquad (5-8)$$

$$R = \frac{B}{2} + \frac{(S - e) + e \cdot \cos\alpha}{\sin\alpha} \qquad (5-9)$$

式中　B——轮距；

　　　S——轴距；

　　　e——前轿中心至铰接点中心的距离；

　　　α——转向角；

　　　R——前外轮转向半径。

$$R' = \frac{B}{2} + AO \qquad (5-10)$$

$$AO = \frac{AF}{\sin\alpha}; \ AE = e + (S - e) \cdot \cos\alpha$$

$$R' = \frac{B}{2} + \frac{e + (S - e) \cdot \cos\alpha}{\sin\alpha} \qquad (5-11)$$

式中　R'——后外轮转向半径。

$$R_2 = \left[L^2 + (R')^2 \right]^{\frac{1}{2}} \qquad (5-12)$$

$$R_1 = R' - B \qquad (5-13)$$

式中　R_1、R_2——车体内侧、外侧转弯半径。

　　带有转盘的胶轮行走台车，按上述方法计算，将更容易通过。

　　在选择凿岩台车时，应选择机器宽度小、钻车前端伸出长度小、轴距小的，使转弯半径小，提高行走转向能力。

5.2.4　凿岩台车的技术特性

　　凿岩台车的技术特性如表 5 - 3 所示。

表 5 - 3　凿岩台车的技术特性

型号	CGT5003	NH178	CTJ700	TYCJH - 4	TCH3 - 100A	H135 - 38
钻臂数量	3	3	2	4	3	2
钻臂类型		BUT35	B25JD	TYWS - M	JE100TRA	BHT35
推进器类型	液压 - 钢丝绳	BMH612 ~ BMH618	TS720	XFGR - 82	GH100A - 33	BMH612
推进器推进长/m	2.5	3.4 ~ 5.2	2.5			3.4
凿岩机	YG35	COP1238ME	YGZ702	TY110	HD100	COP1038HD
驱动方式	电 - 液	柴油机		风动	电 - 液	内燃/电动
行走方式	轨行	轮胎	轮胎	履带	履带	轮胎

续表 5 - 3

型号	CGT5003	NH178	CTJ700	TYCJH - 4	TCH3 - 100A	H135 - 38
功率/kW	26.4	116	18.7		77.2	102/90
速度/(km·h⁻¹)	4.8	10	2.6		2.2	16
爬坡/(°)		14	5.6	16	18	14
机长/m	6.8	11.88	6.57	7.93	14.70	13.8
机宽/m	1.25	3.05	1.5	2.4	2.8	2.5
机高/m	1.74	3.45	1.8	3.4	4.33	2.5
质量/t	5.5	32.2	6.5	13.9	40	26
制造厂商	沈阳风动	南京黎明	宣化风动	东洋工业	古河矿业	阿特拉斯

5.3　潜孔钻机

5.3.1　概述

潜孔钻机的冲击器装于钻杆的前端,潜入孔底,工作时直接冲击钻头。这种钻机不像凿岩机接杆钻进那样随钎杆的加长而增加能量损失,因而能打深孔。按使用地点分为井下潜孔钻机和露天潜孔钻机,井下潜孔钻机按有无行走机构又可分为自行式和非自行式 2 种;按使用风压的不同分为普通风压潜孔钻机和高风压潜孔钻机,目前国外已很少使用普通风压的潜孔钻机。潜孔钻机也是建筑、水电、道路及港湾等工程中一种不可缺少的钻孔设备。

潜孔钻机由单独的旋转机构、冲击器、钻具和推压机构组成,其工作原理如图 5 - 22 所示。钻进时,钻杆 1 前部的钎头 6 和冲击器 4 潜入孔底,推压机构 3 沿钻杆 1 施加向下的轴向压力,压缩空气或气水混合液经钻杆内孔进入冲击器,推动活塞 5 反复冲击钎头 6 破碎岩石,破碎后的岩屑利用压缩空气或气水混合液的作用沿钻杆与孔壁的间隙排出孔外。与此同时,单独的旋转机构经钻杆带动钻具旋转,对孔底岩石产生附加的剪切力。

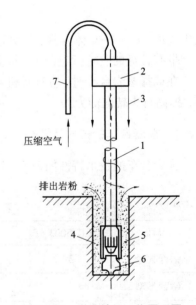

图 5 - 22　潜孔钻机工作原理图
1—钻杆;2—旋转机构;3—推压机构;
4—冲击器;5—活塞;6—钎头;7—进气管

5.3.2　潜孔钻机的结构组成及冲击器工作原理

1. 潜孔钻机的结构组成

以 KQ - 200 型潜孔钻机为例,简要介绍露天潜孔钻机的结构组成。KQ - 200 型潜孔钻机是一种自带螺杆空压机的自行式重型钻孔机械。它主要用于大、中型露天矿山钻凿,直径 $\phi200\sim220$ mm、孔深为 19 m、下向 $60°\sim90°$ 的各种炮孔。钻机总体结构如图 5 – 23 所示。

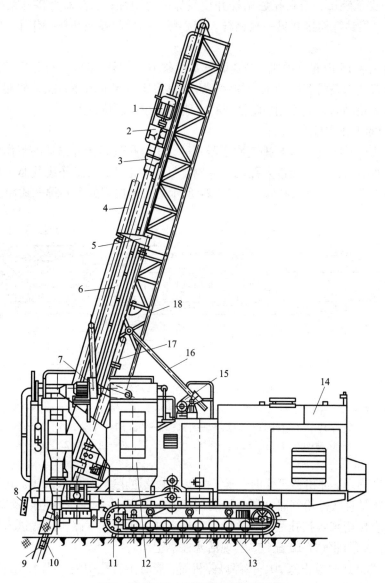

图 5 – 23　KQ – 200 潜孔钻机主视图

1—回转电机;2—回转减速器;3—供风回转器;4—副钻杆;5—送杆器;6—主钻杆;7—离心通风机;8—手动按钮;9—钻头;10—冲击器;11—行走驱动轮;12—干式除尘器;13—履带;14—机械间;15—钻架起落机构;16—齿条;17—调压装置;18—钻架

钻具由钻杆 6、球齿钻头 9 及 J – 200 冲击器 10 组成。钻孔时,用两根钻杆接杆钻进。

回转供风机构由回转电机 1、回转减速器 2 及供风回转器 3 组成。

提升调压机构是由提升电机借助提升减速器、提升链条而使回转机构及钻具实现升降动作的。在封闭链条系统中,装有调压缸及动滑轮组。正常工作时,由调压缸的活塞杆推动动滑轮组使钻具实现减压钻进。

送杆机构由送杆器 5、托杆器、卡杆器及定心环等部分组成。送杆器通过送杆电机、蜗轮减速器带动轴转动，固定在传动轴上的上下转臂拖动钻杆完成送入及摆出动作；托杆器是接卸钻杆时的支承装置，用它托住钻杆并使其保证对中性；卡杆器是接卸钻杆时的卡紧装置，用它卡住一根钻杆而接卸另一根钻杆。定心环对钻杆起导向和扶持作用，以防止炮孔和钻杆歪斜。

钻架起落机构 15 由起落电机、减速装置及齿条 16 等部件组成。在起落钻架时，起落电机通过减速装置使齿条沿着鞍形轴承伸缩，从而使钻架抬起或落下；在钻架起落终了时，由于电磁制动及蜗轮副的自锁作用，使钻杆稳定地固定在任意位置上。

2. 冲击器的工作原理

冲击器分为中心排气与旁侧排气冲击器 2 种。中心排气是指冲击器的工作废气及一部分压气，从钻头的中空孔道直接进入孔底。旁侧排气的冲击器，其工作废气及一部分压气则由冲击器缸体排至孔壁，再进入孔底。图 5-24 所示为一种典型的中心排气式冲击器。

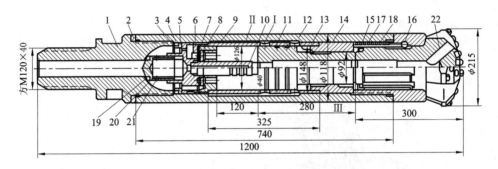

图 5-24　J-200 冲击器结构图

1—接头；2—钢垫圈；3—调整圈；4—胶垫；5—胶垫座；6—阀盖；7—密封垫；8—阀片；
9—阀座；10—配气杆；11—活塞；12—外缸；13—内缸；14—衬套；15—卡钎套；
16—圆键；17—柱销；18、21—弹簧；19—密封圈；20—逆止塞；22—钻头

如图 5-24 所示，冲击器工作时，压气由接头 1 及逆止塞 20 进入缸体。进入缸体的压气分成两路：一路是直吹排粉气路。压气经配气杆 10、活塞 11 的中空孔道以及钻头 22 的中心孔进入孔底，直接用来吹扫孔底岩粉；另一路是汽缸工作配气气路。压气进入具有板状阀片 8 的配气机构，并借配气杆 10 配气，实现活塞往复运动。

在冲击器进口处的逆止塞 20，在停风停机时，能防止岩孔中的含尘水流进入钻杆，因而不致影响开动冲击器及降低凿岩效率，甚至损坏机内零件。

冲击器正常工作时，钻头抵在孔底上，来自活塞的冲击能量，通过钻头直接传给孔底。其中缸体不承受冲击载荷，在提起钻具时，亦不允许缸体承受冲击负荷，这在结构上是用防空打孔 I 来实现的。这时，钻头 22 及活塞 11 均借自重向下滑行一段距离，防空打孔 I 露出，于是来自配气机构的压气被引入缸体，并经钻头和活塞的中心孔道逸至大气，使冲击器自行停止工作。

配气机构由阀盖 6、阀片 8、阀座 9 以及配气杆 10 组成，配气原理可用返回行程和冲击行程两个阶段说明。

返回行程工作原理：返回行程开始时，阀片 8 及活塞 11 均处于图 5-24 所示之位置。压

气经阀片 8 后端面、阀盖 6 上的轴向与径向孔进入内外缸体间的环形腔Ⅱ，并至汽缸前腔，推动活塞向后运动。此时，汽缸后腔经活塞 11 和钻头 22 的中心孔与孔底相通，活塞 11 在压气作用下加速向后运动。当活塞 11 端面与配气杆 10 开始配合时，后腔排气孔道被关闭，并处于密闭压缩状态，于是活塞开始做减速运动。当活塞杆端面越过衬套上的沟槽Ⅲ时，进入前腔的压气便经钻头中心孔排至孔底。活塞失去了动力，且在后腔背压作用下停止运动。与此同时，阀片右侧压力逐渐升高，左侧经前腔进气孔道Ⅱ、钻头中心孔与大气相通，在压差作用下，阀片迅速移向左侧，关闭了前腔进气气路，开始了冲击行程的配气工作。

　　冲击行程工作原理：冲击行程开始时，活塞和阀片均处于极左位置，压气经阀盖和阀座的径向孔进入汽缸后腔，推活塞向前运动。首先，衬套的花键槽被关闭，前腔压力开始上升；然后，活塞后端中心孔离开配气杆，于是后腔通大气，压力降低；接着，活塞以很高的速度冲击钎尾，工作行程即行结束。在冲击钎尾之后，阀片由于其前后的压力差作用进行换向，活塞重复返回行程的动作。

　　3. 回转供风机构

　　回转供风机构是潜孔钻机上的关键部件，它的质量和运转状态直接影响钻机的生产效率。

　　(1) 回转供风机构的组成　将回转钻具和向钻具供风的两个部分组合起来即构成回转供风机构。该机构由回转电机、回转减速器及供风回转器 3 个部件组成，其布置如图 5 – 25 所示。

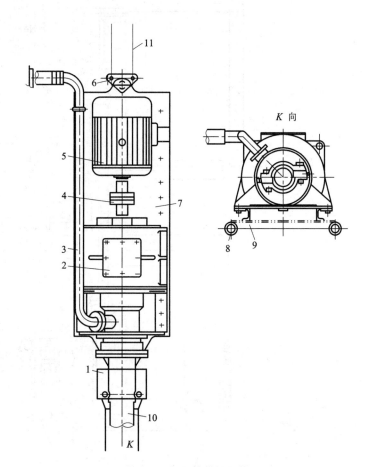

图 5 – 25　回转供风机构

1—供风回转器；2—回转减速器；3—送风胶管；
4—弹性联轴节；5—回转电机；6—平衡接头；
7—滑板；8—钻架；9—滑道；10—钻杆；11—提升链条

　　回转电机 5 与回转减速器 2 用弹性联轴节 4 连接，回转减速器与供风回转器 1 用一组螺栓连接。回转电机、回转减速器及供风回转器三者连接成一个整体，再将其固定在可沿钻架导轨滑动的滑板 7 上。滑板的两端分别用平衡接头 6 与双提升链条相连。这样，滑板和链条就形成了一个封闭系统。送风胶管 3 的一端连到供风回转器上，另一端与送风胶管连接。连接处均有可靠密封件。

回转电机也可用气动马达或液压马达来代替，回转减速器可用普通圆柱齿轮减速器、行星轮减速器，也可用针齿摆线轮减速器。

（2）供风回转器   供风回转器的功能是传递回转扭矩、向冲击器供风及接卸钻杆。按照供风风路位置不同有旁侧供风回转器和中心供风回转器，井下潜孔钻机多用中心供风回转器。

1）旁侧供风回转器   国内经常使用的一种旁侧供风回转器的结构如图 5－26 所示。

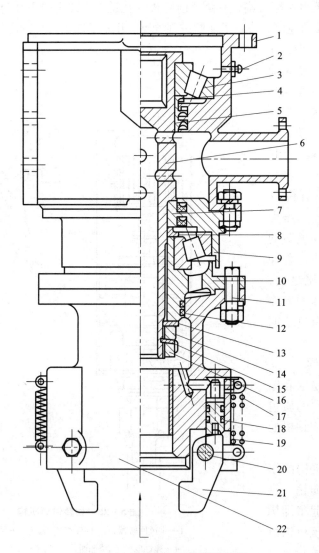

图 5－26   旁侧供风回转器结构图

1—供风回转器壳体；2—油嘴；3—圆锥滚子轴承；4—轴套；5—密封圈；6—空心主轴；7—轴环；
8—调整垫；9—轴承套；10—花键套；11—螺栓；12—密封圈；13—垫；14—左螺旋母；15—防松垫圈；
16—右螺旋母；17—拉簧；18—密封圈；19—小活塞；20—卡爪销轴；21—风动卡爪；22—钻杆接头

回转器壳体 1 用螺栓连接在减速器的机体上，空心主轴 6 的上端用花键与减速器输出轴相连，花键套 10 靠花键装在空心主轴上，钻杆接头 22 用螺栓 11 与花键套连接，减速器输出轴的力矩通过空心主轴及花键套传递给钻杆接头，于是钻具就和钻杆接头一起回转。

　　由风管输送来的压气经过供风弯头导入供风回转器壳体 1 中，继而进入空心主轴、钻杆接头、钻杆及冲击器内，为冲击器提供工作动力。

　　当需要接杆钻进时，首先使风路停止供风，同时风动卡爪 21 被两个拉簧拉开。然后开动回转电机，钻杆尾部方形螺纹即可拧入钻杆接头中。当需要卸杆时，首先接通压气，小活塞 19 被压气推出，卡爪向中心摆动并卡住钻杆凹槽，反转开动电机，则上部钻杆与下部钻杆即可脱开。

　　国外的一种旁侧供风回转器的结构如图 5 - 27 所示。

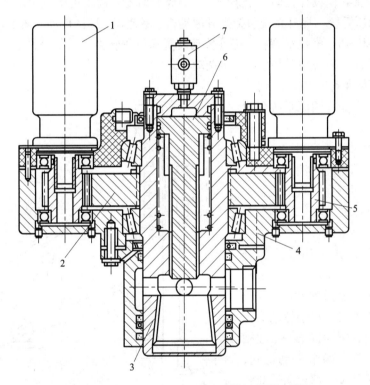

图 5 - 27　美国 TRW6200 - U 型钻机供风回转器
1—液压马达；2—大齿轮；3—空心主轴；4—箱体；5—小齿轮；6—卸杆活塞；7—进气接头

　　两个液压马达 1 通过箱体内的一对正齿轮 5 及 2 带动空心主轴 3 回转，后者把运动通过尾部螺纹直接传递给钻杆。压气则通过空心主轴旁侧的进气孔进入空心主轴，然后送往钻杆及冲击器。供风回转器上设置一个特殊的卸杆活塞 6，它通常在弹簧压力下位于空心主轴的上端，这时通过卡杆器卡住钻杆的下部，则供风回转器即可和钻杆脱开。如果上部进气接头 7 通入压气，则带外花键的卸杆活塞克服弹簧阻力后向下移动，并插入钻杆上部的内花键孔中。这时，如果开动电机，即可卸开钻杆下部的螺纹，从而使两钻杆脱开。这种卸杆机构既方便又准确，是一种较好的卸杆形式。

　　2）中心供风回转器　中心供风回转器的典型实例是瑞典 ROC - 306 型潜孔钻机上的回转器。压气从进气口进入，通过中空主轴流入钻杆和冲击器。

4. 提升调压机构

（1）提升调压机构的作用　冲击、回转、推进和排渣是潜孔钻机工作的 4 个基本环节。

钻机在不断地冲击、回转和排渣的同时，还必须对岩石施以一定的轴向压力才能进行正常的钻进。合理的轴压力能使钻头与孔底岩石紧密地接触，有效地破碎孔底岩石；如果轴压力不足，会造成冲击器、钻头和岩石之间的不规则碰撞，降低钻孔速度。如果轴压力过大，将产生很大的回转阻力，也会加速钻头的磨损，加剧钻机的振动，使钻孔速度下降。因此，必须设置调压机构，适时地调节孔底轴压力。

另外，为了更换钻具、调整孔位及修整孔形，需要不断地将钻具提起或放下，这个动作用提升机构来完成。由于提升机构与调压机构通常都是通过挠性传动装置带动钻具的，为了结构紧凑，一般将它们设计在同一个系统中，形成所谓提升调压机构。

(2)提升调压系统　提升系统包括提升原动机、减速器、挠性传动装置和制动器等部件；调压系统包括调压缸、推拉活塞杆、挠性传动装置和行程转换开关等部件。两个系统共用挠性传动装置，因此它们必须互相依存、协调动作。

根据提升传动系统和调压动力装置的不同，可将提升调压系统分为 5 种类型：

①电机－封闭链条－油缸式；
②电机－封闭钢绳－油缸式；
③电机－封闭钢绳－自重式；
④油缸－活塞式；
⑤液压马达链条式。

电机－封闭链条－油缸式提升调压系统如图 5－28 所示。位于机械间内的提升电机 1 通过弹性联轴节 2 与蜗轮减速器 3 连接。在蜗轮轴头上装有链轮 19，用它驱动链条 18，在钻架回转轴 17 上装有两个主动链轮，用它驱动绕经顶部及底部导向轮 8 和 4 的封闭链条 5，此链条与活塞杆 6 的两端分别连接。调压油缸 7 因位置限制设计成上下双缸形式，它与滑板 10 用螺栓连接。回转电机 11、针摆减速器 12 和供风回转器 13 用螺栓固定在滑板上，它们与调压缸一起形成

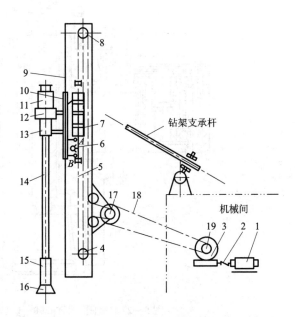

图 5－28　电机－封闭链条－油缸式提升调压系统

1—提升电机；2—弹性联轴节；3—蜗轮减速器；4—底部导向轮；5、18—链条；6—活塞杆；7—调压油缸；8—顶部导向轮；9—导轨；10—滑板；11—回转电机；12—针摆减速器；13—供风回转器；14—钻杆；15—冲击器；16—钻头；17—钻架回转轴；19—链轮

了一个下滑组合体，该组合体可沿钻架上的导轨 9 上下滑动。

开动提升电动机，通过蜗轮减速器、封闭链条和活塞杆，即可拖动下滑组合体提升或下放，完成升降钻具的工作。当制动提升电动机，同时开动冲击器 15，即可实现正常的钻进作业。这时，如果在调压油缸 7 的下腔通入压力油，就可进行加压钻进；反之，在调压缸的上腔通入压力油，就可实现减压钻进(减压力值必须小于下滑组合体自重力)。行程开关 A、B 及触点 C 是为调压油缸行程的自动切换而设置的。

该提升调压系统的结构特点是：①提升电动机和减速器可置于机械间内，以便维护检修

和提高其使用寿命,也可放在钻架底部,直接拖动底部导向轮 4,以简化传动系统;②提升电动机选为起重型(JZ 型),以便增大启动力矩;③提升减速器多为大传动比、低传动效率的蜗轮减速器,因为该系统属于慢速、间歇传动系统;④传动系的挠性件为套筒滚子链,且多用双排链条。系统应设有断链保险装置,以确保安全作业;⑤采用了行程转换开关,以实现钻杆自动推进,直至一根钻杆全部钻完为止。

如果需要活塞杆推进一个行程,而使钻具获得两倍行程,则可采用带 2∶1 行程倍增器的提升调压系统。

5.4　牙轮钻机

5.4.1　概述

牙轮钻机主要用于露天矿山 200 mm 以上的炮孔凿岩作业,我国地下矿山在 20 世纪 80 年代开始尝试使用地下牙轮钻机,因 200 mm 以下的牙轮钻头寿命制约未能推广,目前国外(除前苏联以外)发达国家地下矿山也很少使用。我国露天矿山使用的牙轮钻机多为国产牙轮钻机,主要产品有 YZ - 12 型、YZ - 35 型及 YZ - 55 型牙轮钻机。一些超大型矿山特别是煤矿也装备了进口的牙轮钻机,其主要产品有 AtlasCopco DM30 型、DM45 型、DM50 型和

PV351 型牙轮钻机。相比国内,国外牙轮钻机有两个特点:①产品规格的大型化、高效化。钻孔直径由 310 mm、380 mm 已趋向 406 mm、445 mm,目前已发展到 559 mm。49 - RⅢ 钻孔直径达 406 mm,59 - R 型钻机钻孔直径达 445 mm,P&H 公司的 120A 型钻孔直径达 559 mm;P&H 公司的 120A 型牙轮钻机的轴压达 680.38 kN,而 BI 公司的 59 - R 型钻机的轴压力则达 748.44 kN;②系统的全自动化、智能化。采用包括计算机、通讯网络、数字输入传输在内的集成网络控制系统,能在最小作业成本的基础上使钻进参数最佳化,能为露天矿现代化管理提供信息(矿石品位的精确分布、矿岩可钻性、可爆性和可挖性等),钻孔时能识别矿岩特性,能记录炮孔的方位、倾角等参数。相比国外,国内牙轮钻机的不足体现在:①品种单一、动力单一、功能单一、结构形式单一;②传动方式落后、机械传动、传动效率低;③自动化程度低;④能耗高,国外产品可根据外部负载自动输出能量。

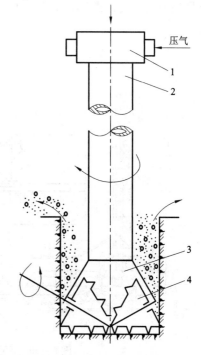

压气

图 5 - 29　牙轮钻机钻孔工作原理
1—加压、回转机构;2—钻杆;3—钻头;4—牙轮

牙轮钻头钻孔属于旋转冲击式破碎岩石,工作情况如图 5 - 29 所示。机体通过钻杆给钻头施加足够大的轴压力和回转扭矩,牙轮钻头在岩石上边推进边回转,使牙轮在孔底滚动中

连续地切削、冲击破碎岩石，被破碎的岩碴不断被压气从孔底吹至孔外，直至形成炮孔。

　　由此可见，牙轮钻机在钻孔过程中，施加在钻头上的轴压力、转速和排碴风量是保证有效钻孔的主要工作参数，合理地选配这三个参数的数值称为钻机的钻孔工作制度。实践证明，如能合理地确定钻机的钻孔工作制度，就能提高钻孔速度，延长钻头寿命和降低钻孔成本。

　　牙轮钻机按技术特征的不同，其分类见表5-4。

表5-4　牙轮钻机按技术特征分类

技术特征	小型钻机	中型钻机	大型钻机	特大型钻机
钻孔直径/mm	≤150	≤280	≤380	>445
轴压力/kN	≤200	≤400	≤550	>650

5.4.2　总体结构及钻具特征

　　1. 总体结构

　　当前，虽然国内、外牙轮钻机的种类繁多，但是根据钻孔工作的需要，它们的总体构造基本上是相似的。现以滑架式 KY-310 型牙轮钻机为例（如图5-30所示），说明牙轮钻机的组成。

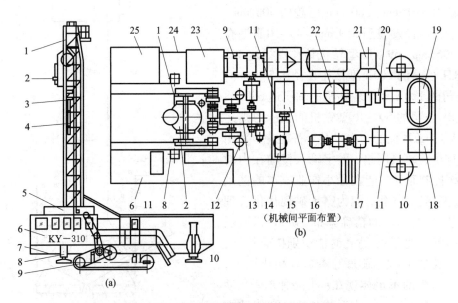

图5-30　KY-310型牙轮钻机总体构造
（a）钻机外形（主视）；（b）平面布置（俯视）

1—钻架装置；2—回转机构；3—加压提升系统；4—钻具；5—空气增压净化调节装置；6—司机室；7—平台；8、10—后、前千斤顶；9—履带行走机构；11—机械间；12—起落钻架油缸；13—主传动机构；14—甘油润滑系统；15、24—右、左走台；16—液压系统；17—直流发电机组；18—高压开关柜；19—变压器；20—压气控制系统；21—空气增压净化装置；22—压气排碴系统；23—湿式除尘装置；24—干式除尘装置

（1）工作装置　即直接实现钻孔的装置，包括有钻具 4、回转机构 2、加压提升系统 3、钻架装置 1 及压气排碴系统 22 等。

（2）底盘　用于使钻机行走并支撑钻机的全部重量的装置，包括有履带行走机构 9、千斤顶 8、10 和平台 7 等。

（3）动力装置　即给钻机各组成部件提供动力的装置，包括直流发电机组 17、变压器 19、高压开关柜 18 和电气控制屏等。

（4）操纵装置　即用于控制钻机的各部件，包括有操纵台、各种控制按钮、手柄、指示仪表等。

（5）辅助工作装置　即用于保证钻机正常、安全地工作，包括有司机室 6、机械间 11、空气增压净化调节装置 5、干式除尘装置 25、湿式除尘装置 23、液压系统 16、压气控制系统 20 和甘油润滑系统 14 等。

根据钻机的规格和使用要求的不同，钻机的各组成部分的内容和结构形式也不尽相同。

2．牙轮钻具的特点

牙轮钻机的钻具主要包括钻杆、牙轮钻头 2 部分，它们是牙轮钻机实施钻孔的工具。

牙轮钻机在工作时，为了扩大其钻孔孔径，或者为了减少来自钻具的冲击振动负荷，钻凿出比较规整的爆破孔，在牙轮钻具上还常安装扩孔器、减振器、稳定器等辅助机具，这些都归为钻具部分。

钻杆的上端拧在回转机构的钻杆连接器上，下端和牙轮钻头连接在一起。由减速器主轴来的压气，经空心钻杆从钻头喷出吹洗孔底并排出岩碴。

钻孔时，牙轮钻机利用回转机构带动钻具旋转，并利用回转小车使其沿钻架上下运动。通过钻杆，将加压和回转机构的动力传给牙轮钻头。在钻孔过程中，随着炮孔的延伸，牙轮钻头在钻机加压机构带动下不断推进，在孔底实施破岩。

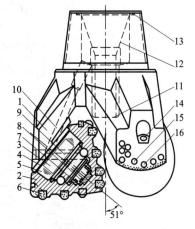

图 5-31　牙轮钻头结构

1—牙掌；2—牙轮；3—轴颈；4—滚珠；5—滚柱；6—硬质合金柱齿；7—轴套；8—止推块；9—塞销；10—轴承冷却风道；11—喷管；12—挡碴网；13—压圈；14—加工定位孔；15—爪背合金柱；16—爪尖硬质合金堆焊层

牙轮钻头的外形如图 5-31 所示，牙轮钻头有 3 个主要组成部分：牙轮、轴承和牙掌。牙轮安装在牙掌的轴颈上，其间还装有滚动体构成轴承，牙轮受力后即可在钻头体的轴颈上自由转动。牙轮钻头的破岩刃具是一些凸出于圆锥体锥面，并成排排列的合金柱齿或铣齿。这些柱齿或铣齿与相邻钻头圆锥体上的成排柱齿或铣齿交错啮合。

牙轮钻机工作时，钻杆以较高的轴向压力将钻头压在岩石上，并带着钻头转动。由于牙轮自由地套装在钻头轴承的轴颈上，并且岩石对牙轮有很大的滚动阻力，牙轮便在钻头旋转的摩擦阻力作用下绕自身的轴线自转。牙轮的旋转是牙轮钻机钻进破岩的基础。

由于牙轮旋转，牙轮表面的铣齿或镶嵌其上的柱齿不断地冲击岩石，在这种冲击力作用下使岩石发生破碎；而对破碎软岩，剪切和刮削力是提高破岩效果的重要因素，它是通过牙轮的偏心安装，从而在岩石面上产生相对滑动而实现的。

5.4.3 牙轮钻机的总体结构介绍

1. 动力装置的选择

牙轮钻机按动力种类可分为内燃机驱动、电力驱动及复合驱动；按整机所用原动机的数目可分为单机驱动和多机驱动；按原动机的特性可分为具有固定特性的驱动和具有可变特性的驱动。

在选择动力装置时，要考虑的因素有：钻机生产率和各机构所需功率的大小、各种工作机构对原动机提出的要求、动力装置的经济指标、动力装置的结构尺寸和重量、操纵控制方式和运行的方便程度、能源的来源及可靠程度等。

2. 传动系的选择

钻孔机械中常用的传动形式有3种：机械传动、液压传动和压气传动。

当前，还应当以机械传动为主，逐步发展液压传动，图5-32是KY-310型牙轮钻机的传动系统图。

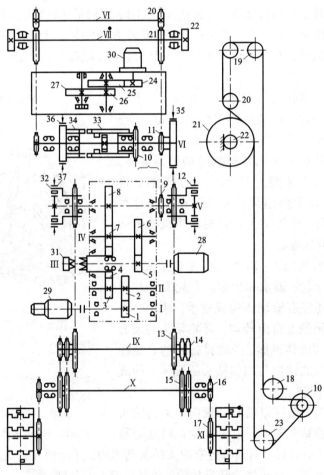

图5-32 KY-310型牙轮钻机传动系统图

1~8—加压提升机构齿轮；9、10、11、18、19、20、21、23—加压提升机构链轮；12~17—行走机构链轮；22—加压小齿轮；24~27—回转机构齿轮；28—提升电机；29—加压电机；30—回转电机；31—牙嵌离合器；32—行走气胎离合器；33—主离合器；34—辅助卷扬；35—主制动器；36—辅助卷扬制动器；37—行走制动器 I~X—传动轴

3. 回转加压传动系统

牙轮钻机的回转加压系统有三种形式：底部回转间断加压、底部回转连续加压和顶部回转连续加压式。

（1）底部回转间断加压式　图 5 – 33 是由石油、勘探用钻机移植来的比较早期的一种结构形式，也称卡盘式，国产 LYZ – 200 型、前苏制 CBIII 型、美制 60 – BH 型钻机属于此种。这种钻机有一个液压卡盘，通过油缸将钻杆卡住，两者再一起回转，并向下运动实现钻进动作。由于回转机构设在钻架底部，加压是间断的，因此称为底部回转间断加压式。

这种钻机的加压是通过卡爪与钻杆之间的摩擦力传递的，因此加压能力小。又由于间断动作，所以钻机生产率比较低。这类钻机目前使用越来越少。

（2）底部回转连续加压式　如图 5 – 34 所示，这种钻机是将回转机构设在钻架底部。回转机构通过六方的或带有花键的主钻杆带动钻具旋转，加压则是通过链条链轮组或钢绳滑轮组来实现的，前苏制 BAIII – 320 型、美制 GD – 80 型牙轮钻机属于此类。这类钻机回转机构设在钻机平台上，钻架不承受扭矩，钻架结构重量轻、钻机稳定性好、维修也方便；但钻杆结构复杂、加工困难。这种结构当前应用较少。

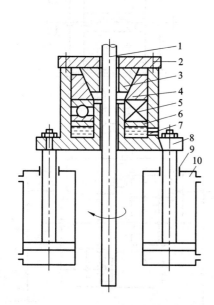

图 5 – 33　液压卡盘加压示意图

1—钻杆；2—卡盘盖；3—卡爪；4—楔块；
5—轴承；6—滑板；7—进油口；8—卡盘
体；9—活塞杆；10—推进油缸

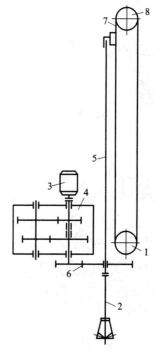

图 5 – 34　底部回转连续加压示意图

1—主动链轮；2—钻具；3—回转电机；
4—回转减速器；5—花键轴或六方轴；
6—齿轮传动机构；7—链条；8—链轮

（3）顶部回转连续加压式　如图 5 – 30 所示，所谓顶部回转，就是回转机构设在钻架里面，在顶部带动钻具回转。这种钻机的特点是回转机构（即回转小车）在链条链轮组或钢绳滑轮组、齿轮齿条的牵引下可以沿钻架的轨道上下滑动，以实现连续加压或提升，故也称它为"滑架式"。它的优点是结构简单、轴压力大、钻孔效率高，因此应用广泛。目前国内外生产和使用的钻机主要是这一种。

4. 加压、提升、行走系统

按目前已有牙轮钻机的加压、提升和行走部件的结构关系，可以分为集中传动系统和独立传动系统两类。

(1)集中传动系统　如图5-35所示，加压与提升、行走分别由两个原动机(16、20)驱动，共用一套主传动机构。这是由于加压与提升、行走运动不是同时发生的，所以把它们合为一个传动系统。它多数用在电力驱动的大型牙轮钻机上。集中传动系统的离合器多、操作也复杂；但它具有结构紧凑、机件少、安装功率小等优点，如美制45-R、60-R、国产KY-250、KY-310型钻机就属于此类。

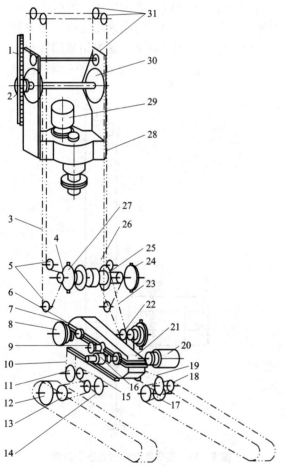

图5-35　KY-310牙轮钻机传动系统示意图

1—齿条；2—齿轮；3、10、17、19、23—链条；4、5、6、11、13、14、15、18、22、25、30、31—链轮；7—行走制动器；8—气胎离合器；9—牙嵌离合器；12—履带驱动轮；16—电磁滑差调速电机；20—提升和行走电机；21—主减速器；24—主制动器；26—主离合器；27—辅助卷扬及其制动器；28—回转减速器；29—回转电机

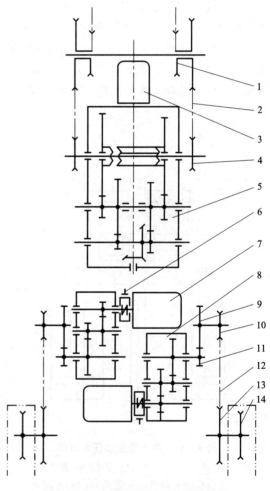

图5-36　KY-150牙轮钻机传动图

1—加压提升四链轮机构；2—链条；3—电磁滑差调速电机；4—主动链轮；5—变速器；6—制动器与联轴节；7—行走电动机；8—减速器；9、11—齿轮；10、13—主动、从动链轮；12—链条；14—行走履带驱动轮

（2）独立传动系统　如图 5 - 36 所示，加压提升采用一个（机械的或液压的）传动系统，行走履带各自采用一个传动系统。独立传动系统所用机件多，占用空间大，安装功率也大，但具有机动灵活、离合机构简单、操作方便、检修容易等优点。美制 M - 4、M - 5、原苏制 CBⅢ - 250、国产 KY - 150、HYZ - 250A 型牙轮钻机均属此种类型。一般认为，中小型钻机的各个机构以独立传动为宜。

5. 回转机构

回转机构（回转小车）的作用是：驱动钻具回转，并通过减速器把电动机的扭矩和转速变成钻具钻孔需要的扭矩和转速；配合钻杆架进行钻头、钻杆的接卸和向钻具输送压气。回转机构的类型可分为顶部回转和底部回转两种。滑架式牙轮钻机采用顶部回转机构，并把它置于钻架中；转盘式牙轮钻机采用底部回转机构，并把它安装在平台上。顶部回转机构如图 5 - 37 所示，它由电动机 2、减速器 4、钻杆连接器 7、回转小车 1 和进风接头 3 等部件组成。在回转小车上安装有导向滚轮 6、防坠制动器 10 及大、小链轮轴 8、9 和加压齿轮 11 等零部件。

牙轮钻机回转机构的原动机有 3 种类型：交流电动机、直流电动机和液压马达。

（1）交流电动机拖动系统结构简单、成本低，使用可靠、易于维修，但不能无级调速。即使采用多速电机，也难以满足钻孔工艺的要求。这种动力装置在牙轮钻机的发展初期采用较多，现在除部分小型钻机采用多速交流电机外，大多被直流电动机所取代。然而，由于电器工业的进一步发展，最近美国 B - E 公司对 60 - RⅢ、60 - R、55 - RⅡ型钻机的电力拖动系统又作了修改，把回转机构的直流电机改用鼠笼型交流电机，配以变频调速，看来，交流电机的静态变频调速是个发展方向。

（2）直流电动机拖动系统可以实现回转机构的无级调速，在国内外应用比较广泛。直流电动机拖动系统的供电与调速方式有如下三种：

1）电动机 - 发电机组供电并调速。这是比较成熟的电控方式，可以满足钻孔工艺要

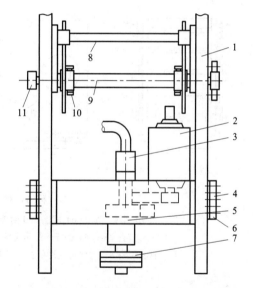

图 5 - 37　YZ - 35 型钻机回转机构

1—回转小车；2—电动机；3—进风接头；4—减速器；5—中空主轴；6—导向滚轮；7—钻杆连接器；8、9—大、小链轮轴；10—防坠制动器；11—加压齿轮

求，并易于维修，但效率低、设备重、占地面积大，维护工作量也大。国产 KY - 310、美制 60 - RⅢ型等钻机的回转机构采用这种方式。

2）可控硅供电并调速。这种供电调速系统具有可调性好、效率高、占地面积小等优点，但所用原件较多、线路复杂，抗干扰能力差，故障不易排除，要求维护人员具有较高的技术水平。因此，目前在牙轮钻机上应用的还不多，但在国产 YZ - 35 型牙轮钻机上已采用这种拖动方式。

3）磁放大器供电并调速，它具有可靠性好、适应环境能力和过载能力强及效率高等优

点。根据国内外实践表明,磁放大器供电调速装置非常适用于有强烈振动、温差变化大、粉尘多的露天条件下作业的牙轮钻机。国产 KY – 250、美制 45 – R 型钻机采用这种方式。

(3)液压马达拖动可以实现无级调速,同时还具有体积小、质量轻、承载能力大的优点,因此在中小型钻机回转机构上应用较多,如美制 M – 4、M – 5、GD – 25C 型等钻机。但与电动机拖动系统相比,它存在有泄漏及管裂等问题。

回转机构有单电机驱动的,也有双电机驱动的,当前国内外钻机用单电机驱动较多。采用双电机驱动,可以减小回转小车的尺寸和钻架的高度,两电机对称布置还能使回转小车重量平衡,上下运行平稳,美制 GD – 130、61 – RⅢ 和 M – 5 型钻机采用双电机。但从国产 HYZ – 250B 型钻机的使用中也发现了一些问题,特别是当电压不稳定以及脱线造成单电机运转时,易使电机烧毁。因此,以后设计的 KY – 250、KY – 310 型钻机都已改用直流单电机驱动系统。

当前国内外所使用的滑架式钻机的回转小车可分为两种:传动链条外置式和传动链条内置式,分别如图 5 – 38(a)和(b)、(c)所示,大部分钻机都采用后者。

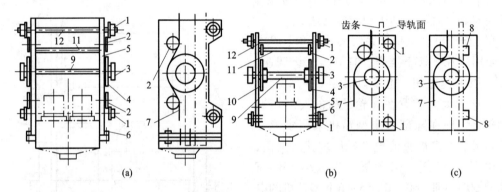

图 5 – 38　回转小车

(a) HYZ – 250B 回转小车;(b) KY – 250 回转小车;(c) KY – 310(45 – R、60 – RⅢ)回转小车
1—导向轮;2—小链轮;3—加压齿条;4—大链轮;5—小车体;6—连接螺栓;
7—封闭链条;8—导向尼龙滑板;9—大链轮轴;10—防坠制动器;11、12—连接轴

5.4.4　KY 系列牙轮钻机技术性能

KY 系列牙轮钻机技术性能如表 5 – 5 所示。

表 5 – 5　KY 系列牙轮钻机技术性能表

型　号	KY150A	KY150B	KY200	KY200A	KY250A	KY250B	KY250C	KY310	KY380
钻孔直径 /mm	150	150	150 ~ 200	150 ~ 200	220 ~ 250	150 ~ 250	250	250 ~ 310	310 ~ 380
钻孔方向 /(°)	65 ~ 90	90	70 ~ 90	70 ~ 90	90	90	90	90	90
钻孔深度 /m	17	17	15.21	15	17	18	18	17.5	17

续表 5 - 5

型 号	KY150A	KY150B	KY200	KY200A	KY250A	KY250B	KY250C	KY310	KY380
最大轴压/kN	160	120	196	196	207.353	450	400	500	550
钻进速度/(m·min^{-1})	0~2	0~3	0~3	0~3	0~2.1	0~9	0~2.5	0~0.98	0~8.8
转速/(r·min^{-1})	0~113	0~120	0~100	0~120	0~88	0~88	0~150	0~100	0~108
扭矩/Nm	7565	5500	9197	9375	6270	16910	13500	7210	8829
提升速度/(m·min^{-1})	0~23	0~19	0~20	0~17.67	0~21.8	0~26	0~20	0~20	0~19.8
行走方式	履带	液压驱动履带	液压驱动履带	液压驱动履带	履带	履带	液压驱动履带	液压驱动履带	履带
行走速度/(km·h^{-1})	1.3	1.3	1	1	0.73	0.73	1.2	0~1	0~1
爬坡能力/(°)	12	14	12	12	12	14	14	12	14
排渣风量/(m^3·min^{-1})	18	19.5	18	27	30	30	40	50	50
排渣风压/MPa	0.4	0.5	0.35	0.4	0.35	0.45	0.4	0.35	0.35
安装功率/kW	240	315	320	320	400	500	500	405	630
钻架竖起长/mm	9300	9750	8720	9120	12108	14980	13720	13835	13010
钻架竖起宽/mm	4060	3500	3580	4080	6215	6950	7040	5695	6435
钻架竖起高/mm	14580	14817	12335	14395	25022	25080	27620	26326	26980
钻架放倒长/mm	14227	14247	12225	13285	24276	27680	27400	26606	26380
钻架放倒宽/mm	4060	3500	3580	4080	6215	6950	7040	5695	6435
钻架放倒高/mm	5447	5090	5100	5100	7214	6675	7650	7620	6340
动力方式		油缸加压提升	油缸加压提升				全液压驱动		
整机重量/t	33.6	41.246	38.948	48	93	107	105	123	125

5.5　装药机械

　　长期以来,机械化装药一直是爆破人员的主攻目标,它对降低劳动强度,保证人身安全及提高装药速度有很大作用。目前,国内外使用的装药器械,主要有装药器和装药台车。装药器是通过容器和管道,用压缩空气将散装炸药压入炮孔。按其原理分为喷射式、压入式和喷射–压入联合式;按携带方式不同,有小型轻便式和自行式。装药台车是一种在长大隧道施工中,将人员、物品提升起来,送至工作面进行装药的设备。人工和半机械化装药的作业方式如表5–6所示。

表5–6　人工和半机械化装药的作业方式

类　型	示　图	生产能力/(kg·min^{-1})	类　型	示　图	生产能力/(kg·min^{-1})
PORTANOL 小型轻便式 装药器 30~50L		5~7	JETANOL 人工装药 100~300L	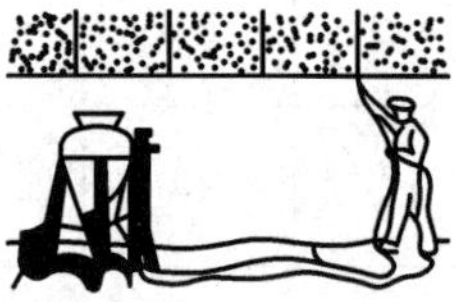	15~20
ANOL 人工装药 100~300L		30~75	半机械 化装药 150~750L		20~30
半机械化 装药 100~750L		30~80			

5.5.1　装药器和装药台车的主要结构原理

　　1. 装药器结构

　　BQF–100型装药器的结构,如图5–39所示。BQF–100型装药器用于地下矿山,用压气将粒状或粉状炸药装入炮孔,是高效率采矿必不可少的一种炮孔装药设备,使用该设备可提高装药效率、减轻劳动强度、提高装药密度和改善爆破质量。其工作原理为:用压气作为动力,压气通过调压阀进入药桶后,分成两支气路,一支由直径13 mm 的出口,吹向药桶顶部,另一支由直径5 mm 的铝管引向药桶锥部出口;炸药在这两股压气作用下,沿着半导体塑料软管送入炮孔。由于炸药由一定黏性,加上压气的冲力,炸药被压实在炮孔中。

使用的工作风压为 0.2 ~ 0.4 MPa，使用的输药软管内径为 25 mm 或 32 mm。

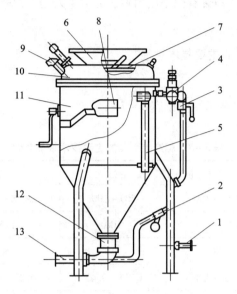

图 5 – 39　BQF – 100 型装药器结构

1—分气支腿；2—吹风阀；3—进气阀；4—调压阀；5—抬杠；6—上药料斗；7—顶差；
8—搅拌器；9—放气阀；10—封头；11—桶体；12—挂药阀；13—塑料输药管

2. PT – 100/2XHL75 型装药台车的结构特点

PT – 100/2XHL75 型装药台车由 PT – 100 型底盘、ANOL500DARC 装药器、BT4E 空压机和 HL75 型工作平台等组成，如图 5 – 40 所示。

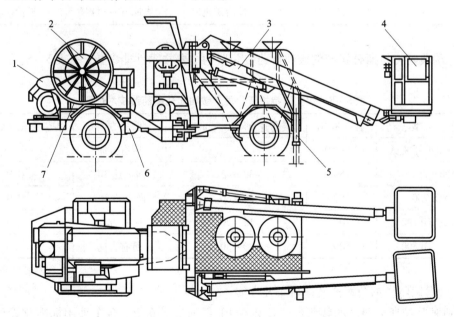

图 5 – 40　PT – 100/2XHL75 型装药台车

1—空压机；2—电缆卷筒；3—装药器；4—工作平台；5—液压支腿；6—变压器；7—发动机

两个容器为 500 L 的炸药罐装于台车上，罐的容量大小足够一个循环所需要的炸药量，不用人力装卸炸药。每个炸药罐有两个出料口，可供 4 人用 4 根软管同时装药。空压机是为装药器提供压缩空气动力。

5.5.2　装药器和装药台车的主要技术性能

1. 装药器

(1) 国产装药器的主要技术性能见表 5-7 所示。

表 5-7　国产装药器的主要技术性能参数

类　　型	有　搅　拌　装　置		无　搅　拌　装　置	
	BQF-100	BQ-100	AYZ-150	BQ-200
药桶装药量/kg	100	100	115	200
药桶容积/L	150	130	150	300
工作风压/MPa	0.2~0.4	0.25~0.45	0.25~0.45	0.3~0.8
输药管内径/mm	25/32	25/32	25/32	25/32
装药效率/(kg·h⁻¹)	600	600	500	800
质量/kg	85	65	125	179
外形尺寸/mm	980/760/1265	676/676/1360	1275/1160/1540	2100/1050/1790
移动方式	手抬式	手抬式	手推胶轮式	手推胶轮式
厂家	长治矿机厂	长治矿机厂	太原五一机器厂	长治矿机厂

(2) 瑞典阿特拉斯公司产的铵油炸药装药器的主要技术性能参数，见表 5-8。

表 5-8　瑞典阿特拉斯公司产铵油炸药装药器技术性能

类　　型	容　量/L	装药速度/(kg·min⁻¹)	装药方向	装药密度/(kg·L⁻¹)
PORTANOL 手提式	30~50	5~7	所有方向	0.95
ANOL150	150	30~75	向上达30°	0.9
ANOL750	750	30~80	向上达30°	0.9
JET ANOL100	100	15~20	所有方向	1.0
JET ANOL500	500	20~30	所有方向	1.0

2. 瑞典阿特拉斯公司产装药台车及性能

瑞典阿特拉斯公司产的装药台车是装在 PT 系列底盘车上，台车采用标准化设计，有不同的底盘、铵油炸药装药器、剪式升降台、工作平台及其他标准件。它不但可用来装药，而且可用于撬毛、凿岩、喷射混凝土、灌浆，以及运送材料和人员的不同作业。

（1）EG - 33 型装药台车　此车装在 PT - 61 型底盘上，适用于装填粉状铵油炸药，适于孔径为 51 ~ 76 mm，最大孔深达 50 m。它有一个伸缩臂，伸缩臂携带一个操作灵活方便的"象鼻管"，整个装药作业都可遥控，并由一人完成。外形及性能见图 5 - 41。

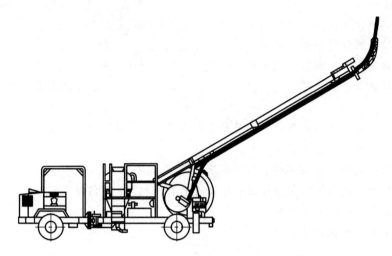

图 5 - 41　EG - 33 型装药台车外形及性能

（2）PT - 50 型装药台车　它装有一个 JETANOLl50 型装药器，一个 LBl300 型剪式升降台（提升高度 2.6 m），一个 2t 的液压千斤顶和一台 SWELLEX 型泵，其外形如图 5 - 42(a)。

（3）PT - 50T 型装药台车　此车装有 2 台 ANOLl50 型装药器，一个液力传动的柴油压气机和一个提升高度为 2.6 m 的剪式升降台，其外形如图 5 - 42(b)。

（4）PT - 61 型装药台车　此车装有一台 JETANOLl50 型装药器和一个 LK5400 型服务平台(提升高度 5.4 m)，该平台有一防护顶，并可用于人工撬毛，其外形如图 5 - 42(c)。

（5）PT - 61L 型装药台车　此车装有一台 JETANOL750 型装药器和一个 LK3600 型服务平台(提升高度 3.6 m)，装药台车装有一柴油机驱动的液压动力装置和液压驱动的压气机，其外形如图 5 - 42(d)。

（6）PT - 100A 型装药台车　它装有两个 HL75 型服务平台，总的可达范围 15 m × 11 m（宽×高）。ANOL750 型装药器，有 2 个出口管，可用 2 个软管同时装药，装药车有一个供装药器用的电动压气机和一个电动液压动力装置，其外形如图 5 - 42(e)。

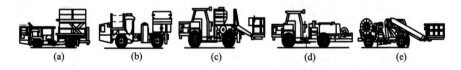

图 5 - 42　几种装药台车外形图

(a) PT - 50 型装药台车；(b) PT - 50T 型装药台车；(c) PT - 61 型装药台车；
(d) PT - 61L 型装药台车；(e) PT - 100A 型装药台车

思考题

1.填空题

(1)钻孔机械按照工作动力机构可分为＿＿＿＿、＿＿＿＿ 和＿＿＿＿。

(2)凿岩台车的钻臂按动作原理分为＿＿＿＿、＿＿＿＿ 和＿＿＿＿。

(3)常见的凿岩台车回转机构形式有＿＿＿＿、＿＿＿＿ 和＿＿＿＿。

(4)牙轮钻机三个参数是＿＿＿＿、＿＿＿＿ 和＿＿＿＿，能保证有效钻孔。

2.问答题

(1)凿岩台车必须具备的三大部分是什么？各有什么作用？

(2)液压平移机构有什么优缺点？

(3)凿岩台车的推进器有哪些类型？各有什么优缺点？

(4)潜孔钻机一般由哪几部分组成？与普通凿岩机相比，有何特点？

(5)牙轮钻机是如何破岩的？

(6)简述装药机械化的意义。

第 6 章　破碎与支护机械

破碎机械是将爆破石块按一定尺寸进行破碎加工的机械。根据石块大小和要破碎的产品的粒度大小，把破碎过程分为粗碎、中碎和细碎三类，如表 6 - 1 所示。根据破碎方法不同，这些破碎机械有碎石机、颚式破碎机、圆锥式破碎机、辊式破碎机、锤式破碎机等。碎石机、颚式破碎机适用于粗碎，圆锥式破碎机、辊式破碎机、锤式破碎机则适用于中碎和细碎。

表 6 - 1　物料破碎过程分类技术规格

项目	粗碎	中碎	细碎
物料粒度/mm	1200 ~ 300	300 ~ 100	100 ~ 30
产品粒度/mm	300 ~ 100	100 ~ 30	30 ~ 3

6.1　碎石机

6.1.1　碎石机的分类与结构特点

近十几年来，碎石机广泛地应用于采矿、采石、建筑、冶金、铁路与公路、城市与桥梁建设等工业部门。碎石机种类主要有：①按工作介质分为气动式与液压式两种形式；②按安装方式分为固定式与移动式两种，在移动式碎石机中，又分为履带式和轮胎式；③按使用场所分为露天矿用和地下矿用碎石机；④按冲击能量分为普通式与高能式碎石机。

露天用移动式碎石机是将碎石器装在挖掘机或者推土机的动臂上，靠行走机构可以移动到任一个工作地点。借助于伸臂的升和降，工作平台的回转，以及液压缸的作用使碎石器前后摆动，保证碎石器锤头垂直于工作面，从而实现破碎任何位置上的大块矿石的目的。

矿石需要在格筛上进行集中二次破碎时，可采用固定式碎石机。固定式碎石机不需要行走系统。同样，它是将碎石机的碎石器安装在悬伸臂上，悬伸臂安装在回转平台上，平台固定在底座上。靠平台的回转、悬伸臂的上升或下降、碎石器的前后摆动来达到破碎不同方位和距离的大块矿石的目的。固定式碎石机可根据作业条件的要求进行设计，即可用于露天，也可用于地下。

地下移动式碎石机大都是由铲运机改装而成，或者将碎石器装在悬伸臂上，悬伸臂安装在自行通用底盘上，底盘上同时设置液压或者压气系统，电力传动或者柴油发动机传动装置，以适应地下狭窄地段的作业条件。

6.1.2　地下液压碎石机

现以 YSJ - 5000 型地下液压碎石机为例来说明地下碎石机的组成。该设备是二次破碎的机械设备,在地下适用于4 m×3 m断面的采矿巷道。YSJ-5000型地下液压碎石机是由LK-1型铲运机改装而成,主要由破碎冲击器、调幅工作机构、液压系统、行走底盘等组成,其结构如图6-1所示。

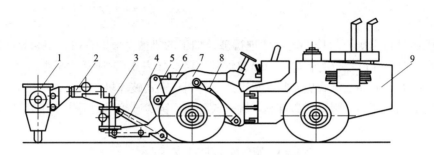

图6-1　YSJ-5000型地下液压碎石机结构示意图

1—碎石器;2—左右摆角机构;3—水平摆角机构;4—拉杆;5—摆杆;
6—前后倾斜液压缸;7—大臂;8—举升液压缸;9—行走底盘

1. 液压碎石器的组成

YSJ-5000型地下液压碎石机配备的是YS-5000型液压碎石器。其结构如图6-2所示,结构特点是:因缸体采用了缸套结构,故缸体易于加工;筒状滑阀设计的重量轻,耗油量小,能量利用率高,配流阀拆装方便,便于检修;保护外罩坚固,使机器能正常安全工作;装置了碟形弹簧减震器,可大大减轻悬伸臂的动负荷,从而改善了受力条件;该液压碎石器具有二级防空打功能。当活塞处于一级防空打位置时,碎石器仍能工作,当活塞进入二级防空打区域时,活塞则立即停止工作。只有当碎石器压紧大块岩石时,才能使活塞脱离防空打区,重新启动;将工作机构拆下换上铲斗时,仍可作铲运机使用。

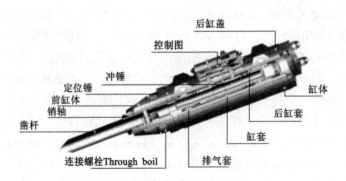

图6-2　YS-5000型液压碎石器

2. 调幅工作机构

YSJ-5000型地下液压碎石机是将LK-1型铲运机的铲斗卸下去,安装上碎石器及其调幅工作机构。调幅工作机构由左右摆角机构2、水平摆角机构3、拉杆4、摆杆5、大臂7以及前后倾斜液压缸6、大臂举升液压缸8等组成(如图6-1所示)。

YSJ-5000型地下液压碎石机,利用原铲运机的翻斗液压缸作碎石机的前后倾斜液压缸6(如图6-1),借助于拉杆4及摆杆5,可使碎石器前倾55°,后倾30°。

6.1.3　液压锤击式碎石器主要技术性能

国产液压锤击式碎石器主要技术性能见表 6－2 所示,国内矿山使用的部分液垫式液压碎石器主要技术性能如表 6－3 所示。

表 6－2　国产液压锤击式碎石器主要技术性能

项　目	SYG－70	SYG－90	SYG－300
单次冲击能/J	686	981	2942
冲击频率/Hz	8.3～10	13.3～16.7	6.7～8.3
工作流量/(m³·min⁻¹)	0.06～0.08	0.1～0.12	0.125～0.16
工作油压/MPa	13.7～14.7	14.7～15.7	12.7～15.7
锤头部质量/kg	250	500	630
外形尺寸/mm	1200×600×400		
生产厂	湖南岳阳机床厂	湖南岳阳机床厂	嘉兴冶金机械厂

表 6－3　国内矿山使用的部分液垫式液压碎石锤主要技术性能

项　目	SYD－400	SYD－1500	SYD－2000	HEFTI－514
单次冲击能/J	3000～5000	12000～15000	17000～22000	27115
冲击频率/Hz	0.5～0.7	0.33～0.42	0.25～0.33	0.38
工作油量/(m³·min⁻¹)	0.12～0.18	0.16～0.2	0.16～0.2	0.17～0.19
工作油压/MPa	12～16	15～16	15～16	17.3
工作氮气室充气压力/MPa	5～7	6～7	6～7.5	
回油形式	蓄气储能室	蓄气储能室	蓄气储能室	抽油泵
带凿杆质量/kg	490	970	1460	1089
外形尺寸/mm	1450×340×440	1890×540×505	2238×580×560	
生产厂	嘉兴冶金机械厂	美国 CONTECH 公司		

6.2　颚式破碎机

颚式破碎机是利用两块颚板(一块定颚板,一块动颚板)来破碎岩石的。物料进入两块颚板组成的楔形腔内,大块物料分布在上面,较小的位于下面。当动颚板接近定颚板时,料块受挤压破碎,当动颚板离开时,料块在重力的作用下向下移动。当料块的尺寸小于破碎腔最窄部分即排料口(或排矿口)时,料块被排出破碎腔。

根据动颚板的运动特征,颚式破碎机可分为简单摆动式和复杂摆动式。前者的动颚板运动由曲柄连杆机构带动,实现摆动;后者动颚板由偏心轴直接带动,实现摆动和移动的复合运动。其传动简图如图6-3所示。

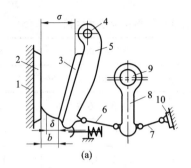 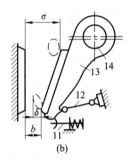

(a)　　　　　　　　　　　　　　　　(b)

图6-3　颚式破碎机传动简图

(a)简单摆动式;(b)复杂摆动式

1—机座;2—定颚板破碎板;3—动颚板破碎板;4—动颚板轴;5—动颚板;6—前推力板;7—后推力板;
8—连杆;9—偏心轴;10—排料口调节机构;11—拉紧装置;12—推力板;13—动颚板;14—偏心轴

在简单摆动式破碎机中,动颚板悬挂在固定轴上。破碎机的连杆与偏心轴铰接,其下端与两个推力板铰接,其中一个推力板与动颚板相连,而另一个推力板则支承在调节装置上。当偏心轴转动时,连杆产生上下运动,带动推力板引启动颚板摆动。连杆向上运动时,动颚板靠近定颚板破碎岩石;连杆向下运动时,动颚板离开定颚板排料。

在复杂摆动的破碎机中,动颚板悬挂在偏心轴上,其下部则支承在推力板上,推力板的另一端支承在调节装置上。动颚板的运动轨迹为一封闭曲线,在破碎腔的上部,运动曲线为近似圆的椭圆,在下部为一细长的椭圆。

简单摆动式破碎机的缺点是动颚板在破碎腔上部的工作行程较小,而上部给料口(或给矿口)料块大,为了可靠地夹住和破碎物料,需要较大的行程。对于复杂摆动式破碎机,由于动颚板的工作行程自下而上越来越大,可以满足工作要求,又由于动颚板各点的运动有助于排料作用,所以其生产率比简单摆动式要高,同时结构也简单紧凑。这种破碎机的缺点是颚板磨损比前者要严重些。

图6-4为简单摆动颚式破碎机的结构图,该机由机架体,动颚板,连杆;偏心轴,前、后推力板,锁紧弹簧等部分组成。机架体是破碎机的支架,承受很大的冲击载荷,故应具有足够的强度和刚度。动颚板和定颚板分别在表面装有带纵向沟槽的上、下齿板各一块,用以破碎矿石。为提高耐磨性,齿板用高锰钢制成,且当上块齿板磨损时,可上下对换以延长使用寿命。推力板不仅是一个传力杆件,而且是整个破碎机的保险装置,即当破碎腔中落入金属物时,整个机构各杆件所受的力可能超载,为保护其他重要零件不受损坏,将后推力板的断面有意削弱,一旦超载,推力板首先折断,从而保证整个机器的其他重要零件免遭损坏。

图6-5为液压简单摆动颚式破碎机,它与上述普通简摆式破碎机相比,采用了液压连杆,该连杆由缸体、活塞与拉杆组成。当启动破碎机主电动机时,首先启动液压系统的液压泵电动机,并使液压连杆活塞的上、下腔相通,实现破碎机的空载启动,大大降低了启动时

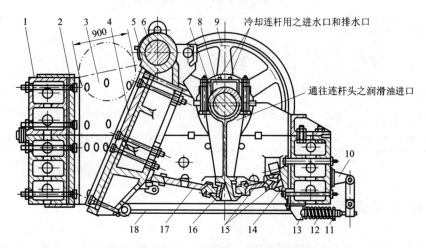

图 6 - 4　900×1200 简单摆动颚式破碎机

1—机架体；2—定颚板；3—侧面衬板；4—动颚板破碎板；5—动颚板；6—悬挂轴；7—偏心轴；8—连杆；9—飞轮；10—支杆；11—后托盘；12—簧；13—前托盘架；14—楔块；15—后推力板；16—推力板座；17—前推力板；18—拉杆

的功率消耗。此时，偏心轴只能带动液压缸套做上、下往复运动，而连杆活塞和动颚则不动。工作时，活塞下腔充油井在油路上用一个单向阀锁住，使液压连杆成为一刚性连杆。超载时，活塞下腔油压骤增，压力油可通过高压溢流阀溢流，从而保护破碎机。该机的排矿口大小亦采用液压缸调节。

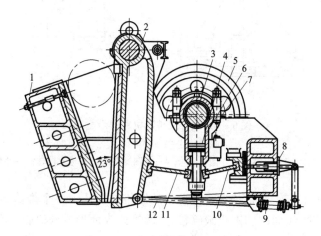

图 6 - 5　液压简摆颚式破碎机

1—机架体；2—动颚板；3—偏心轴；4—活塞；5—飞轮；6—液压连杆；7—集油器；8—液压调整缸；9—弹簧；10—后推力板；11—前推力板；12—拉杆

简摆颚式破碎机的主要规格及技术性能如表 6 - 4。

表6-4 简摆颚式破碎机主要规格与性能

型号	给料口/mm		最大给料/mm	排料口尺寸/mm	产量/(t·h⁻¹)	主电动机			外形尺寸/m	质量/kg
	长	宽				功率/kW	转速/(r·min⁻¹)	电压/V		
PJ-900	1200	900	750	100~180	140~270	110	730	380	4.75×4.77×3.22	55.4
PJ-1200	1500	1200	1000	115~195	310	160	490	300/6000	6.2×4.5×3.7	110
PJ-1500	2100	1500	1300	180~225	550	250	490	300/6000	7.39×5.79×4.65	187

6.3 圆锥式破碎机

圆锥式破碎机应用广泛，可用来破碎各种硬度不同的矿石和岩石。按其功用有粗碎、中碎和细碎之分，按支承方式又可分为悬轴式和支承式。圆锥式破碎机的工作原理如图6-6。

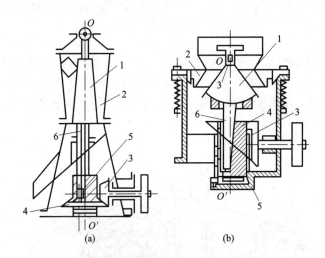

图6-6 圆锥式破碎机原理示意图

(a)悬轴式；(b)支撑式

1—动锥；2—定锥；3—小圆锥齿轮；4—大圆锥齿轮；5—偏心轴套；6—主轴

在圆锥式破碎机中，有两个用来破碎物料的圆锥体，其中一个锥体为固定圆锥（简称定锥），另一个为活动圆锥（简称动锥或破碎锥），两锥体表面形成破碎腔。在悬轴式破碎机中，动锥悬挂支承在上部支点 O 上；而在支撑式破碎机中，动锥支承在球面轴承上。动锥的下端插入由锥齿轮带动的偏心套中，工作时，由于偏心套的作用，使动锥的自转轴线与公转轴线成一定角度，因而两锥体表面依次靠近，又依次分开，靠近时破碎物料；离开时，物料靠自重排料。

圆锥式破碎机设有调整和保险装置。一方面，由于定锥和动锥的衬套不断被磨损，使排料口逐渐增大，为保证一定的产品粒度，必须随磨损情况不断调节排料口的尺寸；另一方面，当破碎机落入非破碎物、卡铁或给料过多时，需要短时增大排料口尺寸以便排出堵塞物。圆锥式破碎机的保险装置有弹簧式、液压式等，调整装置有螺旋调节式、液压式等。而两种装置的作用均是改变排料口的尺寸，改变的方式亦有两种：一种是移动定锥，如弹簧圆锥破碎机和多缸液压圆锥破碎机等；另一种是移动动锥，如底部单缸液压圆锥破碎机。

　　弹簧圆锥破碎机由机架、动力装置、空偏心轴、球面轴承、破碎圆锥、弹簧等部件组成，其结构如图 6-7 所示。

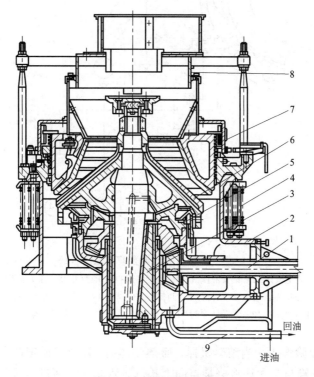

图 6-7　弹簧圆锥破碎机

1—动力输入轴；2—机架；3—空偏心轴；4—弹簧；5—球面轴承；6—破碎
锥；7—调整装置；8—给料装置；9—润滑油管

　　破碎机的破碎锥支承在球面轴承座的青铜球面轴瓦上，其主轴则插入空偏心轴的青铜轴衬中，主轴中心线与空偏心轴中心线成一个很小的夹角。当空偏心轴回转时，主轴中心线在空间画出一个圆锥面，使破碎锥绕固定点作旋摆运动。为提高破碎锥的耐磨性，在破碎锥体装有锰钢制成的破碎衬板，同时，圆锥主轴上开有油孔，保证球面轴承得以充足的润滑。

　　调整装置由支承环、调整环、锁紧螺母、锁紧液缸、防尘罩、推动液压缸等组成。支承环安装在机架上部，借助于预压弹簧的作用与机架连在一起。支承环有锯齿内螺纹，而定锥上的调整环有锯齿外螺纹，定锥借助于调整环拧入支承环内，左旋或右旋调整环即可使定锥沿高度方向上升或下降，达到调节排料口大小的作用，调节完毕，由锁紧螺母对调整环进行锁定。整个调整装置由液压系统来控制，如图 6-8 所示。

　　工作时，拨爪上卡，锁紧液压缸顶住锁紧螺母，使支承环与调整环锁为一体。调整排料口时，打开拨爪并使锁紧液压缸卸载，推动液压缸动作，推动防尘罩带动调整环左旋或右旋，使固定锥上升或下降，达到调节排料口尺寸的目的。

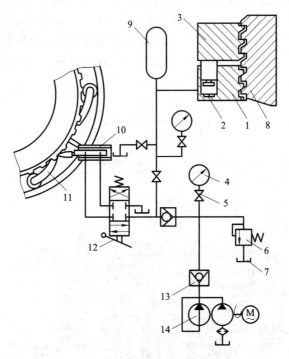

图6-8　排料口液压调整装置液压系统

1—支承环；2—锁紧液压缸；3—锁紧螺母；4—压力表；5—压力表开
关；6—溢流阀；7—油箱；8—调控环；9—蓄能器；10—推动液压缸；
11—拨爪；12—手动换向阀；13—单向阀；14—双级叶片液压泵

　　破碎机弹簧起保险作用。当破碎机掉入金属物体时，破碎机的定锥所受的力超过预压缩弹簧所给予的力，定锥与支承环将绕某点向上抬起，使局部弹簧进一步压缩，从而增大排料口尺寸，排出非破碎物，保护机器零件不受损坏。

6.4　锚杆台车

6.4.1　锚杆加固的作用及优点

　　锚杆加固是一种快速、有效的加固岩石的方法，可用于洞室顶拱和边壁，以及边坡的加固，防止在岩石中原本就存在的或由于爆破而产生的裂缝等造成硐室顶拱和边壁表面的岩石松动。另外，岩石中应力环境的改变，也会造成岩块松动，甚至发生塌方。用锚杆就可以把松动的岩块稳固在坚实的岩体上，靠锚杆和岩石的相互作用使岩体有一个静态的稳定的整体性能。

　　锚杆既可用于临时加固，也可用于永久加固。在爆破之后，岩石比较破碎，如不进行加固，就不能继续作业。在这种情况下，就要用锚杆进行临时加固，如果要长久地使用岩石洞室，通常要系统地用锚杆进行永久加固。

　　与其他加固方法相比，锚杆加固岩石有如下优点：①锚杆加固是一种简单、高效和经济的加固方法；②这种加固方法既可用于临时加固，也可用于永久加固；③采用这种加固方法不会减少开挖断面；④可以和其他加固方法联合使用；⑤可以实现全机械化作业。

6.4.2　锚杆台车的研制背景

以前进行锚杆作业时是分几道工序单独进行的，首先在洞室的顶拱或边壁要装锚杆的地方钻孔，这要用凿岩台车；钻孔结束后，要向孔中加注水泥沙浆，这要用注浆机；注浆结束后，再向孔中装入锚杆，这要用顶推设备。由于设备多，互相干扰，再加上重复定位，所以安装锚杆的质量和速度都很低，而且也很不安全。为了改变这种状况，科研和施工人员就研制出了这种能将钻孔、注浆和装锚杆这三道工序，在一台设备上依次完成的全机械化锚杆台车。

6.4.3　锚杆台车的组成

以 NH321 型全液压锚杆台车为例，这类设备一般由标准化凿岩钻车和不同的转架装置组成，可以安装任何一种形式的锚杆，可在矿山巷道、地下隧道等工程中进行锚杆支护作业，能完成钻孔、注浆（树脂或水泥沙浆）、自动安装锚杆的全过程工作。该锚杆台车采用 3 位通用锚杆支护转架，配有自动化岩右锚固装置，具有可放 10 个锚杆的锚杆仓。该锚杆台车采用BDCl6 型底盘，柴油机驱动，铰接车体，液压转向，行走速度为 13 km/h；采用 NBUT－25BB型液压钻臂，具有双三角支承交叉连接的液压缸，运动准确，自动保持平行，可分别伸缩 1.6 m，安装一次可进行两排或多排的顶向或侧向锚杆支护作业；采用 RBC20/26 型锚杆装置，其中 RBC20 型长 3585 mm，RBC26 型长 4195 mm，均可安装直径 19、20、22、25 mm 的标准锚杆，但 RBC20 型的安装长度为 1.9～2.1 m，而 RBC26 型为 2.4～2.7 m；用于树脂或水泥浆的注射管直径为 22、24、28 mm；采用的凿岩机为 Copl028HD 型液压凿岩机；采用动力站型号为 BHU32－1B 型。

NH321 全液压锚杆台车的外形及总体结构如图 6－9 所示，它由转架 1、钻臂 2、操纵控制装置 3、底盘 4、安全防护顶棚 5、黏接剂搅拌装置 6、发动机 7 及卷筒 8 等部分组成。

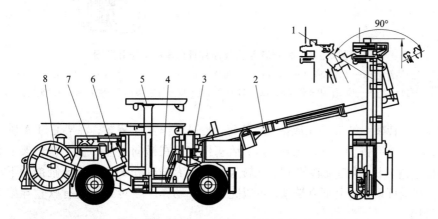

图 6－9　NH321 型全液压锚杆支护钻车的外形结构图

1—转架；2—钻臂；3—操纵控制装置；4—底盘；5—安全防护顶棚；6—黏接剂搅拌装置；7—发动机；8—卷筒

1. 工作装置

NH321 型全液压锚杆台车的工作装置是由 BUT35BB 型钻臂 RBC 转架组成。

（1）BUT35BB 型钻臂（如图 6 – 10 所示） 钻臂用三个十字铰头 2 安装在钻臂座上，上面十字铰头供铰接钻臂 3，下面两个十字铰头成水平布置，供铰接支臂液压缸 4 的活塞杆，支臂液压缸铰接在钻臂 3 中部下侧的铰座上。钻臂端部有横向支座 5，转架通过轴 A 铰接在支座 5 上，在支座 5 上铰接有转架摆动液压缸 7 的活塞杆，摆动液压缸铰接在转架上部。工作装置在支臂液压缸 4 推动下，可以上下、左右运动，当两个支臂液压缸活塞杆全伸时，钻臂上仰 70°；全收回时，钻臂下俯 30°，当两个支臂液压缸反向动作时，一个活塞杆全伸，一个活塞杆全收时，钻臂可向一侧摆动 45°，相反时，则向另一侧摆动 45°。当转架摆动液压缸 7 收回活塞杆时，转架上部后摆 15°；推出活塞杆时，转架上部前摆 90°。钻臂 3 装有螺旋式回转机构，可以使钻臂前部旋转 180°，钻臂 3 还装有活塞式伸缩装置，可以使钻臂端部伸长 1.6 m。

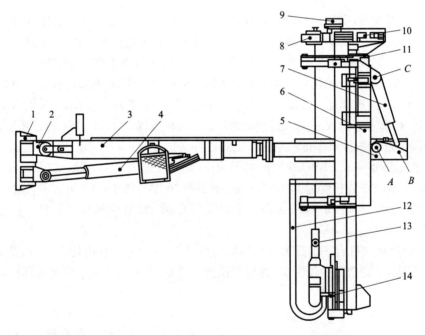

图 6 – 10 NH321 型全液压锚杆台车的工作装置图

1—钻臂座；2—十字铰头；3—钻臂；4—支臂液压缸；5—支座；6—托架；7—摆动液压缸；
8—扶钎器；9—顶尖；10—转角液压缸；11—锚杆仓；12—导管架；13—凿岩机；14—旋转器

（2）RBC 型转架 转架是完成钻孔、装药、装锚杆作业的装置，转架通过 A 轴铰接在横向支座上，转架上部铰接有摆动液压缸 7，活塞杆铰接在横向支座 5 上。在转架上有两组推进器分别推进凿岩机 13 与旋转器 14，在转架侧面装有锚杆仓 11，在液压缸推动下可以沿竖轴旋转，实现送杆动作，上下有链条，可以完成送杆动作。在转架上装有软管导架 12，装送混凝土软管用。

转架三种工位示意图如图 6 – 11 所示。在转架上端有回转装置，带动扶钎器旋转。在下部有移动装置，推动凿岩机及旋转器横向移动；上部回转装置的动作是利用两个转角液压缸 2 来实现。转角液压缸铰接在转架 1 上面，活塞杆铰接在转盘 3 上。在转盘 3 上装有扶钎器

6、扶杆器 12 及扶管器 5。当转角液压缸 2 活塞杆均伸出至中间位置，扶钎器 6 在中间，为凿岩位置；当左侧活塞杆推出，右侧活塞杆收回，转盘逆时针转动，扶管器 5 对准钻孔，可以将管 11 送至孔中，完成装混凝土的作业。当左侧活塞杆收回，右侧活塞杆推出，转盘顺时针转动，使扶杆器 6 对准孔位，开动推进器可把锚杆送至孔内，之后开动旋转器可以完成拧紧螺帽动作。当上部转盘旋转时，下部也配合动作，在位置 I 时，凿岩机在中间。当位置 II 时，送管器对准孔位，下部不动。当位置 III 时，扶杆器对准孔位时，下部移动，推动凿岩机左移，旋转器位于中间对准孔位，实现送锚杆及装锚杆螺帽动作。

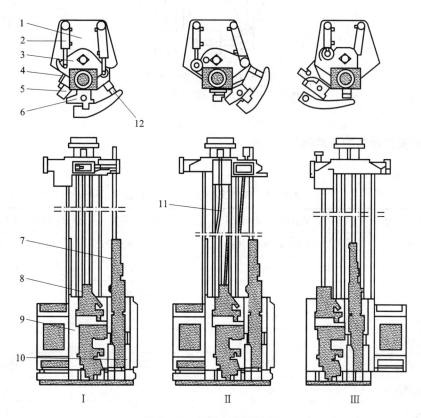

图 6-11　三位转架示意图

1—转架体；2—转角液压缸；3—转盘；4—顶尖；5—扶管器；6—扶钎器；
7—旋转器；8—凿岩机；9—凿岩机托架；10—旋转器托架；11—送浆管

在转架上装有推进器，推进器提供推进力为 0~15 kN；旋转器转数为 300 r/min，扭矩为 300 kN。转架装的凿岩机型号为 Copl028HD，Copl032HD，Cop928，转架装的旋转器型号为 Cop832RL，Cop832RH。

2. 黏接剂搅拌系统

在锚杆支护钻车上装有专门设置的黏接剂搅拌系统。该系统装在车体上，通过管路将黏结剂送至钻孔中，其工作原理如图 6-12 所示。它将需搅拌的树脂或水泥沙浆及水加入到搅拌器中搅拌，搅拌均匀后的黏接剂经单向阀 3 及管路，由向下移动的高压泵 4 的活塞造成的真空抽吸作用吸入真空腔，在由上移的高压泵 4 的活塞，经管路及开关阀间断地送入孔中。

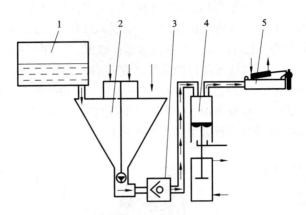

图 6 - 12　黏接剂搅拌系统

1—水箱；2—搅拌器；3—单向阀；4—高压泵；5—开关阀

6.4.4　锚杆支护台车的技术特征

表 6 - 5　锚杆支护台车的技术特征

类　　　型	ATH15 - 1B（法国）	NH321（中国）	SWK - OU（波兰）
运行尺寸/mm	7300 × 1500 × 1660	11200 × 2200 × 2250	10160 × 2200 × 1900
总质量/t	8	15	15.2
总功率/kW	40	2 × 30	85
工作高度/m	5/2.6		6/3
水平工作范围/m	6		3
行走机构方式	轮胎	轮胎 DC16	轮胎
行走机构速度/(km·h⁻¹)	6.5		8
行走机构驱动			柴油机
钻臂类型	BVAN - 1100B	BUT35BB	1 - WTH1500
钻臂伸缩量	1100		1500
钻臂旋转方式	摆线液压马达		
钻臂旋转角度/(°)	360		360
转架推进器类型	TUI2	RBC20/26	
转架推进器的推进方式	液压缸 - 链条式		液压缸 - 链条式
凿岩机	RPH200	Cop1028HD	Cop1038
生产能力/(根/班)	60 ~ 100		70 ~ 100

6.5　螺杆泵湿式混凝土喷射机

6.5.1　概述

　　喷射混凝土支护是由喷射支护发展起来的，喷射混凝土，或与锚杆联合使用，或者再与钢筋网联合使用，无论是在军用、民用的地下洞库工程，还是在矿山巷道、铁路隧道、水利水电隧道等建设工程中应用广泛。喷射混凝土支护是通过喷射机械将混凝土喷射到支护表面来实现的，喷射混凝土成套机械设备主要有混凝土喷射机、上料机、混凝土搅拌机或由集上料与搅拌功能于一体的供料车组成，是喷射混凝土施工中的主要设备。按喷射混凝土工艺分成干式、半湿(潮)式和湿式三大类。干式混凝土喷射机具有输送距离长、工作风压低、喷头脉冲小、工艺设备简单，对渗水岩面适应性好，干拌料可以存放较长时间等特点。这种混凝土喷射机按结构特点又可分成：双罐式、转子式等。半湿式(潮式)混凝土喷射机是在干式混凝土喷射机的基础上发展起来的第二代混凝土喷射机，目前世界上湿式混凝土喷射机种类比较多。按其动力形式可分为风送式与泵送式，按其结构特点又可分为罐式、转子式、螺旋式、软管挤压泵式、螺旋挤压泵式以及活塞泵式等。湿式混凝土喷射机与干式混凝土喷射机相比，其优点主要在于混凝土进入喷射机前，或在喷射机中允许加入足够的拌和水，水灰比能准确控制，物料混合均匀，有利于水泥的水化，因此施工现场粉尘少、回弹率低、混凝土层均质性好，强度高，是一种经济效益比较高的技术设备。

6.5.2　螺杆泵湿式混凝土喷射机

　　WSP 型湿式混凝土喷射机是我国研制的第一代湿式螺杆泵喷射机产品，这是一种低矮型湿喷设备。WSP‑3 型螺杆泵湿式混凝土喷射机集上料、搅拌、速凝剂添加以及喷射等功能于一体，依靠螺杆泵的转子与定子套相互接触的空间来输送介质。现以 WSP‑3 型螺杆泵湿式混凝土喷射机为例加以介绍。

　　1. 螺杆泵的工作原理

　　如图 6‑13，螺杆即转子 1 是由半径为 R 的圆截面组成，其螺距为 t，它在定子套 2 内作偏心为 e 的复合运动。螺杆 1 横截面的圆心 O_1 对螺杆轴心 O_2 的位移量等于偏心距 e，螺杆轴心 O_2 对定子套轴心 O 的位置也等于 e。方向联轴节把传动轴的回转运动转变为螺杆的复合运动。由于传动轴的转动，与其相连接的螺杆(轴心 O_2)以 $2e$ 为直径绕定子轴径转动，作为螺杆横截面的形心轴线也以 $2e$ 为直径反方向绕螺杆轴线转动。这一运动是以半径为 R 的螺杆 1 的圆弧相对于沿定子套槽一侧作滚动，且伴有滑动的结果。螺杆泵依靠螺杆 1 与定子套 2 相互啮合接触空间的容积变化来输送介质。当螺杆吸入腔一端的密封线连续地向排出腔一端作轴向移动时，使吸入腔容积增大，压力降低，拌和料在压差作用下沿料口进入吸入腔，随着螺杆 1 的转动密封腔内的介质连续而均匀地沿轴向移动到排出腔，由于排出腔容积逐渐缩小，则产生压力使拌和料受挤压而前进。由于在定子套 2 中移动的拌和料的截面积是常数，所以它移动的速度也是常数，因此形成了无脉冲的稳定流。

　　目前，国内外螺杆泵，在 1~3 级左右，级数越多出口压力越大。每级压力差 0.5 MPa 左右，当压力超过 1.5 MPa 时，磨损明显增加。

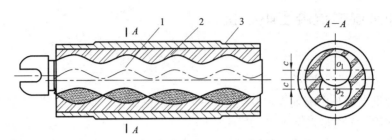

图 6 – 13　螺杆泵湿式混凝土喷射机工作原理

1—螺杆；2—定子套；3—壳体

2. 螺杆泵湿式混凝土喷射机的结构组成

该机的所有部件都安置在车架上，所有工作机构的动力由各自的电动机驱动。其主要组成部件如图 6 – 14 所示，包括振动筛 26、料斗 23、搅拌筒 20、料仓 6、螺杆泵 10 等。

（1）振动筛　振动筛由偏心微型电动机 22 驱动，筛体设置在料斗 23 上，中间装有弹簧垫。

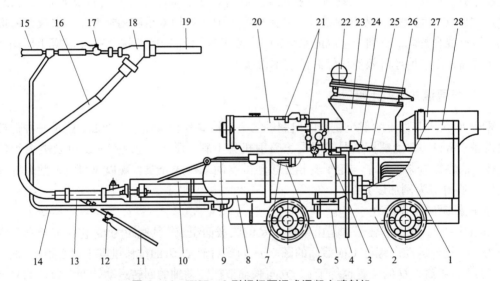

图 6 – 14　WSP – 3 型螺杆泵湿式混凝土喷射机

1—主电动机；2—行走底架；3—进风球阀；4—进风管；5—减速器；6—料仓；7—淋喷头；8—速凝剂罐；9—速凝剂排出阀；10—螺杆泵；11、15—进风管；12、17—进风阀；13—风力助推器；14—速凝剂输送管；16—水泥输送管；18—喷头；19—喷嘴；20—搅拌筒；21—供水阀；22—振动电动机；23—料斗；24—淋喷头控制阀；25—水管；26—振动筛；27—行星减速器；28—电气控制箱

（2）输送与搅拌装置　在料斗壳体内装有用插接式结构安装的浆式叶片型螺旋，该螺旋由电动机经行星减速器驱动旋转。在浆式螺旋后端装有二道供水管，由浆式叶片将干拌和料加水搅拌成符合一定水灰比要求的湿混合料后，送往下部集料仓 6，供螺杆泵输送。

（3）螺杆泵及其传动装置　图 6 – 15 为螺杆泵剖视图，螺杆由转子 3、定子 2 及可调壳体 1 组成。转子 3 由耐磨白口铸铁或喷焊的高耐磨材料制成，定子 2 由耐磨橡胶压铸而成，装在可调的壳体 1 内。通过拧紧调节螺栓 4 使定子内径缩小，以补偿磨损量，保证泵的正常工作压力和延长使用寿命。

转子后端用插销式联轴节与减速器 5 连接，减速器 5（见图 6 - 14）通过弹性联轴器与主电动机 1 相连。因为采用插销式联轴器，使得装卸螺杆泵及螺杆轴很方便。

为了减轻螺杆泵输送物料的负荷，改善料流在管道中的流动状态，在泵的出口处装有风力助推器 13，可使螺杆的使用寿命提高 60% 以上，并可有效地防止堵管现象。拌和料流在泵压与风压共同推动下，被输送到喷头 18 处，在此处与加有速凝剂的压缩空气混合后经喷嘴喷到工作面上。

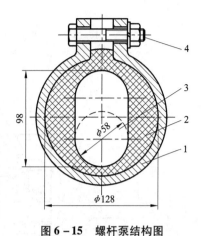

图 6 - 15　螺杆泵结构图
1—壳体；2—定子；3—转子；4—调节螺栓

（4）速凝剂添加装置　速凝剂为水玻璃，装在罐 8 中，在水玻璃罐 8 上装有压力表和排气阀，靠压气将水玻璃送到喷头处的进风管 15 中，雾化后与拌和料混合，由喷嘴 19 喷出。水玻璃的量由装在速凝剂罐 8 排出口处的调节阀 9 控制。

（5）供水系统　供水系统主要由水压表、控制阀、淋喷头 7 及水管组成，正常情况下，由装在搅拌筒 20 上的二道水管 25 供水，当拌和料偏干时，打开装在料仓 6 上的淋喷头 7 喷水，防止泵被夹住。喷头由喷嘴 19、喷头 18 以及进风阀 12 组成。

6.5.3　SPJS10 型混凝土喷射机械手

SPJS10 型混凝土喷射机应用了自动测距自动测向微电子控制技术，采用了液压集成油路及电液比例阀先进技术。该机械手具有 7 个自由度，由电子计算机来控制，基本上可满足混凝土喷射的动作要求。

该喷射机主要由喷头机构 1 ~ 5、大臂 10 与伸缩臂 7 ~ 8、回转台 17、行走小车 23、控制系统以及汽车底盘 7 大部分组成，其结构如图 6 - 16 所示。

1. 喷头机构

柱塞式液压马达 3 通过齿轮副可使喷头 1 作 360°的划圆运动，液压缸 4 可实现喷头 1 上下仰俯 90°，而摆动液压缸 5 可使喷头 1 左右回转 220°，喷头倾角可在 0 ~ 8°范围内调整，以便获得不同的喷射直径。

2. 大臂与伸缩臂

大臂 10 由普通碳素钢板焊接而成，箱形断面结构，其仰俯动作由液压缸 11 来控制。伸缩臂一是由伸缩臂杆 7 与小臂 8 组成，圆形断面形式。在仰俯液压缸 9 的控制下可仰起，伸缩臂采用冷轧钢管。大臂 10 在 0 ~ 135°范围内运转，伸缩臂可保证在 0 ~ 180°范围内调整，能进行全断面喷射，消除喷射死角。伸缩杆 7 的伸缩由人工定位，伸缩范围 2 ~ 3.2 m 之间。大臂 10 与小臂 8 之间，大臂 10 与支座之间均为铰接。大臂 10 内排布着液压管路，根部焊有挂架，在运输状态下用来吊住伸缩臂。

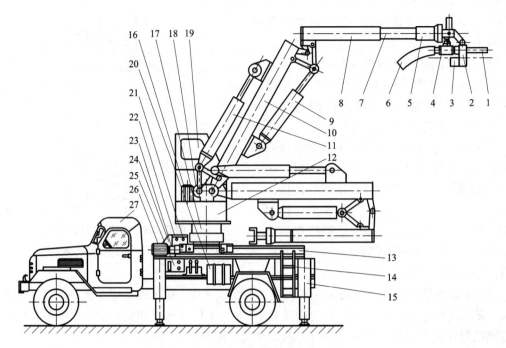

图 6-16 SPJS10 型混凝土喷射机械手

1—喷头；2—回转器；3—液压马达；4—液压缸；5—螺旋液压缸；6—输料管；7—伸缩臂杆；8—小臂；
9—伸缩臂仰俯液压缸；10—大臂；11—大臂液压缸；12—油箱；13—小车轨道；14—梯子；15—支脚；
16—电动机；17—回转台；18—支座；19—操作室；20—汽油箱；21—手动阀；22—液压缸；23—小车；
24—联轴器；25—油箱；26—电动机；27—汽车底盘

3. 回转机构

机械手固定在回转台17上。喷射范围由回转机构控制。采用滚动轴承或回转支承结构。电动机16经摆线液压马达直接带动小齿轮做减速运动。回转支承内圈由20个M16长螺栓与行走小车平台连接，外圈与平台支撑架连接，通过液控抱闸实现回转机构的回转制动。

6.5.4 国内外螺杆泵湿式混凝土喷射机主要技术参数

国内外螺杆泵湿式混凝土喷射机主要技术参数如表6-6。

表 6-6 国内外螺杆泵湿式混凝土喷射机主要技术参数表

类 型	WPS-3	S8ESG	SB3-3
生产能力/（m³/h）	4.5～5	20	3～6
工作风压/MPa	0.5		
泵出口最大压力/MPa	1.5	1.5(2.5)	1.5(2.5)
骨料最大粒径/mm	10	0～8	0～6
输送管内径/mm	50	50～100	50

续表 6 - 6

类　型	WPS - 3	S8ESG	SB3 - 3
最大水平输送距离/m	40	40	40
最大输送高度/m	20		
外形尺寸/mm	3100 × (840 ~ 1200) × 1370		
全机质量/kg	1100	340(450)	
泵功率/kW	18.5	18.5	18.5
电动机功率/kW	33.37		

思考题

1. 填空题

(1) 破碎机械根据破碎方法的不同可分为_____、_____、_____、_____和_____。

(2) 圆锥式破碎机的_____起保险作用。

(3) 锚杆台车能全机械化一次完成_____、_____和_____3 套工序。

2. 问答题

(1) 颚式破碎机是怎样破碎和分离岩石的?

(2) 湿式混凝土喷射机与其他混凝土喷射机相比有哪些优点?

第7章　运输机械

在各类工程的施工中，需要装运大量的土石方，为完成这些繁重的工作，除起重机械外，还必须装备一定数量的运输车辆和机械，这类机械主要是运输机械。本书主要介绍推土机、装载机、铲运机、自卸汽车、皮带运输机和索道运输装置。

7.1　推土机

7.1.1　概述

推土机是在工业拖拉机或专用牵引车基础上发展起来的，其前端装有推土装置，依靠主机的顶推力，对土石方或散状物料进行切削或搬运的铲土运输机械。推土机在建筑、筑路、采矿、油田、水电、港口、农林及国防等各类工程中，均获得十分广泛的应用。它担负着切削、推运、开挖、堆积、回填、平整、疏松、压实等多种繁重的土石方作业，是各类工程施工中必不可缺的关键设备，我国推土机的分类如表7-1所示。推土机适用于切土深度不大的场地平整，铲除腐殖土并运至附近的卸土区；开挖深度不大于15 m的基坑；回填基坑、基槽和管沟；堆筑高度15 m以内的路堤；平整其他机械卸置的土堆；推送松散的硬土、岩石和冻土，配合铲运机助铲，配合挖掘机平整，清理场地，拔除树根等；可以推掘Ⅰ～Ⅳ类的土，为提高生产率，对于Ⅲ～Ⅳ类土应事先予以翻松，最佳推填距离在100 m以内，效果最佳的距离为50 m。

表7-1　推土机的分类及其主要特点

分　类	型　式	主　要　特　点	专　用　特　点
按行走装置	履带式	附着牵引力大，接地比压低，爬坡能力强，但行驶速度低	适用于条件较差的地带作业
	轮胎式	行驶速度快，灵活机动性好，但牵引力小，通过性差	适用于经常变换工地和良好土壤作业
按传动方式	机械传动	结构简单，维修方便，但牵引力不能适应外阻力变化，操作较难，作业效率低	
	液力机械传动	车速和牵引力可随外阻力变化而自动变化，操纵便利，作业效率高，但制造成本高，维修较难	适用于推运密实、坚硬的土
	全液压传动	作业效率高，操纵灵活，机动性强，但制造成本高，工地维修困难	适用于大功率推土机进行大型土方作业
按用途	通用型	按标准进行生产的机型	一般土方工程使用
	专用型	有采用三角形宽履带板的湿地推土机（接地比压为0.02～0.04 MPa）和沼泽地推土机（接地比压为0.02 MPa以下），以及水陆两用推土机等	适用于湿地或沼泽地施工作业

续表 7 – 1

分　类	型　式	主　　要　　特　　点	专　用　特　点
按工作装置形式	直铲式	铲刀与底盘的纵向轴线构成直角,铲刀切削角可调	一般性推土作业
	角铲式	铲刀可调节切削角度,并可在水平方向回转一定角度(一般为左右25°)及侧向卸土	适用于填筑半挖半填的傍山坡道作业
按功率等级	超轻型	功率 <30 kW,生产率低	极小的作业场地
	轻型	功率在 30～75 kW	零星土方作业
	中型	功率在 75～225 kW	一般土方作业
	大型	功率在 225 kW 以上,生产率高	坚土或深度冻土的大型土方工程

7.1.2　履带式推土机简介

1. DT86 推土机

(1)DT86 推土机的总体结构　三一重工生产的 DT86 型推土机的外形如图 7 – 1 所示,该机由发动机、传动系统、行走系统、工作装置、液压系统和电气控制系统等部分组成。

图 7 – 1　DT86 外形图

1—发动机;2—驾驶室;3—防倾架;4—工作油箱;5—履带;6—驱动轮;7—支重轮;
8—托链轮;9—引导轮;10—推杆;11—推土铲刀;12—机罩;13—提升油缸

(2)推土机的工作装置　DT86 推土机的工作装置主要是指推土铲及松土器,用于完成推土和松土等各项作业。推土机可选配的铲刀有直倾铲、角铲、U 形铲、推煤铲;松土器有单齿松土器、三齿松土器。

1)推土铲　安装在推土机的前端,是推土机的主要工作装置。推土机处于运输工况时,推土铲被提升油缸提起，悬挂在推土机前方；推土机进入作业工况时，则降下推土铲，将铲刀置于地面，向前可以推土，后退可以平地。推土机牵引或拖挂其他机具作业时，可将推土铲拆除。

2）松土器　有单齿松土器和三齿松土器2种。

单齿松土器是一个安装在机架后面的可调双连杆机构，其主要作用是提高推土机的利用率，扩大使用范围。它对硬土层的剥离以及破碎冻土是最合适的，并能承受较大的冲击载荷。

另外，齿条上有3个孔，能实现齿条上下移动。

2. 三一推土机主要参数及主要技术特性

推土机的性能参数如表7-2所示。

表7-2　三一推土机主要技术特性

型　号	DT86 液力机械式推土机	DH86 全液压推土机	DH68 全液压推土机
整机使用质量/t	23.5	24	16.5
传动形式		静压传动	静压传动
飞轮功率/kW	170	170	118
最大理论牵引力/kN	430	320	220
最大爬坡能力/(°)	30	30	30
最小离地间隙/mm	410	410	450
最小转弯半径/mm	3270/5280	2600/4000	1900/3100
单铲容量/m³	5.6	5.6	
生产率/(m³·h⁻¹)	360	320	
前进后退低挡速度/(km·h⁻¹)	一挡 0~3.3；二挡	0~3.6	0~4.5
前进、后退高挡速度/(km·h⁻¹)	0~6.7；三挡 0~12.5	0~8.6	0~9
外形尺寸/mm	5875×3725×3315	5860×3725×3320	5295×3416×3260

7.2　装载机

7.2.1　概述

装载机是用来将成堆物料装入运输设备所使用的一类机械，它的分类、类型和应用范围如表7-3所示。它既可作为用于地下矿山掘进、回采、运输的重要设备，又可作为用于露天矿山剥离、开采以及水利、电力、建筑、交通和国防等部门工程施工的主要机械。前者叫地下装载机，又叫地下铲运机；后者叫露天装载机，简称装载机。

地下装载机是在露天装载机的基础上发展起来的，是专门适用于地下采矿和隧道掘进作业的一种机械。它们有许多相似之处，例如其原理与基本结构、动力传动部件基本相同；但也有更多的不同，它是专门为地下作业而设计的一种矮车身，中央铰接前端装载的装、运、卸联合作业设备。

表 7 - 3　装载机的分类及其主要特点

分　类	类　型	主　要　特　点
按行走装置分	履带式	接地比压小，牵引力大，但行驶速度慢，转移不灵活
	轮胎式	行驶速度快，转移方便，可在城市道路行驶，使用广泛
按机身结构分	刚性式	转弯半径大，要有较大的作业活动场地
	铰接式	转弯半径小，可在狭小地方作业
按回转方式分	全回转	可在狭小场地作业，卸料时对机械停放位置无严格要求
	90°回转	可在半圆范围内任意位置卸料，在狭小场地亦可发挥作用
	非回转式	要求作业场地较宽
按传动方式分	机械传动	牵引力不能随外载荷的变化而自动变化，不能满足装载作业的要求
	液力机械传动	牵引力和车速变化范围大，随着外阻力的增加，车速自动下降而牵引力增大，并能减少冲击、减少动荷载
	液压传动	可充分利用发动机功率，提高生产率，但车速变化范围窄，车速偏低

7.2.2　露天装载机

ZL50 型单斗装载机的工作装置如图 7 - 2 所示，由铲斗 1、动臂 2、连杆 3、摇臂 4、铲斗油缸 5、动臂油缸 6 等连杆机构组成。当动臂处于某种作业位置不动时，在铲斗油缸作用下，连杆机构可使铲斗绕其铰点转动；当铲斗油缸闭锁时，动臂在动臂油缸作用下提升或下降铲斗过程中，连杆机构能使铲斗保持平移或斗底平面与地面的夹角变化控制在很小的范围内，以免装满物料的铲斗由于铲斗倾斜而撒落；当动臂下降时，能将铲斗放平在地面上。

铲斗是工作装置铲装物料的工具，它是一个较复杂的焊接件。在铲斗的切削边上焊有主刀板和侧刀板，为了减小铲掘阻力和延长主刀板的寿命，在主刀板上装有楔形斗齿，斗齿与主刀板之间用螺钉连接，磨损后应随时更换。

铲斗应根据铲装的物料来选择，标准铲斗通常用来铲装砂、土之类松散材料。此外还有适用于铲装岩石的岩石铲斗、装载疏松物料的加大型铲斗、隧道中铲装岩石的侧卸铲斗等。

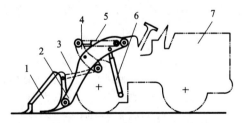

图 7 - 2　ZL50 型装载机的工作装置

1—铲斗；2—动臂；3—连杆；4—摇臂；
5—铲斗油缸；6—动臂油缸；7—轮式基础车

7.2.3 地下装载机

1. 地下装载机的特点

它与其他地下装载设备比较起来具有很多优点：①生产能力大、效率高；②机动灵活、活动范围很广；③大大改善了司机的作业条件。地下装载机的缺点是：轮胎磨损比较严重，废气净化问题需进一步解决，维修费用比较高，对工人与管理人员的素质要求较高。

2. 地下装载机的分类

①按额定斗容大小分类：小于 0.4 m³ 为微型地下装载机；斗容为 0.75～1.5m³ 的为小型地下装载机；斗容为 2～5 m³ 的为中型地下装载机；斗容大于 6 m³ 的为大型地下装载机。②按额定装载质量分类：装载质量小于 1 t 的为微型地下装载机；装载质量为 1～3 t 的为小型地下装载机；装载质量为 4～10 t 的为中型地下装载机；装载质量大于 10 t 的为大型地下装载机。③按动力源分类分为电动机式、柴油机式、蓄电池式等 3 种地下装载机。④按传动形式分类分为液力机械传动、全液压传动、电传动、液压机械传动等 4 种地下装载机。⑤按铲斗卸载方式分类分为前卸式、侧卸式、推板式等 3 种地下装载机。

3. 地下装载机的基本结构

地下装载机的基本结构如图 7-3 所示。其结构组成为：①动力系统，包括柴油机或电动机及相关的辅助设备；②传动系统，包括变矩器，变速箱，前、后驱动桥，传动轴；③行走系，包括轮胎、轮辋、前车架、后车架、摆动车架；④制动系，包括停车制动器，工作制动器；⑤转向系，包括上、下铰接体，转向油缸及相应操纵机构；⑥工作机构，包括铲斗、大臂、摇臂、连杆及相关销轴；⑦液压系统，包括工作机构液压系统、转向机构液压系统、制动系液压系统、变速控制液压系统、冷却系统、润滑系统；⑧电气系统，包括所有电气控制与照明。

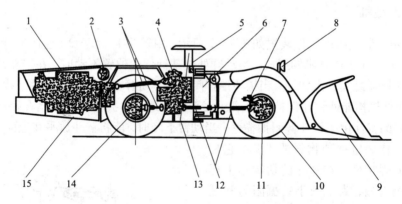

图 7-3 地下装载机的基本结构

1—柴油机（或电动机）；2—变矩器；3—传动轴；4—变速箱；5—液压系统；
6—前车架；7—停车制动器；8—电气系统；9—工作机构；10—行走系统；
11—前驱动桥；12—传动轴；13—驾驶室；14—后驱动桥；15—后车架

4. 工作机构

地下装载机其铲料、装料和卸料作业是通过工作机构的运动来实现的。如图 7-4 所示为 Z 形反转六杆机构的工作机构，由铲斗、举升臂、连杆、摇臂、倾翻油缸和举升油缸组成。

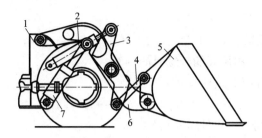

图 7 - 4　地下装载机工作机构

1—前车架；2—倾翻油缸；3—摇臂；4—连杆；

5—铲斗；6—举升臂；7—举升油缸(2 个)

整个工作装置铰接在前车架上，铲斗通过连杆和摇臂与倾翻油缸相连用以装卸物料，举升油缸与举升臂相连用以升降铲斗。

7.2.4　装载机的选择运用和生产率计算

1. 装载机的选择

装载机对土、石碴等松散物料能自行进行铲、装、运等多种作业，还可以用做推土、起重、牵引等多功能作业，它与单斗挖掘机相比机动性好。

根据国外使用经验，装运作业循环时间不小于 3 min 时，把装载机作为自铲运设备使用，经济上并不合理。装载机代替挖掘机，与自卸汽车配合作业的合理运距见表 7 - 4 所示。

表 7 - 4　轮胎式装载机与自卸汽车配合采运土石方的合理运距

年产量/kt	10	30		50		80		>100	
挖掘机斗容/m³	2.25	2.25	4	2.25	4	2.25	4	2.25	4
汽车载重量/t	10	10	27	10	27	10	27	10	27
装载机载重量/t	装载机合理运距/m								
2	470	170	260	110	160	80	110	71	65
4	760	280	450	190	280	130	190	118	108
5	920	350	540	240	340	170	230	155	143
9		800	1190	560	750	400	520	384	347
16		890	1330	630	830	440	570	432	387

2. 生产率的计算

装载机的运用生产率 Q 是指在单位时间内装卸物料的质量(t/h)，可用下式计算：

$$Q = 3\ 600 q K_m K_h / K_s T \quad (\text{m}^3/\text{h}) \tag{7 - 1}$$

式中　q——装载机额定载重量(t)；

K_m——铲斗装满系数，一般 K_m：0.7 ~ 1.3；

K_h——时间利用系数，K_h：$0.75 \sim 0.80$；

K_s——土壤松散系数，$K_s = 1.25$；

T——铲运机一个工作循环的延续时间（s）。

工作循环延续时间可用下式计算

$$T = l_y/v_y + l_h/v_h + t_c + t_x \quad (s) \tag{7-2}$$

式中　t_c、t_x——装载时间、卸载时间（s）；

　　　l_y、l_h——重车运行、回程距离（m）；

　　　v_y、v_h——重车运行、回程运行的平均速度（m/s）。

3. 地下装载机的选用信息

（1）国内地下装载机

生产地下装载机的国内厂家有柳州工程机械厂、太原矿山机器厂、锦州矿山机械厂、厦门工程机械厂、南昌通用机械厂、衡阳有色冶金机械总厂和嘉兴冶金机械厂等。目前衡阳有色冶金机械总厂已成为我国品种最全、且已基本系列化的地下装载机制造厂家，衡阳有色冶金机械总厂研制的地下装载机的技术性能如表 7 - 5。

表 7 - 5　衡阳有色冶金机械总厂研制的地下装载机的技术性能

参　数	CY - 1.5	CY - 2	CY - 3	CY - 4	CYE - 1	CYE - 1
额定斗容/m³	1.53	2	3	4	1	1.53
额定装载质量/t	3.6	4	6	9.5	2	3.6
最大铲取力/kN	70	80	105	200		69
最大牵引力/kN	85	110	125	222	55	75
最大卸载高度/mm	1240	1400	1499	1600	1000	1240
动力装置型号	F6L912W	F6L413FW	F8L413FW	Y225M - 4 -	Y250M - 4	
动力装置功率/kW	60	63	102	136	45	55
排气净化方式	水箱	水箱	氧化催化			
传动形式	液力机械	液压传动	液力机械			
车速/(km·h⁻¹)	0 ~ 18	0 ~ 16	0 ~ 18	0 ~ 22.5	0 ~ 7.2	0 ~ 13
外形尺寸/mm	6735 × 1524 × 2032	6935 × 1650 × 2032	8128 × 1956 × 2250	9220 × 2235 × 2471	5990 × 1300 × 2000	6735 × 1524 × 2032
外转弯半径/mm	4521	4580	5360	6045	4200	4521
内转弯半径/mm	2591	2650	2843	3175	2100	2591
离地间隙/mm	250	305	280	170	250	
轴距/mm	2284	2896	3302	1800	2284	
轮胎规格	12.00 - 2416PLY	12.00 - 2420PLY	17.5 - 2520PLY	18.00 - 2528PLY	10.00 - 20	12.00 - 2416PLY
爬坡能力/(°)	14					
质量/t	10.3	11	16	22.8	7.2	10.8
原动机类型	柴油机	电动机				

（2）国外地下装载机

芬兰 Tamrock 公司在 20 世纪 90 年代就拥有世界著名的 3 家主要生产地下装载机的公司：芬兰 TORO、加拿大 EJC、法国 E. M 公司，分别生产 TORO、EJC 与 CTX3 大系列地下装载机，这 3 个系列产品包括从小到大、从电动到柴油的各类机械。

7.3　铲运机

7.3.1　概述

铲运机是一种能够独立完成铲土、运土、卸土，填筑土方工程的机械，它具有较高的效率和经济性。铲运机的类型、应用范围分别如表 7 - 6 和表 7 - 7 所示。

表 7 - 6　铲运机的类型及其主要特点

分类	类　　型	特　　点
按运行方式分	拖式铲运机，需有履带拖拉机牵引，其铲运斗行走装置为双轴轮胎式	对地面条件要求低，具有接地比压小、附着力大和爬坡能力强等优点
	自行式铲运机，由牵引车和铲运斗两部分组成，采用铰接式连接	行驶速度快，生产率高，适用于中、长距离铲运土方，但对地面及道路要求较高，对紧密土质要采用推土机助铲
按发动机台数分	单发动机式，用于牵引车动力	用于单轴驱动，牵引力小，需要助铲
	双发动机式，牵引和铲运各置一台	用于双轴驱动，牵引力大，不需助铲
	多发动机式，多台铲运斗装用	用于多车串联式铲运机，效率最高
按斗容量分	小型 <6 m³	2.5 m³ 配 40 ~ 50 kW 拖拉机，6 m³ 配 59 ~ 74 kW 拖拉机
	中型 6 ~ 15 m³	为自行式铲运机常用斗容量
	大型 15 ~ 30 m³	采用双发动机的自行式铲运机
	特大型 30 m³ 以上	采用大功率多发动机的自行式铲运机
按卸土方式分	自由卸土式，铲运斗向后翻转，靠土的自重卸落	卸土功率小，卸土不彻底，对黏土和潮湿土的卸土效果不好
	强制卸土式，铲运斗内的推板向前移动而将土强制卸出	卸土干净、消耗功率大，结构强度要求高，适用于铲运黏湿土
	半强制卸土式，铲运斗可以转动，使土在自重和推力双重作用下卸出	卸土功率较小，自重轻，对黏湿土的卸不干净
按操纵机构分	机械操纵，利用拖拉机上动力绞盘，通过钢丝绳操纵铲运斗和斗门	铲运斗靠自重切土，深度较浅，会增大装土距离，要求操作技术高，钢丝绳磨损大
	液压操纵，依靠双作用液压缸操纵铲运斗升降、斗门开关和卸土	铲刀切土效果好，操作简单，动作均匀平稳，能缩短装土距离，能强制关斗门，减少漏土
按装载方式分	链板式，以链板装载机构将铲刀切出的土送入铲运斗	能降低装斗阻力，装土效果高，能边转弯边装载，不需要助铲，但整机质量大、造价高
	普通式，利用牵引力将土屑挤入铲运斗	装土阻力大，效率低

表 7 - 7　铲运机的应用范围表

机械名称		应用范围	最佳使用范围
铲运机	拖式铲运机	在平整场地中最为广泛地被使用,一台铲运机可完成铲土、运土、卸土、填筑、压实等多道工序;拖式铲运机适用于大面积场地平整、大型基坑、填筑路基等挖运土方工程;该机能挖运含水量不超过 27% 的Ⅳ类以下的土,当开挖Ⅲ~Ⅳ类较坚硬的土时,宜先用松土器配合或用推土机助铲	运距为 70~500 m;由于行驶速度慢,不宜用于运距较大的工程施工;该机操纵简单灵活,可不受地形限制,亦可不需特设道路,但不适于在砾石层和冻土地带及沼泽地区使用
	自行式铲运机		运距为 200~2000 m,运行速度快,适用于运距大的大型土方工程

7.3.2　自行式铲运机的构造

图 7 - 5 所示为我国生产的 CL7 型自行式铲运机,它的斗容量为 7 m³,有液压操纵、强制卸土、普通装载的自行式铲运机。它由单轴牵引车 8、转向枢架和铲运斗 6 三大部分组成。

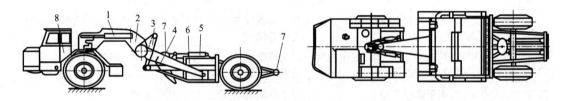

图 7 - 5　CL7 型自行式铲运机

1—转向液压缸;2—辕架;3—提斗液压缸;4—梁;5—斗门液压缸;6—铲运斗;7—顶推架;8—单轴牵引车

1. 单轴牵引车

图 7 - 6 所示为单轴牵引车的传动系统,它采用液力机械式传动。其传动路线是:发动机 5→功率输出箱 6→前传动轴 8→液力变矩器 2→行星动力换挡变速箱 3→加力箱 4→后传动轴 12→主传动 11→差速器 10→轮边减速器 9→车轮。

2. 转向枢架

转向枢架是单轴牵引车与铲运斗之间的牵引连接和实现铲运机转向的部件,通过一对垂直轴与铲运斗的辕架铰接起来。它在两个转向油缸和转向连杆机构的作用下,可以使牵引车相对于铲运斗向左右各转 90°;转向枢架还用一根纵向水平轴和牵引车底架铰接,这使得牵引车可绕水平铰轴线相对于铲运斗左右摆动 15°~20°,以保证铲运机在不平的地面上四轮同时着地。

3. 铲运斗

铲运斗是铲运机的工作装置,它由辕架、铲斗体、斗门、卸土板、尾架、后轮和液压系统等组成(参看图 7 - 5 所示)。

辕架是转向枢架与铲斗体间的连接构件,它将牵引车的牵引力传给铲斗。辕架由拱架、横梁、左右大臂焊接起来,其上有固定转向油缸和铲斗升降油缸的支座。

铲斗体做成矮宽型以减少铲装阻力,铲斗体由斗底、侧壁和横梁等组焊而成。斗底前缘用螺栓固定有四块呈阶梯形的刀片,侧壁下缘有铡刀片,利用这些刀片对土进行分层切削。

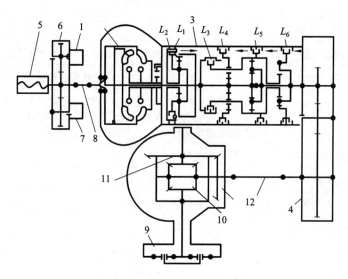

图 7 - 6 单轴牵引车的传动系统

1—工作油泵；2—液压变矩器；3—行星动力换挡变速箱；4—加力箱；5—发动机；6—功率输出箱；

7—转向油泵；8—前传动轴；9—轮边减速器；10—差速器；11—主传动；12—后传动轴

铲斗体前面装有斗门，斗门在斗门油缸的作用下可以启闭，开启时应有一定高度以保证斗门下缘与刀片之间有 0.5 ~ 0.7 m 的间隙。铲运斗的后壁为一块可沿铲斗体侧壁导轨移动的卸土板，在卸土油缸的作用下推出卸土板可将装在斗内的物料强制推卸掉。

尾架是一个组焊在铲斗体后面具有足够强度的钢架，其上装有可沿导槽滑动的卸土板及卸土油缸和后轮装置。尾架后端可承受助推机所传递的顶推力。

7.4 自卸汽车

7.4.1 概述

自卸汽车是以运送物料为主，并可自行倾卸车厢内货物的汽车，它由底盘、液压倾卸机构、倾卸操纵机构及车厢等组成。

自卸汽车由于可自动倾卸，大大减轻了劳动强度，节省工时和劳动力，广泛地用于矿山、水利、建筑铁路和公路工程施工中。据资料报导，20 世纪 70 年代初，国外的铜铁露天矿的开采，汽车运输量占总运量的 70% ~ 80%。为降低矿山成本，各国正在设计和制造更大吨位的矿用自卸汽车，例如美国特露克斯 33 - 19 型汽车载重量为 350 多吨。我国为了开发矿业，重型自卸汽车也得到了相应的发展，如在上海、北京等地已分别成批生产了交通 361 型、北京 BJ370 型重型自卸汽车，并试制了解放 CA - 390 型自卸车和载重量为 108 t 的电动轮汽车，近年来又引进了豪拜 120C 型电动轮汽车等。在国外井下矿山，采用了铰接车身的井下矿用载重汽车。自卸汽车的类型如表 7 - 8 所示。

表 7 – 8　　自卸汽车的分类

分类依据	类　别	说　　明
按总质量分	轻型自卸汽车	在公路上运行时总质量≤6 t 的汽车,在水利工程上,总质量 <10 t 的
	中型自卸汽车	在公路上运行时总质量 >6 t,在其他运输条件下≤14 t 的汽车
	重型自卸汽车	在公路上运行时总质量 >14 t,且厂定最大轴载质量小于公路许用轴载质量的汽车;在水利工程上,总质量在 10 ~ 30 t 的汽车;30 t 以上的为超重型汽车
按用途分	通用自卸汽车	一般通用的自卸汽车
	矿用自卸汽车	主要用于矿区和工地的自卸汽车
	特种自卸汽车	特种用途的自卸汽车
按货箱倾翻方向分	后翻式自卸汽车	货箱仅可向后倾翻
	侧翻式自卸汽车	货箱向左、向右任何一方倾翻
	三面翻自卸汽车	货箱向左、右和后三个方向倾翻
按动力源分	汽油机驱动自卸汽车	燃料为汽油
	柴油机驱动自卸汽车	燃料为柴油
按车身结构分	刚性自卸汽车	
	铰接自卸汽车	

7.4.2　自卸汽车的选用

在选用汽车型号时,应考虑施工条件、施工场地、运距、运料种类以及配套设备和气候条件等因素的综合影响,选用标准参考表 7 – 9 所示。

表 7 – 9　　自卸汽车的选用

考虑条件	选　用　参　考
按配套设备选用	自卸汽车的载重量和装载容积应与其配套的装载机械及挖掘机械相适应,车厢容积有平装及堆装,平装表示车厢标准容积。根据国外经验,自卸汽车的装载容积宜等于配套的装载机或挖掘机工作容积的 3 ~ 6 倍。若小于 3 倍,汽车装载率低,经济效益差;若大于 6 倍,装载设备往返次数多,停车时间长,整体经济效益也将降低
按施工条件选用	施工区域或运输道路路面条件差,且有较大面积损坏时,应选用爬坡性能、后备功率大的多桥驱动车,或铰接式汽车。相反可选用装载质量大、车速高的自卸汽车
按运距远近选用	通常情况下,运距不超过 100 m 时,用推土机即可,不须配置其他运输设备;运距在 200 m 以内采用装载机作为挖掘与运输设备较为适合;运距超过 250 m 时,则应采用挖掘机或装载机与汽车配套使用;运距不足 1000 m,最好选用铰接式自卸汽车;运距较远且部位工作量大,则应选用刚性自卸汽车
按运料种类选用	公路、桥梁、建筑、水利等工程的运料主要有砂、石料、木材、钢材以及混凝土制品和土方等。若运料的密度较大,可选用较小的车厢容积,相反,应选用较大的。若所运为爆破的大块土石,最好选用适于装岩石的车厢,若运料为燃料、煤炭等,则应用专门的运输车辆
其他因素	此外,还应结合工期长短、运输成本以及气候与环境等因素,给以综合考虑

7.5 胶带式输送机

7.5.1 概述

胶带式输送机主要适用于矿山、工厂、建筑工地、化工、冶金、车站、码头等部门输送堆积密度为 $0.8 \sim 2.5 \ t/m^3$ 的各种块状、粒状等散状物料,也可用于成件物品的输送。胶带式输送机按其结构和移送方式,可分为固定式、移动式和节段式 3 种类型。固定式是在运输量大和使用期限长的情况下采用,它的机架和部件不能任意拆移,其长度一般为 $50 \sim 300 \ m$;移动式是在距离短、运输量不大且施工地点经常变动的场合下采用,如建筑工地,有时也用于运输线末端散料或装载用。移动式的构造特点比较轻便,并装有车轮或轮胎供随意移动;节段式的机架由 $2.5 \sim 5 \ m$ 的短机架拼装而成,通常用于运输长度经常改变和移动的场合。

胶带式输送机具有输送均匀、连续、生产率高、运行平稳可靠、运行费用低、维护方便等优点,可以实现水平或倾斜输送。向上倾斜输送物料时,其允许倾斜角一般应比被输送物料与胶带之间摩擦角小 $10° \sim 15°$,对于正常槽角平胶带的输送机倾角为 $15°$,在特殊情况下也可达 $20°$。除此之外,有的倾斜式带式输送机倾角可达 $45°$,一些特殊设计的带式输送机倾角甚至达 $45° \sim 75°$,也有可达 $90°$ 的垂直带式输送机,胶带式输送机其工作环境一般限于 $-10℃ \sim +50℃$。一般带式输送机的输送角见表 $7-10$ 所示。

表 7 - 10 带式输送机的输送角

散装物料	输送角度/(°)	摩擦系数	内摩擦角/(°)	静摩擦角/(°)
矿石	≤30	0.58 ~ 1.19	30 ~ 50	30 ~ 50
砾石	≤16	0.287	33.5	30
积土	≤18	0.325	31 ~ 45	25
褐煤	≤18	0.325	35	30
砂	≤20	0.364	31	15

7.5.2 固定式胶带输送机

以通用固定式胶带输送机为例,主要部件及作用见图 $7-7$ 所示。

1. 驱动装置

驱动装置有闭式和开式两种。闭式驱动是通过电动滚筒来实现;开式驱动由传动滚筒、减速器、电动机等组成。

2. 传动滚筒

传动滚筒依靠滚筒与胶带之间的摩擦将动力传递给胶带(如采用闭式传动,驱动采用电动滚筒)。传动滚筒有光面和胶面两类,胶面滚筒又可分为包胶和铸胶两种形式。

3. 改向滚筒

改向滚筒装于机尾或胶带改向处,起改变输送带运行方向或压紧输送带、增大传动滚筒

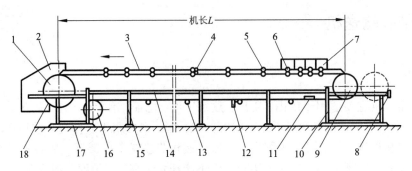

图 7 - 7　通用固定式胶带输送机

1—传动滚筒；2—头罩；3—输送带；4—槽型调心托辊；5—槽型托辊；6—缓冲托辊；

7—导料槽；8—螺旋拉紧；9—改向滚筒；10—尾架；11—空段清扫器；12—下平调心托辊；

13—下托辊；14—中间架；15—中间支腿；16—改向滚筒；17—头架；18—弹簧清扫器

包角之作用。

4. 托辊

托辊起支承胶带和带上物料运行的作用，有平型和槽型两种。输送机较长时，为防止胶带跑偏，可选用自动调心托辊；为减少受料处物料对胶带的冲击，可选用缓冲托辊（如图 7 - 8 所示）。

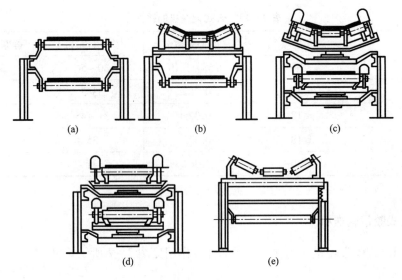

图 7 - 8　托辊

(a)平型托辊；(b)槽型托辊；(c)槽型调心托辊；(d)平型调心托辊，(e)缓冲托辊

5. 运输带

运输带一般采用帆布芯层橡胶带，当运输长度和运载量大、带速高时，须选用尼龙芯层高强度胶带或钢绳芯胶带输送机。

6. 拉紧装置

拉紧装置用于调整胶带松紧程度，保证胶带有足够的张力进行传动。一般有螺旋拉紧装置、车式螺旋拉紧装置和垂直拉紧装置三种形式(如图 7 - 9 所示)。

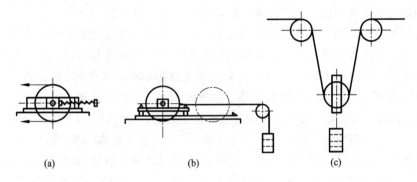

图 7 - 9　拉紧装置

(a)螺旋拉紧装置；(b)车式拉紧装置；(c)垂直拉紧装置

7.5.3　移动式胶带输送机

移动式带式输送机(见图 7 - 10)由输送带(又称带条)8、托辊 7、驱动装置(3、4、5)、张紧装置 10、装载料斗 11、机架(1 和 2)及调速装置 9、行走装置(6 和 12)等组成。

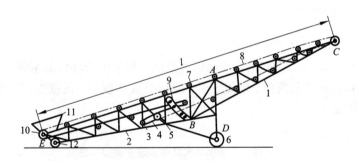

图 7 - 10　移动式带式输送机

1—前机架；2—后机架；3—电动机；4—三角皮带传动；5—驱动滚筒；6—行走轮；
7—托辊；8—输送带；9—调整装置；10—张紧装置；11—装载料斗；12—导向轮

移动式带式输送机的机架由前、后两部分通过调速装置 9 来固紧，以满足不同装卸高度的要求。行走装置由行走轮和导向轮组成，移动时靠其他机械牵引或人工拖曳。

7.6　索道运输装置

7.6.1　概述

索道既可运货，又可载人，它在我国冶金、煤炭、化工、建材、水电、林业、农业以及旅游等行业应用广泛。

　　索道运货时，称为货运索道，货运索道除可运输货物外，还用于堆存物料或排弃废料，它不但可运送散装物料而且可搬运整件或成捆物品；索道载人时，称为客运索道，客运索道除可以用来运送职工上下班，也可以服务于城市公共交通，如将它建在旅游区可以运送乘客登山游览和观光水下海底世界，以及滑雪运动时的理想运输工具。

　　索道与其他地面运输工具相比具有如下特点：①对自然地形适应性强，爬坡能力大，可直接跨越峡谷、河流等天然障碍；②两端站间运距最短，尤其在地势险峻的条件下，索道线路长度仅为公路、铁路的 1/10 ~ 1/50；③受气候条件影响小，可在雨、雪、雾和小于八级风的恶劣天气情况下运行；④站房配置紧凑，占地面积小，支架占地更少；⑤可按实际地形随坡就势架设，无需修筑桥梁、涵洞，不用开挖大量土石方，对地形、地貌的破坏可控制在最小限度内；⑥索道一般都用电力驱动，不污染环境；⑦运行安全可靠，维护简单，容易实现机械化、自动化操作，劳动定员少；⑧索道基建投资一般相对地比铁路和带式输送机少，经营费用低，通常仅是汽车的 1/2 ~ 1/5 左右；⑨索道能耗少，一般仅为汽车能耗的 1/10 ~ 1/20 左右。

　　但是索道在某些方面不如汽车灵活，与铁路和带式输送机相比运输能力较小。

　　世界货、客运索道发展较快，20 世纪 80 年代以来，由于新技术、新材料的应用，货运索道的运输能力大大提高，双线货运索道运量可达 300 万 t/a 甚至更高，单线货运索道也可达 150 万 t/a 以上。客运索道随着旅游业的蓬勃兴起飞速发展，世界上已建成各种形式的客运索道两万余条，客运索道也在向大运量方向发展。

7.6.2　货运索道类型选择

　　1. 单线索道

　　单线循环式货运索道（如图 7 – 11 所示）就是用一根呈闭合环状的钢绳，同时起承载和牵引两种作用。其特点是设备简单、管理方便，但承受载荷较小，运量受到一定限制。主要技术性能见表 7 – 11 所示。

表 7 – 11　单线循环式货运索道主要技术性能

项　目	参数	项　目	参数	项　目	参数
一般运输能力/(t·h^{-1})	20 ~ 100	最大运行速度/(m·s^{-1})	5.3	弹簧式货车爬坡能力/%	80
最大运输能力/(t·h^{-1})	400	四连杆货车爬坡能力/%	70	货车承载能力/kN	4,7,10,20
一般运行速度/(m·s^{-1})	1.6 ~ 3.15	鞍式货车爬坡能力/%	40		

　　采用四连杆式抱索器的索道，具有对地形适应性强，爬坡能力大的特点，适合于山高坡陡沟深跨度大的地形。如彭县铜矿和秦岭金矿等处的索道，修建在地形复杂的山区，个别支架跨度超过千米。

　　采用鞍式抱索器的索道，抱索器结构简单、造价低，可使牵引索寿命增长，维护工作简单，运输成本低。但货车爬坡能力较低，所以适合建在平原、丘陵或地形不甚复杂地区。如吉林盘石镍矿、江西七宝山铁矿选用了该类索道，得到良好的效果。

　　采用弹簧式抱索器是近年来将客运索道的成熟技术移植到货运索道上的结果。这种新型

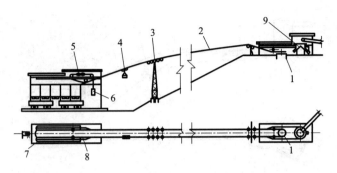

图 7 – 11　单线循环式货运索道示意图

1—驱动机；2—牵引索；3—托索轮；4—货车；5—拉紧装置；
6—拉紧重锤；7—格筛；8—扁轨；9—旋转式装载机

索道的货车除具有较大的爬坡能力和对地形适应性较强外，突出的优点是抱索可靠，对杜绝掉车事故有利。另外可用高于 4 m/s 的速度运行。采用这种抱索器的索道要求站内设备较多、站房较长、建设费较高，管理水平相应也要求较高。这种索道目前还处于初始阶段，国内仅在四川会理锌矿修建一条。

单线索道承受载荷较小，运输能力较双线索道低，在一定条件下经营费较双线索道高。我国原来单线索道的运量一般在 100 t/h 以下，当线路较平缓时也可突破 100 t/h，如辽宁红透山铜矿的索道侧型平缓，小时运量达 160 t。

新型大运量单线索道小时运量已超过 300 t，与普通的双线索道运量相接近，设备用量和基建投资略低于普通的双线索道。这就使原单线索道约占双线索道基建投资 50% ~ 60% 左右的格局被突破。由于运量提高，经营费也随之下降，但大运量单线索道受线路侧型的制约，必须建在地形平缓处。

2. 双线索道

（1）双线循环式　双线循环式货运索道（图 7 – 12 所示）由承载和牵引两种索道组成。承载索在线路上平行敷设两根，一根供重货车使用，另一根供空货车使用；牵引索则结成闭合环状，带动货车沿着承载索按规定的方向连续运行。

双线循环式货运索道较单线循环式运量大，经营费低。当服务年限较长时，选用这类索道尤为适宜，其主要技术性能见表 7 – 12 所示。

表 7 – 12　双线循环式货运索道主要技术性能

项　　　目	参数	项　　　目	参数	项　　　目	
一般运输能力/(t·h⁻¹)	100 ~ 300	最大运行速度/(m·s⁻¹)	6	货斗承载能力/kN	10,20,32
最大运输能力/(t·h⁻¹)	500	下部牵引式货斗爬坡能力/%	45		
一般运行速度/(m·s⁻¹)	1.6 ~ 3.15	水平牵引式货斗爬坡能力/%	50		

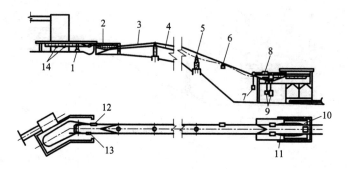

图 7 – 12　双线循环式货运索道示意图

1—驱动机；2—滚轮组；3—承载索；4—牵引索；5—摇摆鞍座；6—
货斗；7—牵引索拉紧重锤；8—牵引索拉紧装置；9—承载索拉紧重
锤；10—格筛；11—扁轨；12—挂斗器；13—脱斗器；14—闸门

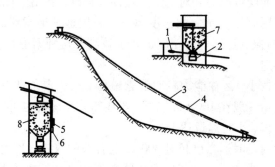

图 7 – 13　双线往复式索道示意图

1—驱动机；2—货斗；3—承载索；4—牵引索；
5—牵引索拉紧装置；6—牵引索拉紧重锤；
7—装载仓；8—卸载仓

（2）双线往复式

这种索道（图 7 – 13 所示）分单轨往复式和双轨往复式两种。双轨往复式索道在线路上平行铺设 2 根承载索，在每根承载索上挂 1 个（或 1 组）货斗，交替往复运行。当 1 个（或 1 组）货斗在上站装（卸）载时，另 1 个（或 1 组）货斗则正在下站卸（装）载；单轨往复式索道在线路上仅铺设一根承载索，仅 1 个（或 1 组）货斗往复运行。

这种索道的生产率随线路长度增加而降低，通常线路长不超过 700 m。它适用于线路高差大运距短的条件，特别是呈凹陷形中途不设支架的线路，可用高速运行，便于提高运输能力，如云锡老阴山选厂等处选用往复式索道，收到很好的效果。往复式索道主要技术性能见表 7 – 13 所示。

表 7 – 13　常见的往复式货运索道主要技术性能

项　目	参数	项　目	参数	项　目	参数	项　目	参数
运输能力/(t·h^{-1})	15~250	运行速度/(m·s^{-1})	5~15	最大货斗爬坡能力/%	150	货斗承载能力/kN	5~50

往复式索道可运较重整件物品。意大利1条用于采石场的双线往复式货运索道，两侧各铺设2根承载索，可运整块大理石，运载量达20 t。伊拉克有一条往复式货运索道，每侧架设4根承载索，一次运载量达41 t。

3. 堆货索道

堆货索道是货运索道的特殊形式，除具有运输功能外还具有堆物功能，它多用于运输工矿企业排出的废弃物。通常堆货索道都按双线索道设计，分循环和往复两种基本运行形式。根据堆存物的性质、装载站距堆的远近、所需堆场容积大小以及堆场处的地形条件等因素选择不同类型的堆货索道。

(1)往复式堆货索道 这种索道线路的一端是装载站，另一端是4面用拉索绷紧的桅塔式支架，在架顶安承载索鞍座和牵引索导向轮，牵引索结成闭合环形。

线路上只有一根承载索时称单轨，货斗沿单跨线路往复运行，在跨中卸载(图7-14所示)。当一个堆场的容量满足不了要求时，可用数个布置成放射状的堆场依次堆存。

线路上敷设2根承载索，供两侧货车作往复运行的，称双轨往复式(图7-15所示)。往复式堆货索道可根据需要建成多跨形式，特殊情况下可将堆场设在离装载站较远处，其布置主要取决于所需堆场容积和地形条件。

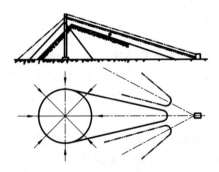

图7-14 单轨往复式堆货索道示意图

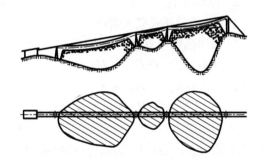

图7-15 双轨往复式堆货索道示意图

(2)循环式堆货索道 循环式堆货索道与双线循环式货运索道相似，分跨卸和栈卸两种形式。跨卸式堆货索道货斗运行到指定的跨间非定点卸载；栈卸式堆货索道货车在移动式卸载站内卸载，随料堆向前延伸卸载可随时移动。当被堆存的物料比较坚固、不具自燃性，并有可能在料堆上设置移动式卸载站时，适于选用这种形式的索道。江西西华山、大吉山等处使用该型索道。

7.6.3 载人索道类型选择

1. 往复式客运索道

(1)双轨往复式 在线路上平行架设2根或4根直径相同的承载索，吊舱由1根或2根承载索支承。每侧挂一辆吊舱，两侧吊舱在上、下站之间往复运行。其主要索系有：单承载、单牵引，单承载、双牵引，双承载、单牵引，双承载、双牵引等4种形式。

吊舱容量从15~140人不等。当其容量在60+1(乘务员)人以下时多用单根承载索支承，60+1人以上时多采用双承载索支承。

通常吊舱的运行速度为2~7 m/s，最大可达12.5 m/s。

该类型索道运量随线路长度增加而降低,因此线路长不宜超过3 km。加大客车容量,采用较高速度运行,可弥补由于线路长而造成运量下降的不足。该种载人索道适合建在山大、沟深、地形复杂地区,其跨江河、越深谷克服自然障碍的能力较强,吊舱允许距离地面100 m以上,为旅游胜地的有效运输设施,也可作为城市交通工具。我国建在西樵山,泰山、重庆嘉陵江等处的客运索道,便选用该类型。

(2)单轨往复式　这种索道在线路上仅有1根承载索,1个(或1组)吊舱沿承载索在上下站之间往复运行,其运量较小,多用于微波站、天文台、气象站等处,作为在高山上的工作人员登山交通工具。由于这种载人索道多属非营业性的,两端站房以实用为主,工程投资相对低廉。铁岭微波站和兴隆微波站等处使用了这种索道。

(3)单线往复式载人索道　该类索道全线仅有1根呈闭合环状的牵引索,吊舱与牵引索固结在一起。线路每侧挂1个(或1组)吊舱,当一侧吊舱上行时,另一侧吊舱下行,交替往复行驶在线路上,每个吊舱容纳4~6人。这种索道的优点是设备少、基建速度快、工程投资较少,缺点是随线路长度增加而运输效率也相应降低。

当运量不大,沿线吊舱距地面高度又在允许范围内时,可考虑选用。杭州北高峰的索道属于这种形式。

2. 循环式载人索道

(1)单线循环式载人索道

1)采用固定抱索器的吊椅(吊舱)式索道　吊椅索道是将乘客座椅悬挂在牵引索上运行,根据运量不同,可选单座、双座、三座及四座吊椅。吊椅距地面高度一般不超过8 m,个别地段单座吊椅可达10 m,双座吊椅可达15 m。吊椅索道的运行速度,用于游览的取1~1.3 m/s,用于运送滑雪人员的最大不超过2.5 m/s。

采用固定抱索器的吊椅索道运量,见表7-14。这种索道投资少、收效快,线路适合时可优先选用。我国吉林松花湖,三明麒麟山公园,北京香山公园等处建有这种索道。

将吊椅换成吊舱即成吊舱式索道,吊舱是封闭的,通常可乘2~6人。由于人员进、出吊舱比上、下吊椅耗时多,所以站台需加长。吊舱距地面高可达25 m,局部地段可达40 m。这种索道对地形的适应能力比吊椅索道强。当线路路径不适合架设吊椅索道时,可考虑选用。

表7-14　采用固定抱索器的吊椅式索道运量

吊椅类型	吊椅间隔时间/s	单向小时运人数/人
双座	8	1200
三座	8	1800
四座	8	1800

2)采用活动抱索器的吊椅(吊舱)式索道　这种索道在吊椅或吊舱上安有单钳口或双钳口抱索器,吊椅或吊舱进站后即与牵引索分离,出站前再挂结到牵引索上,吊椅或吊舱在站内沿扁轨滑行。为保证吊椅或吊舱进、出站时与牵引索摘、挂的可靠性,必须有一系列的监控设施,设备增多、站房加长,因而基建投资大、技术要求高。

该种索道运行速度可达3~5 m/s,运输能力比使用固定式抱索器的索道大,见表7-15。

广州白云山建了这种索道，单侧小时运量 1200 人。这种索道对线路要求与采用固定式抱索器的索道相同，如果地形条件许可，要求运量较大时，可考虑选用。

表 7 - 15　采用活动抱索器的吊椅式索道运量

吊椅容量/人	运行速度/(m/s)	吊椅间隔时间/s	单向小时运人数
4	3.5	16	900
4	4	12	1200
6	5	10	2200
6	4	9	2400

3）拖牵式索道　　拖牵式索道是专为运送滑雪运动员上山的一种特殊运输工具，在结成闭合环状的牵引索上等间距的排列拖牵座，分单座和双座两种。运动员脚踏滑雪板骑在拖牵座上，沿雪道拖至山上。当牵引索运行速度为 2 m/s 时，单向小时运量可达 1000 人。

该种索道只能修建在雪场上，而且索道的侧型需与雪道相适应，线路两端站房比较简易。

拖牵式索道比较简单，投资少、架设快、安全可靠，容易管理。黑龙江双峰雪场等处修建了这种索道。

（2）双线循环式载人索道　　这种索道与双线循环式货运索道相似，线路上有承载索和牵引索，通常小型吊舱容量为 4～6 人，大型吊舱容量为 30～50 人。抱索器有弹簧式和螺旋式两种，吊舱进站后与牵引索分离，出站前再挂结到牵引索上。吊舱在站内沿扁轨运行，爬坡能力达 35°左右，距地面高约 25 m，个别地段可达 40 m。由于该类型索道站内设备较多、站房较长、基建投资较高，故很少被选用。

思考题

1. 简答题
（1）什么是铲土运输机械？有哪些类型？
（2）怎样根据土质和地形选用铲运机？
（3）装载机的一个工作循环是怎样的？
（4）铲运机按卸土方式分可分为几种？各有什么优缺点？
（5）索道运输有哪些优缺点？
2. 计算题
后翻式铲斗装载机的铲斗宽度 $B = 620$ mm，深度 $L = 700$ mm，容积 $V = 0.25$ m^3，黏着重量 $G = 76$ kN，轮轨行走速度 $v_m = 0.82$ m/s，用于装载块度为 200～300 mm 的砂质页岩，若不计其他运行阻力的影响。
（1）判定装载机的牵引力能否满足工作要求。
（2）求行走电动机的功率；
（3）计算其设计生产率和技术生产率。

第3篇 道路施工机械

第8章 路基施工机械

8.1 平地机

8.1.1 概述

平地机是一种以铲土刮刀为主要工作机构，并可换用其他多种辅助作业装置进行土壤切削、刮送和整平机械，被广泛用于公路、铁路、机场、停车场等大面积场地的平整作业，也被用于路堤整形及林区道路的整修等作业。自20世纪20年代起，在近90年的发展历程中，平地机经历了从低速到高速、小型到大型、机械操纵到液压操纵、机械换挡到动力换挡、机械转向到液压助力转向再到全液压转向以及整体机架到铰接机架的发展过程，整机可靠性、耐久性、安全性和舒适性都有了很大的提高。平地机的型号分类如表8-1所示。

表8-1 自行式平地机轻、中、大型的划分

类型	刮刀长度/m	发动机功率/kW	质量/g	车轮数
轻型	<3	44~66	5000~9000	四轮
中型	3~3.7	66~110	9000~14000	六轮
大型	3.7~4.2	110~220	14000~19000	六轮

8.1.2 平地机基本构造

图8-1所示是三一重工PQ系列全液压平地机的外形及结构简图，它一般由发动机、液压传动系统、工作装置、电气与控制系统，以及底盘和行走装置等部分组成。平地机总体布置特点是其前桥可以绕中心枢轴摆动，中后轴装在可以上下摆动的平衡箱上，铲刀装在前后桥的中间，这样的布置和结构保证了平地机永远有6只车轮同时着地。后桥重量均匀分布在中后轮上，使得铲刀跳动远远小于因地面不平整而引起的车轮跳动，从而使平地机具有自动提高地面平整度的能力。

其工作原理为传动系统采用新型静液压、无变速箱、无传动轴、无驱动桥的传动、变速、

控制技术,其行走动力传动路线是:发动机→联轴器→变量柱塞液压泵→变量柱塞液压马达→定轴式齿轮减速平衡箱→车轮,即由发动机通过联轴器带动变量柱塞液压泵工作,由变量柱塞液压泵驱动变量柱塞液压马达工作,由变量柱塞液压马达带动定轴式齿轮减速平衡箱工作,定轴式齿轮减速平衡箱带动车轮转动,从而完成了平地机从发动机至车轮的动力传动。该系统分别用改变变量柱塞液压泵的斜盘倾斜方向和变量柱塞液压马达的斜盘倾斜角度来实现对平地机行驶方向和车速变换的控制,由计算机通过对机器两侧驱动车轮转速实时测量数据的处理,自动控制驱动车轮的转动,从而有效地解决了现有平地机技术中两侧驱动车轮在平地机不同的行驶状况(如:直行、转弯)和地面附着系数不同的情况下的滑移和滑转问题。传动路线(如图 8-2 所示)为:发动机 1 带动液压泵 2 工作,液压泵 2 驱动液压马达 3、6 工作,液压马达 3、6 经减速平衡箱 4、7 带动车轮 5、8、9、10 转动,从而完成了平地机从发动机 1 至车轮 5、8、9、10 的动力传动。

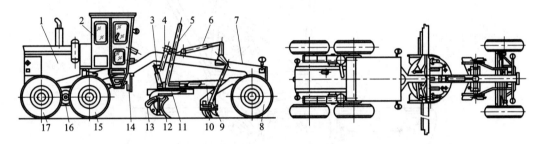

图 8-1　平地机外形图

1—发动机;2—驾驶室;3—牵引架引出油缸;4—摆架机构;5—升降油缸;6—松土器收放油缸;7—车架;8—前轮;
9—松土器;10—牵引架;11—回转圈;12—刮刀;13—角位器;14—传动系统;15—中轮;16—平衡箱;17—后轮

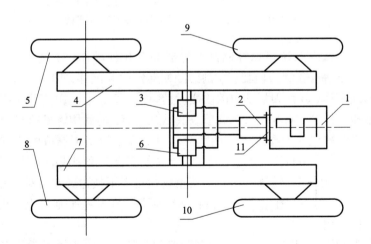

图 8-2　传动原理图

1—发动机;2—液压泵;3、6—液压马达;4、7—减速平衡箱;5、8、9、10—车轮;11—联轴器

　　平地机工作装置安装在由前、后桥支承的车架上。工作装置主要是平地装置和耙松装置,推土装置与扫雪犁根据需要临时安装。

（1）刮土工作装置如图8-3所示，主要由刮刀9、回转圈12、回转驱动装置4、牵引架5、角位器1及几个液压缸等组成。牵引架的前端与机架铰接，可在任意方向转动和摆动；回转圈支承在牵引架上，在回转驱动装置的驱动下绕牵引架转动，并带动刮刀回转；刮刀背面上的两条滑轨支承在两侧角位器的滑槽上，可以在刮刀侧移油缸11的推动下侧向滑动；角位器与回转耳板下端铰接，上端用螺母2固定，松开螺母时角位器可以摆动，并带动刮刀改变切削角度（铲土角）。

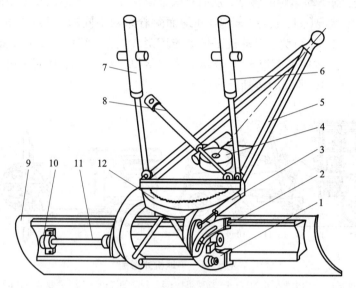

图8-3　刮土工作装置
1—角位器；2—紧固螺母；3—切削角调节油缸；4—回转驱动装置；
5—牵引架；6、7—右左升降油缸；8—牵引架引出油缸；9—刮刀；
10—油缸头铰接支座；11—刮刀侧移油缸；12—回转圈

刮土工作装置的操纵系统可以控制刮刀完成如下6种动作：①刮刀左侧提升与下降；②刮刀右侧提升与下降；③刮刀回转；④刮刀随回转圈一起侧移，即牵引架引出；⑤刮刀相对于回转圈左移或右移；⑥刮刀切削角的改变。其中①、②、③、④、⑤同液压缸控制，③采用液压马达或液压缸控制，而⑥由人工调节或液压缸调节，随后用螺母锁定。

平地机的刮刀结构包括刀身和刀片两部分。刀身为一块钢板制成的长方形的弧形曲面板，其下缘用螺栓装有采用特殊的耐磨、抗冲击、高强度合金钢制成的刀片；刀片为矩形，一般有2~3片，其切削刃是上下旋转对称，刀刃磨钝后可上下换边或左右对换使用。为了提高刮刀抗扭、抗弯刚度和强度，在刀身的背面有加固横条。在某些平地机上，此加固横条就是上下两条供刮刀侧伸用的滑轨。

（2）松土器通常用来疏松坚硬土壤，或破碎路面及裂岩。松土器通常留有较多的松土齿安装孔，疏松较硬土壤时插入的松土齿较少，以正常作业速度下驱动轮不打滑为限，疏松不太硬的土壤时可插入较多的松土齿，此时则相当于耙土器。松土器的结构形式有双连杆式和单连杆式2种（如图8-4），按负荷程度松土器分重型和轻型两种。重型作业用松土器共有7个齿安装装置，一般作业时只选装3个或5个齿。轻型松土器可安装5个松土齿或9个耙土齿，耙土齿的尺寸比松土齿的小。

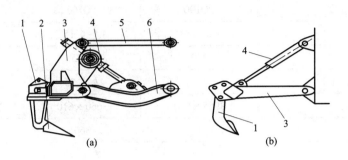

图 8 - 4　松土器
1—松土齿；2—齿套；3—松土齿；4—控制油缸；5—上连杆；6—下连杆

双连杆式松土器近似于平行四边行机构，其优点是松土齿在不同的切土深度时松土角基本不变(40°~50°)，这对松土有利。此外，双连杆同时承载，改善了松土齿架的受力情况；单连杆式松土器由于其连杆长度有限，松土齿在不同的切土深度时松土角度变化较大，其优点是结构简单。

(3)三一重工全液压平地机特点及其性能参数。三一重工全液压平地机的性能参数如表8-2所示。该平地机是在广泛吸收国内外平地机先进技术的基础上，采用机、电、液一体化技术，大胆创新，在世界上首次将全液压驱动技术应用在平地机上。该技术的应用使"三一" PQ 系列全液压平地机在传动、变速和控制技术上处于国际领先地位，整机技术性能及其可靠性均达到世界先进水平。与传统的液力机械传动相比，全液压平地机的静液传动省去了液力变速器、传动轴、后桥主传动、行星减速器等部件，行驶控制根据外负荷、车速的大小及发动机转速和输出功率的变化自动换挡变速，充分利用发动机功率，使机器在行驶和作业的每一时刻都能发挥其最大效率，提高了平地机的操作性能和使用性能，从而提高了作业效率和作业精度。

表 8 - 2　三一全液压平地机性能参数

基本参数	PQ190	PQ160	PQ190G
标准型整机质量/t	15.2	13.6	15.2
带前推后松型整机质量/t	16.1	15.4	16.1
最大牵引力/kN	86	78	86
自动挡速度/(km·h^{-1})	0~31.6		
手动控制速度/(km·h^{-1})	一挡:0~6.3　二挡:0~9.9　三挡:0~14.9　四挡:0~31.6		
发动机型号	BF6M1013E	D6114ZG12Aa	BF6M1013EC
发动机额定功率/kW	145	125	174
发动机转速/(r·min^{-1})	2300	2200	2300
前轮转向角/前轮倾向角/(°)	左右 45/左右 17		

续表 8－2

基本参数	PQ190	PQ160	PQ190G
前轮摆动角/(°)	上下 15		
最小转弯半径/m	7.9	7.55	7.9
机架铰接转向角/(°)	左右 25		
铲刀(长×高)/mm	3965×610	3660×610	3965×610
回转角度/(°)	360		
侧倾角度/(°)	左右 90		
铲土角调整范围/(°)	36～66		
轮胎	17.5－25PR12－EM		
轮辋	14.00/1.5－25(TB)		
标准型外形尺寸/mm	8750×2640×3300	8220×2640×3300	8750×2640×3300
带前推后松型外形尺寸/mm	10260×2740×3300	9920×2740×3300	10260×2740×3300

高性能的元器件是平地机高可靠性的重要保证,"三一"PQ 系列全液压平地机关键元器件多向国外知名公司采购,如发动机是德国 DEUTZ 公司产品,完全符合欧洲 EURO2 标准的要求,其优点:①液压驱动,世界首创,代表了平地机未来的发展方向;②行驶变速采用 PLC 控制,实现了自动换挡、无级变速,提高了操作性能和工作效率;③行车制动采用双回路全液压动力制动,制动平稳、安全可靠;④停车采用湿式多片制动器,停车后自动制动,制动力矩大,自动补偿磨损,安全性高;⑤智能监控系统,声、光报警,文本显示,实时地监测车辆工作状况;⑥可调式操纵台及座椅、风道式冷暖空调,为驾驶员提供了舒适的工作环境;⑦摆架回转定位插销采用电液控制,油缸执行,操纵轻松方便;⑧双翼式大开门覆盖件,维修检测空间大,维护保养方便。

8.2 振动压路机

8.2.1 概述

振动压路机是将振动和静力碾压相结合的压实机械,它是在静力作用压路机的碾压轮上装置激振机构,当振动碾工作时,振动能以压力波方式向被压层内传播,使被压层同时受到静压力和振动的综合作用,而达到密实效果。目前各种振动压路机的质量一般为静力式压路机的 1～4 倍,平均为 2.5 倍。振动压路机按结构质量分类情况及其特点和适用范围见表 8－3 所示,振动压路机选用如表 8－4 所示。

表 8 – 3　振动压路机结构质量分类表

类别	结构质量/t	发动机功率/kW	适用范围
轻型	<1	<10	狭窄地带和小型工程
小型	1 ~ 4	12 ~ 34	用于修补工作,内槽填土等
中型	5 ~ 8	40 ~ 65	基层、底基层和面层
重型	10 ~ 14	78 ~ 110	用于街道、公路、机场等
超重型	16 ~ 25	120 ~ 188	用于筑堤、公路、土坝等

表 8 – 4　压路机的选用表

选用标准	说　　　明
根据工程质量要求选择	若想获得均匀的压实密度,可选用轮胎式压路机。轮胎式压路机在碾压时不破坏土壤原有的黏度,各层土壤之间有良好的结合性能,加之前轮可摆动,故压实较为均匀,不会有虚假压实情况。若想使路面压实平整,可选用全驱动式压路机。对压路机压实能力要求不高的地区,可使用线压力较低而机动灵活的压路机。若要尽快达到压实效果,可选用大吨位的压路机,以缩短工期
根据铺层厚度选择	在碾压沥青混凝土路面时,应根据混合料的摊铺厚度选择压路机的重量、振幅及振动频率。通常,在铺层厚度小于 60 mm 的薄铺层上,最好使用振幅为 0.35 ~ 0.60 mm 的 2 ~ 6 t 的小型振动式压路机,这样可避免出现堆料、起波和损坏骨料等现象;同时,为了防止沥青混合料过冷,应在摊铺之后紧跟着进行碾压。对于厚度大于 100 mm 的厚铺层,应使用高振幅(可高达 1.0 mm)、6 ~ 10 t 的大中型振动式压路机
根据公路类型(等级)选择	对于一、二级国家干线公路和汽车专用路,应使用 6 ~ 10 t 的具有较高压实能力的大型振动压路机;对于三级以下的公路,或不经常进行压实作业时,最好配备 2 t 左右的机动灵活的振动压路机。对于水泥混凝土路面,可采用轮胎驱动式串联振动压路机;对于沥青混凝土路面,应选用全驱动式振动压路机;对于高级路面路基的底层,最好选用轮胎压路机或轮胎驱动振动压路机进行压实,以获得均匀的密实度;修补路面时可选用静力作用式光轮压路机
根据被压物料的种类选择	对于岩石填方压实,应选用大吨位压路机,以便使大型块料发生位移;对于黏土的压实,最好使用凸块捣实式压路机;对于混合料的压实,最好选择振动式压路机,以便使大小粒料掺和均匀;深层压实宜采用重型振动压路机慢速碾压,浅层则应选用静力作用式压路机

8.2.2　振动压路机的作用原理及其构造

　　振动使被压实材料内产生振动冲击,被压实材料的颗粒在振动冲击的作用下,由静止的初始状态过渡到运动状态,被压实材料之间的摩擦力也由初始的静摩擦状态逐渐进入到动摩擦状态。同时,由于材料中水分的离析作用,使材料颗粒的外层包围一层水膜,形成了颗粒运动的润滑剂,为颗粒的运动提供了十分有利的条件。被压实材料颗粒之间在非密实状态下存在许多大小不等的间隙,被压实材料在振动冲击的作用下,其颗粒间的相对位置发生变化出现了相互填充现象,即较大颗粒形成的间隙由较小颗粒来填充,较小颗粒的间隙由水分来填充。被压实材料中空气的含量也在振动冲击过程中减少了,被压实材料颗粒间隙的减小,意味着密实度的增加;被压实材料之间间隙减小使其颗粒间接触面增大,导致被压实材料内摩擦阻力增大，意味着其承载能力的提高。无论是水平振动还是垂直振动，压实材料在振动作用下减小空隙率，使其变得更加密实的原理是一致的。

与静作用压路机相比，振动压路机具有以下性能特点：①同样质量的振动压路机比静作用压路机的压实效果好，压实后的基础压实度高、稳定性好。②振动压路机的生产效率高，当所要求的压实度相同时，压实遍数少。③压实沥青混凝土面层时，由于振动作用，可使面层的沥青材料能与其他集料充分渗透、糅合，故路面耐磨性好，返修率低。④机载压实度计在振动压路机上的应用，使驾驶员可及时发现施工道路中的薄弱点，随时采取补救措施，大大减少质量隐患。⑤可压实大粒径的回填石等静作用压路机难以压实的物料。⑥压实沥青混凝土时，允许沥青混凝土的温度较低。⑦由于其振动作用，可压实干硬性水泥混凝土（即RCC 材料）。⑧在压实效果相同的情况下，振动压路机的质量为静作用压路机的一半，发动机的功率可降低 30% 左右。

现以三一重工集团生产的 YZl8C 型振动压路机为例，介绍振动压路机的构造。振动压路机主要由动力部分、传动部分、振动部分、行走部分和驾驶操纵等部分组成。

YZ18C 型振动压路机总体结构见图 8 – 5。该压路机采用全液压控制、双轮驱动、单钢轮、自行式结构。

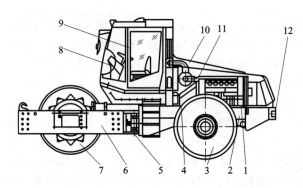

图 8 – 5　YZl8C 型压路机总体结构

1—动力系统；2—后车架总成；3—后桥总成；4—液压系统；
5—中心铰接架；6—前车架总成；7—振动轮总成；8—操纵系统总成；
9—驾驶室总成；10—覆盖件总成；11—空调系统；12—电气系统

YZ18C 型压路机属于我国振动压路机标准型中的超重型压路机，适用于高等级公路及铁路路基、机场、大坝、码头等高标准工程的压实工作。

该机包括振动轮部分和驱动车部分，它们之间通过中心铰接架铰接在一起。本机采用铰接转向方式，以提高其通过性能和机动性能。

振动轮部分包括振动轮总成、前车架总成（包括刮泥板）等部件。

振动轮内的偏心轴通过弹性联轴器与振动马达轴相连，由液压泵组中的振动泵供应高压油给振动马达带动偏心轴旋转而产生强大的激振力。振动频率和振幅可通过液压系统的控制来进行调整，以满足不同工况的要求。

此外，振动轮还具有行走的功能，由液压泵组中的行驶泵输出的高压油驱动振动轮左边的液压马达旋转，从而驱动振动轮行驶。

为减轻乃至消除振动对驱动车部分和驾驶员的不利影响,在前车架与振动轮之间以及驾驶室与后车架之间都装有起减振缓冲作用的减振块。

车架是压路机的主骨架,装有发动机、行驶和振动及转向系统、操纵装置、驾驶室、电气系统、安全保护装置等。

三一重工压路机的特点有:①行驶、振动和转向三大系统均为液压驱动,且行驶、振动系统的液压泵连成一体。由发动机曲轴输出端通过弹性连接装置直接驱动各泵,泵输出的压力油通过各控制元件驱动各系统的马达或油缸,使各系统运转。②具有两挡行走速度,在各挡内均实现无级调速。一挡为 0~7 km/h,二挡为 0~13.5 km/h,能保证压路机在各种工况下以最佳的速度进行压实作业,以较快的速度行驶。③振动系统具有双频、双幅功能,可以有效地压实不同种类及厚度的铺料层。④采用 3 级减振结构,使得在振动压实时,对乘员的不利影响减小到最低限度。再加上装有空调的舒适明亮的驾驶室,为驾驶员创造了理想的工作环境。⑤具有免维护中心铰接装置。⑥采用的柴油机和所有泵、马达等液压元件,均为国际知名品牌的优秀产品,从而确保压路机的技术先进性、工作可靠性和优良的作业性能。⑦该属于我国振动压路机标准型中的重型双钢轮压路机,适用于高等级公路和铁路路基、机场、大坝、码头等高标准工程压实工作,尤其对路面、次基层的压实效果优良。⑧具有与众不同的压实能力,具有双铰接转向及蟹行机构,能保证碾压过程中前后钢轮蟹行距离达 170 mm,有利于贴边压实和弯道压实,且压实效果很好。⑨具有两套洒水系统,都能独立向钢轮均匀喷水作业。应急状态下,还可以采用重力洒水,确保钢轮表面不黏沥青。⑩整体开启的覆盖件,使所有的维修点全都随手可及,效率大大提高。⑪安全保护装置完善,使操作者的安全得到充分的保证。⑫声、光报警装置,使压路机工作的可靠性和寿命得到充分的保证。三一重工压路机技术参数如表 8-5 所示。

表 8-5　三一重工压路机技术参数

产品型号	YZ18S	YZ14C	YZ16C	YZ18C	YZ18E	YZ20
工作质量/kg	17500~19000	13805	16200	18800	18800	19800
前轮分配质量/kg	10300~11800	8320	10100	12500	11600	12600
后轮分配质量/kg	7200	5485	6100	6300	7200	7200
静线载荷/$(N \cdot cm^{-1})$	475~544	376	456	560	524	600
工作速度/$(km \cdot h^{-1})$	0~8.6	0~7.75	0~6.5	0~8.6	0~8.6	0~7.2
激振力/kN	380/260	245/139	296/208	380/260	380/260	430/260
振动频率/Hz	29/35	30/35	29/35	29/35	29/35	29/35
振幅/mm	1.9/0.95	1.72/0.72	1.9/0.9	1.9/0.95	1.9/0.95	1.9/0.95
行走速度/$(km \cdot h^{-1})$	0~12.5	0~11.5	0~10.5	0~12.5	0~12.5	0~10.2
最小转弯半径/mm	-	6050	6300	6300	-	6300
发动机功率/转速/$(kW/r \cdot min^{-1})$	133/2300	112/2300	112/2300	133/2300	130/2200	133/2300

思考题

1. 什么是平地机？
2. 压路机按压实原理可分为哪几类？什么是振动压路机？
3. 压路机的选用标准有哪些？
4. 简述振动压路机的发展趋势。

第 9 章　水泥混凝土路面施工机械

9.1　混凝土搅拌设备

9.1.1　混凝土搅拌机概述

混凝土搅拌机是将按一定比例配制的水泥、砂、石、水及添加剂等均匀拌和而制备混凝土的一种专用机械。为适应不同混凝土搅拌要求，搅拌机有多种机型，其型号的表示方法如表 9-1 所示。

表 9-1　搅拌机型号的表示方法

类　型		特性	代号	代号含义	主参数
混凝土搅拌机 J（搅）	强制式 Q（强）	强制式搅拌机	JQ	强制式搅拌机	出料容量 /L
		单卧轴式（D）	JQD	单卧轴强制式搅拌机	
		单卧轴液压式（Y）	JDY	单卧轴液压上料强制式搅拌机	
		双卧轴式（S）	JS	双卧轴强制式搅拌机	
		立轴蜗桨式（W）	JW	立轴蜗浆强制式搅拌机	
		立轴行星式（X）	JX	立轴行星强制式搅拌机	
	锥形反转出料式 Z（锥）		JZ	锥形反转出料式搅拌机	
		齿圈（C）	JZC	齿圈锥形反转出料式搅拌机	
		摩擦（M）	JZM	摩擦锥形反转出料式搅拌机	
	锥形倾翻出料式 F（翻）		JF	倾翻出料式锥形搅拌机	
		齿圈（C）	JFC	齿圈锥形倾翻出料式搅拌机	
		摩擦（M）	JFM	摩擦锥形倾翻出料式搅拌机	

9.1.2　锥形反转出料混凝土搅拌机

该机的搅拌筒呈双锥形，筒正转搅拌，反转出料。图 9-1 所示为 JZC200 型锥形反转出料混凝土搅拌机，它主要由搅拌机构、上料机构、供水系统、底盘和电气控制系统等组成。

（1）搅拌与传动机构（图 9-1）　主要由搅拌筒 2、传动机构 9 和摩擦轮 11 等组成。搅拌筒通常采用钢板卷焊而成，如图 9-2 所示，筒内壁焊有一对交叉布置的高位叶片 3 和低位叶片 7，分别与筒轴线成 45°夹角，且方向相反。图 9-3 所示为搅拌机的传动机构，主要由电动机 1、减速器 3、小齿轮 5 和搅拌筒大齿圈 8 等组成。搅拌筒支承在 4 个摩擦轮上，电动机 1

的动力经三角皮带 2 传给二级圆柱齿轮减速器 3，经减速增扭后驱动小齿轮 5，齿轮 5 与搅拌筒的大齿圈 8 啮合，使搅拌筒 9 旋转，搅拌筒的正、反转均由电动机换向来实现。

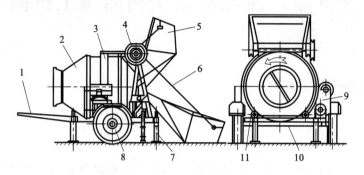

图 9-1　JZC200 型混凝土搅拌机

1—牵引杆；2—搅拌筒；3—大齿圈；4—吊轮；5—料斗；6—钢丝绳；

7—支腿；8—行走轮；9—动力及传动机构；10—底盘；11—摩擦轮

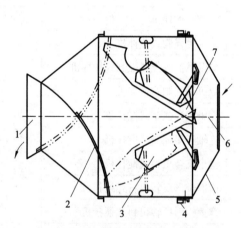

图 9-2　JZC200 型搅拌机的搅拌筒

1—出料口；2—出料叶片；3—高位叶片；4—驱动齿圈；

5—搅拌筒体；6—进料口；7—低位叶片

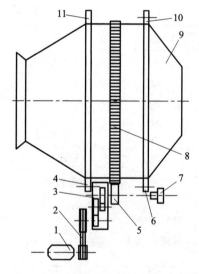

图 9-3　JZC200 型搅拌机的传动机构

1—电动机；2—皮带传动；3—减速器；

5—小齿轮；4、6、10、11—摩擦轮；

7—离合器卷筒；8—大齿圈；9—搅拌筒

（2）上料机构　由料斗 1、钢丝绳 2、吊轮 3、操作手柄 7 和离合器卷筒 6（图 9-3 中的 7）等组成，如图 9-4。提升时，将操作手柄拨至 I 位离合器合上，减速器带动钢丝绳卷筒转动，钢丝绳牵引料斗提升，料斗行至上止点时触动料斗限位杆，从而自动将操作手柄拨至位 II，此时离合器松开，料斗停止提升。由于外刹带靠弹簧拉力将卷筒刹住，料斗静止不动，当将操作手柄拨至 III 位时，拨头受弹簧拉杆拨起，外刹车带松开，料斗靠自重下降。

（3）供水系统　如图 9-5 所示，由电动机 1、水泵 2、水管 5、水箱 7 和三通阀 10 等组成。电动机 1 带动水泵 2 直接向搅拌筒供水，水泵通过时间继电器定量供水。工作时，将水箱表盘指针 9 拨至所需配水的刻度上，操纵三通阀的操纵杆 11 开始供水；当其指针回零时，水泵电动机断电，供水终止，水箱中的水流入搅拌筒。

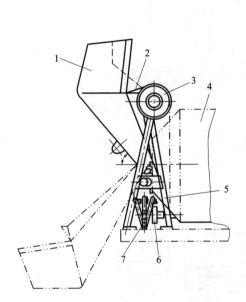

图 9 - 4　JZC200 型搅拌机的上料机构

1—料斗；2—钢丝绳；3—吊轮；4—搅拌筒；
5—支架；6—离合器卷筒；7—操作手柄

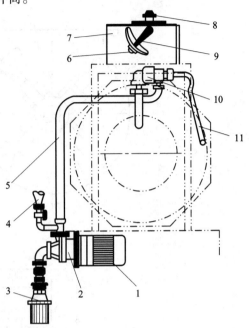

图 9 - 5　JZC200 型搅拌机的供水系统

1—电动机；2—水泵；3—吸水阀；4—引水杯；
5—进水管；6—定位螺钉；7—水箱；8—空气阀；
9—指针；10—三通阀门；11—操纵杆

9.1.3　卧轴强制式混凝土搅拌机

JS500 型双卧轴强制式混凝土搅拌机如图 9 - 6 所示，主要由搅拌机构、上料机构、传动机构、卸料装置等组成。

（1）搅拌与传动机构　如图 9 - 7 所示，由两个水平相连的圆槽形搅拌筒 2 和两根搅拌轴 1 等组成，轴上的搅拌叶片 3、4 的前后上下都错开一定空间，拌和料在两个拌筒内轮番得到搅拌。传动机构由电动机 5、二级齿轮减速器 7、输出小齿轮 8、搅拌轴输入大齿轮 9、11 等组成。

（2）上料机构　主要由上料斗 2、上料架 3 和卷扬装置 4 等组成（图 9 - 6）。卷扬装置 4 通过钢丝绳经滑轮牵引料斗 2 沿上料架 3 的轨道向上爬升，当料斗底部料门上的一对滚轮进入上料架水平岔道时，料

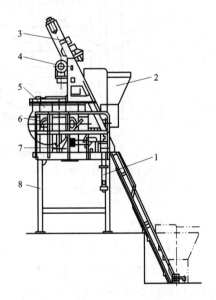

图 9 - 6　JS500 型双卧轴强制式混凝土搅拌机

1—供水系统；2—上料斗；3—上料架；4—卷扬装置；
5—搅拌筒；6—搅拌装置；7—卸料门；8—机架

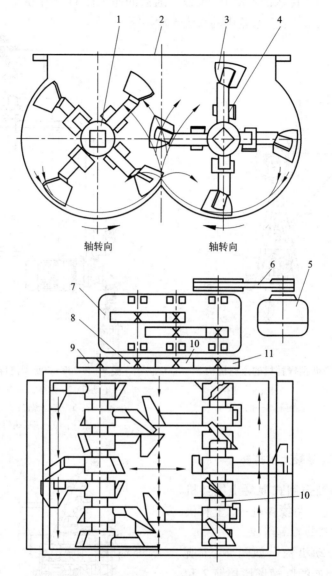

轴转向　　　　　　轴转向

图 9 - 7 JS500 型搅拌机搅拌与传动机构图

1—水平轴；2—搅拌筒；3—拌叶片；4—中心叶片；5—电动机；6—三角皮带传动；
7—二级齿轮减速机；8—输出小齿轮；9、11—搅拌轴输入大齿轮；10—介轮

斗门自动打开，物料投入搅拌筒。为保证料斗准确就位，在上料架上装有限位开关，上行程的两个限位开关对料斗上升进行限位，下行程的一个限位开关对料斗下降进行限位，当料斗落至地坑底部时，钢丝绳稍松，弹簧杠杆机构触动下限位，卷扬机构自动停车，弹簧机构和下限位均装在轨道架顶部的横梁上。

(3)卸料装置 有单门卸料和双门卸料两种形式。双出料门卸料装置如图 9 - 8 所示，两扇出料门安置在两个拌筒底部，由汽缸经齿轮连杆同步控制，出料门的长度比拌筒长度短。

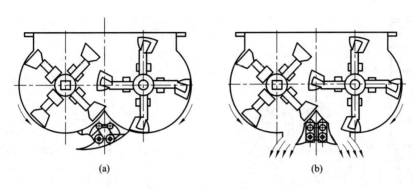

图 9 - 8　双出料门卸料装置

(a)关闭；(b)开启

9.1.4　混凝土搅拌楼(站)

混凝土搅拌楼(站)，又称混凝土预拌工厂，是由供料、贮料、称量、搅拌和控制等系统及结构部件组成，用以完成混凝土原材料的输送、上料、贮料、配料、称量、搅拌和出料等工作。混凝土搅拌站(楼)的分类如表 9 - 2，现以三一重工 HZS 型混凝土搅拌站为例介绍这类设备。

表 9 - 2　混凝土搅拌站(楼)的分类

区　分	类　别	说　　明
按作业形式不同区分为	周期式	进料、出料按一定周期循环进行
	连续式	进料、出料为连续进行
按工艺布置形式不同区分为	单阶式	将砂、石、水泥等物料一次提升到楼顶料仓，靠物料自重下落按生产流程经称量、配料、搅拌、直至拌成混凝土出料、装车
	双阶式	骨料贮料仓同搅拌设备大体是在同一水平上，骨料经提升送到贮料仓，在料仓下进行累计称量和分别称量，然后再用提升斗或皮带运输机送到搅拌机内进行搅拌

三一重工 HZS 型混凝土搅拌站，采用工控机 + PLC 控制，Windows 操作系统，全中文菜单显示；配料比预置存储并可随机调用，可修改也可永久保存；各设备状态全过程模拟显示并配有声光报警；搅拌主机选用双卧轴强制式机。

1. 结构组成

混凝土搅拌站结构和工艺流程分别如图 9 - 9 和图 9 - 10 所示，主要由搅拌机、骨料配料站、骨料皮带输送机、粉料仓、除尘系统、螺旋输送机、计量系统、供液系统、气路系统、主体框架、操作室及电气控制系统等组成，用以完成混凝土原材料的输送、上料、计量、搅拌和出料等工作。

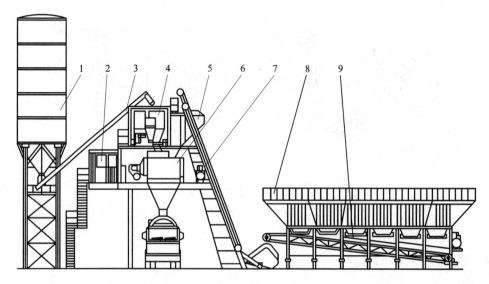

图9-9　混凝土搅拌站结构

1—水泥筒仓；2—控制系统；3—螺旋输送机；4—配料斗；5—斗式提升机；
6—搅拌系统；7—上料装置；8—集料仓；9—皮带输送机(皮带秤)

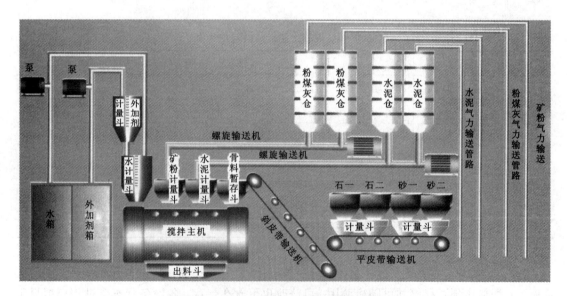

图9-10　三一混凝土搅拌站设备布置图

(1)搅拌主机选用　搅拌主机决定搅拌站(楼)的生产率，常用主机有锥形反转出料式、主轴蜗浆式和双卧轴强制式三种形式，其性能和效用如表9-3所示。三一重工 HZS 型混凝土搅拌站选用强制式双卧轴搅拌机，其品牌为：SICOMA(珠海产)MA03000/2000 型；德国 BHS(天津产)型；日本 KYC - BHS(日本产)型。

表 9 - 3　锥形反转出料式、主轴蜗浆式和双卧轴强制式的性能和效用表

搅拌机型式	锥形反转出料式	主轴蜗浆式	双卧轴强制式
适用坍落度范围	15 ~ 25	4 ~ 15	10 ~ 25
适用最大骨料	8	5	8
进料时间	中	中	快
搅拌时间	最长	最短	较短
搅拌或叶片转速	慢	最快	中
所需功率	小	大	中
材料消耗	最少	最大	中
搅拌效果	较差	最好	好
维修保养	简单	中	较繁
生产速度	慢	快	最快
耗用水泥	较多	最少	中
混凝土塑性	较差	最佳	中
对环境污染	大	小	小
价格	低	高	高

(2)配料及计量系统　三一重工 HZS 型混凝土搅拌站采用四料仓模块式结构,单独计量,由储料仓、架体、计量斗、皮带输送机等组成,完成对石子和沙子的计量配料,并将配好的料输送给斜皮带机。

(3)骨料皮带输送机　整个皮带输送机采用机罩密封,有效降低环境污染,并配有检修平台和安全扶手,方便日常的维护保养工作和安全。

(4)粉料仓储存罐设置在搅拌主楼的一侧,按容量分为 100 t、200 t 等多种规格,由仓体、支腿、进灰管、除尘器、气力破拱装置、料位计及爬梯等组成,出口处设有手动蝶阀与螺旋输送机连接。储料罐顶部均有护栏,并有走道连通,每个储存罐顶部均安装有除尘装置,亦可设置集中除尘结构。

(5)除尘系统　粉料罐采用上海 WAM 公司生产的高效除尘装置,搅拌主机、粉料称量斗等均采用封闭式气袋除尘或强制式除尘(WAM 或 MIX)。

(6)螺旋输送机　有水泥螺旋机和粉煤灰螺旋机两种,按生产率分 110 t/h、80 t/h、60 t/h、40 t/h 等规格,可选用意大利 WAM 或 SCUTTI 产品。

(7)供液系统　包括水供给系统和外加剂供给系统,由水泵、供液管路、气动蝶阀等组成。可配储液箱,箱上设有液位计及外加剂自动搅拌装置,通过液位计测出液位的高低来控制水泵的运转与停止,外加剂自动搅拌装置用来防止外加剂的沉淀。

(8)主体框架　为钢架结构,主钢架采用 H 型钢,刚性及减振性优于普通型钢,搅拌层与出料层构成刚性体,与基础连成一体,有效地减弱了来自搅拌主机的振动;由支腿、搅拌层、计量层、及顶层组成,均设计成模块式结构,便于安装运输。

（9）气路系统　控制整个搅拌站的气动执行元件，由空压机、储气罐、气动三联件、供气管路及附件等组成。系统中各部电磁阀均集中布置，管路走线与结构一体化。气路软管采用高强度 PU 管，采用快速接头，安装快捷、使用可靠。电磁阀排气口装有消声器，有效降低站内噪音。

2. 工作原理

骨料由配料站骨料仓经卸料门卸入骨料计量斗进行计量，计量后的骨料由平皮带经斜皮带机输送至搅拌机上部的待料斗。与此同时水泥及粉煤灰由螺旋输送机输送至各自的计量斗中进行计量，水及外加剂分别由水泵及外加剂泵送到各自的计量斗中进行计量，各种物料计量完毕后，由控制系统发出指令使各运转部件停止工作，并发出指令开始顺次投料到搅拌机中进行搅拌，搅拌完成后打开搅拌机的卸料门，将混凝土经卸料斗卸至搅拌运输车中，然后进入下一个工作循环。

9.1.5　混凝土搅拌设备生产率计算及选用

1. 搅拌机的生产率

根据搅拌机的出料容量 V，按下列公式计算搅拌机的生产率 Q：

$$Q = 3.6V/(t_1 + t_2 + t_3) \qquad\qquad (9-1)$$

式中：t_1——装料时间，在双阶中为 $20 \sim 30$ s，在单阶中为 $10 \sim 15$ s；

　　　t_2——搅拌时间，依混凝土的坍落度（或工作度）、搅拌机的大小不同而不同；

　　　t_3——卸料时间，倾翻卸料取 $10 \sim 20$ s，非倾翻卸料取 $25 \sim 35$ s。

2. HZS 系列混凝土搅拌站的主要技术性能参数如表 9-4。

表 9-4　HZS 系列混凝土搅拌站的主要技术性能参数

型　　号	HZS60	HZS90	HZS120	HZS150	HZS200
理论生产率/（$m^3 \cdot h^{-1}$）	60	90	120	150	200
搅拌机型号	MAO1000	MAO1500	MAO2000	MAO3000	MAO4000
搅拌电机功率/kW	2×22	2×30	2×37	2×55	2×75
循环周期/s	60	60	60	72	72
搅拌机容量/L	1000	1500	2000	3000	4000
骨料最大颗粒/mm	60	80	120	150	150
粉料仓装料质量/t	3×100	4×150	4×200	4×200	4×300
配料站配料能力/L	1600	2400	3200	4800	6400
骨料仓容量/m^3	3×25	4×25	4×25	4×30	4×50
骨料种类/种	3	4	4	4	4
骨料皮带输送机生产率/（$t \cdot h^{-1}$）	300	500	700	700	1200
螺旋输送机最大生产率/（$t \cdot h^{-1}$）	60	80	80	110	110
卸料高度/m	4	4	4	4	4
装机容量/kW	92.5	164	210	250	300
生产厂家	三一集团公司				

3．混凝土搅拌设备的选用

如表 9−5 所示，选用搅拌设备必须考虑以下主要因素：①所需混凝土的总数量；②一次所需混凝土的最大数量；③混凝土的品种、流动性和骨料的最大粒度；④输送混凝土的方式；⑤搅拌机的使用年限。

表 9−5　混凝土搅拌机的选用

考 虑 重 点	宜 选 用 的 搅 拌 机 机 型
从工程量和工期方面考虑	混凝土工程量大且工期长，宜选用中型或大型固定式混凝土搅拌机或搅拌站。否则，宜选用小型移动式搅拌机
从设计的混凝土性质考虑	混凝土为塑性或半塑性时，宜选用自落式搅拌机；若混凝土为高强度、干硬性或轻质混凝土时，宜选用强制式搅拌机
从混凝土组成特性和稠度方面考虑	稠度小且骨料粒度大时，宜选用容量较大的自落式搅拌机；稠度大且骨料粒度大时，宜选用搅拌筒转速较快的自落式搅拌机；稠度大且骨料粒度小时，宜选用强制式搅拌机或中小容量的锥形反转出料的搅拌机

9.2　混凝土搅拌运输车

9.2.1　概述

混凝土运输设备必须根据施工地点的地形和距离进行选择，混凝土运输设备的适用范围如表 9−6 所示。

表 9−6　混凝土运输设备特点及选用参考

运 输 设 备	主 要 特 点	适 用 范 围
滑槽	结构简单，经济	距离近，出料口高于浇筑的结构物
人力推车	劳动强度大，效率低	运量小，运距在 70 m 以内
机动翻斗车	机动灵活，装卸快速	一般运距在 300 m 左右最经济
起重机	机动性好，并有多种用途	结构物在搅拌站附近，并比搅拌机出口高 10 m 以上
提升机	移动不便，高度可达 60 m，占地面积小	
皮带运输机	运量大，运输连续，但拌和物易发生离析现象	结构物与搅拌机出料口的高低差，一般以皮带运输机的安装倾角在 20° 以下为宜
混凝土泵	可连续运输，结构物工作面积可以很小	混凝土给料粒度必须符合混凝土泵性能要求
轨道斗车	需铺设轨道，上坡可用卷扬机牵引	运量大，运距长，人力推车一般在 500 m 以内，机车牵引可达 1500 m 以上
自卸汽车	机动性好，混凝土容易发生分层现象	运量大，运距在 2～2.5 km 以上
架空索道	需要架设索道设施	跨越山沟或河流运输
混凝土搅拌运输车	在运输过程中能连续缓慢搅拌，防止混凝土产生分层离析现象，从而保证混凝土质量	适合于混凝土远距离运输

　　搅拌输送车是一种远距离输送混凝土的专用车辆,是在汽车底盘上安装一个可以自行转动的搅拌筒,在车辆行驶过程中筒内的混凝土仍能进行搅拌,具有运输与搅拌双重功能。①按底盘结构形式分为自行式和拖挂式搅拌输送车。自行式为采用普通载重汽车底盘,拖挂式则采用专用拖挂式底盘。②按搅拌装置传动形式分为机械传动、全液压传动和机械液压传动混凝土搅拌输送车。目前普遍采用的液压传动与行星减速器,具有大减速、无级调速、结构紧凑等特点。③按搅拌筒驱动形式分为集中驱动和单独驱动搅拌输送车。集中驱动时搅拌筒旋转与整车行驶共用一台发动机,其结构简单、紧凑、造价低廉,但道路条件变化会造成搅拌筒转速波动,进而影响拌和物质量;单独驱动时搅拌筒专用一台发动机,其制造成本较高、装车重量较大,适用于大容量搅拌输送车。④按搅拌容量分为小型($3 \mathrm{~m}^3$以下)、中型($3 \sim 8 \mathrm{~m}^3$)和大型($8 \mathrm{~m}^3$以上),中型车较为通用。

9.2.2　三一重工混凝土搅拌输送车的主要结构与工作原理

　　三一重工 SY5290GJB 型混凝土搅拌输送车如图 9 – 11,主要由传动系统、搅拌筒、供水系统、汽车底盘及车架、进料和卸料装置等组成。搅拌筒 2 的底端支承在轴承座 3 上,上端通过滚道 1 支在两个托滚 13 上,采用 3 点支承。工作时,发动机通过传动系统驱动搅拌筒转动,搅拌筒正转时进行装料或搅拌,反转时则卸料。

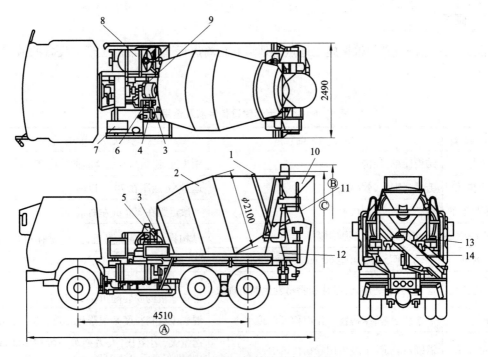

图 9 – 11　混凝土搅拌输送车结构图

1—滚道;2—搅拌筒;3—轴承座;4—油箱;5—减速器;6—液压马达;7—散热器;
8—水箱;9—油泵;10—漏斗;11—卸料槽;12—支架;13—托滚;14—滑槽

　　搅拌筒如图 9 – 12 所示。搅拌筒外形呈梨状,在搅拌筒中心轴线的底端面上安装着中心转轴,该转轴固定在轴承座或通过花键直接插入变速器的输出轴套内,一条环形滚道焊接在

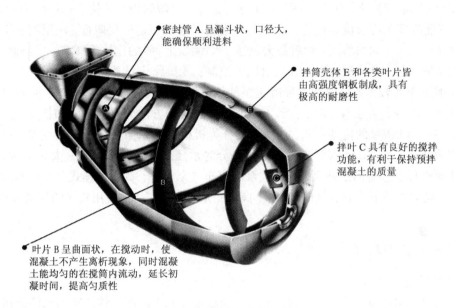

密封管 A 呈漏斗状,口径大,能确保顺利进料

拌筒壳体 E 和各类叶片皆由高强度钢板制成,具有极高的耐磨性

拌叶 C 具有良好的搅拌功能,有利于保持预拌混凝土的质量

叶片 B 呈曲面状,在搅动时,使混凝土不产生离析现象,同时混凝土能均匀的在搅筒内流动,延长初凝时间,提高匀质性

图 9-12　搅拌筒的结构

上端锥体的过渡部分上,卸料口处设有四条辅助出料叶片,筒的中段设有两个安全盖以方便清理筒内混凝土并对其维修。从筒口到筒体的内壁上对称地焊接着两条连续的带状螺旋叶片以满足在同一筒口处反转卸料和正转进料搅拌的工艺要求。在筒口处,沿两条螺旋叶片的内边缘焊接了一段进料导管,这样筒口被进料导管和筒壁分割成两部分,导管内的部分为进料口,导管与筒壁所形成的环形空间的部分为出料口。卸料时,混凝土在叶片反向螺旋运动的顶推作用下,从此流出。进料导管的作用是:①使导管口与加料漏斗的泄孔紧密吻合,防止加料时混凝土外溢,并引导混凝土迅速进入搅拌筒内部;②保护筒口部分的筒壁和叶片,使之在加料时不受混凝土集料的直接冲击,以防止造成叶片变形影响卸料;③导管、筒壁和叶片形成卸料通道。此外,筒内还装有为提高搅拌效果的辅助搅拌叶片。

9.3　混凝土输送泵和混凝土泵车

9.3.1　概述

混凝土泵是利用水平或垂直管道连续输送混凝土到浇注点的机械,广泛地应用于城建、道路、桥梁、水利、电力、能源等混凝土建筑工程,比传统的输送设备提高工效近 10 倍。混凝土泵车是把混凝土泵和布料装置直接安装在汽车的底盘上的混凝土输送设备,工作时不需要另外铺设混凝土输送管道,其机动性好、布料灵活、使用方便,故适合于大型基础工程和零星分散工程的混凝土输送,但其结构复杂,布料杆的长度受汽车底盘的限制,泵送距离和高度也较小。

混凝土泵送施工的特点:①机械化程度高,所需劳动力少,施工组织简单;②输送和浇注连续高效,进度快;③混凝土质量稳定,不离析,坍落度损失也不大,容易保证工程质量;

④作业安全；⑤适应性强，作业范围广；⑥与其他施工机械的相互干扰小；⑦不污染环境，文明施工；⑧能降低工程造价。但是，混凝土泵送施工也有一定的局限性，主要有：①必须满足管道输送的要求，如坍落度、骨料最大粒径、水泥及细骨料的比例等都有一定限制；②输送距离受输送管口径、泵分配阀性能和出口压力限制；③操作人员要有一定的技术水平；④输送干硬性混凝土比较困难，限制了混凝土泵使用范围；⑤气温低于 -5℃ 时，需采取特殊措施。混凝土泵的分类方法有多种，大致有：①按泵的驱动方法分有活塞式和挤压式，目前大部分是活塞式；②按泵的传动方式，活塞泵又分为机械式活塞泵和液压式活塞泵，目前大都是液压式活塞泵；液压式活塞泵按介质不同又分为水压式和油压式 2 种，大多数为油压式；③按泵体能否移动分有固定式泵、拖挂式泵和汽车式泵 3 种，其中拖挂式泵与汽车式泵应用较多；④按换向阀的形式分有转阀、闸板阀和"S"形管阀等，目前使用较多的是闸板阀与"S"形管阀。

9.3.2　三一重工混凝土泵

1. 总体构造

由电动机带动液压泵产生压力油，驱动主油缸带动两个混凝土输送缸内的活塞产生交替往复运动，再由滑阀与主油缸之间的有序动作，使得混凝土不断地从料斗吸入输送缸，通过"Y"形输送管道输送到施工现场。主要由混凝土泵送系统、混凝土搅拌系统、电控操作系统、润滑、冷却、清洗系统和支承行走机构等组成，如图 9 - 13 所示。

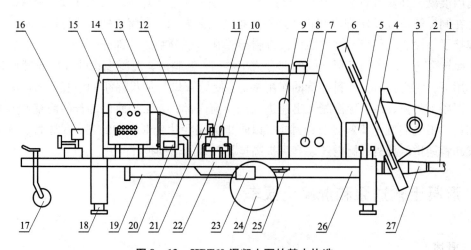

图 9 - 13　HBT60 混凝土泵的基本构造

1—混凝土配管；2—料斗；3—搅拌系统；4—阀；5—润滑脂箱；6—滑阀油缸；7—油压表；8—油箱；9—蓄能器；10—主集流阀组；11—主配油管；12—主油泵；13—主电机；14—电控柜；15—机壳；16—水泵总成；17—导向轮；18—支腿；19—主油缸；20—辅助阀组；21—副泵；22—底架；23—洗涤室；24—行走轮；25—水冷却器；26—混凝土输送缸；27—Y 形管

2. 泵送机构工作原理

图 9 - 14 所示为 HBT60 泵送工作原理，泵送机构由两只主油缸(1a、1b)、水箱 7、两只混凝土输送缸(2a、2b)、两只混凝土活塞(3a、3b)、两只摆阀油缸(4a、4b)、料斗 5、"S"管阀 6 组成，两只混凝土活塞(3a、3b)分别与主油缸(1a、1b)的活塞杆连接。开始工作时，

"S"形分配阀在摆阀油缸的油压驱动下,先摆到"S"管与混凝土缸 2b 接口处,此时当压力油进入 1b 主油缸无杆腔时,活塞杆推动混凝土缸 2b 中的混凝土活塞 3b,从而将混凝土通过"S"分配阀排送出去。同时,主油缸 1b 有杆腔的液压油通过闭合回路进入另一主油缸 1a 的有杆腔,使活塞杆 1a 带动混凝土活塞 3a 后退,在混凝土输送缸 2a 内形成真空,而此时的料斗入口与混凝土缸 2a 相通,混凝土在真空吸入作用与搅拌叶片的推动下进入混凝土输送缸 2a。当上述运动到达终点时,1b 主油缸无杆腔高压油推动换向阀,实现自动换向。首先是摆阀油缸动作,使"S"分配管阀换向,当换向到位时,然后主油缸换向,于是混凝土 2a 中的混凝土被排送到"S"分配阀,而此时,混凝土缸 2b 则吸入料斗中的混凝土,从而完成一个工作循环,如此往复不断地交替工作。通过"S"分配阀与混凝土输送缸(2a,2b)不断地完成吸入、排出的有序动作,使料斗内的混凝土连续不断地排送出去,到达浇筑点。

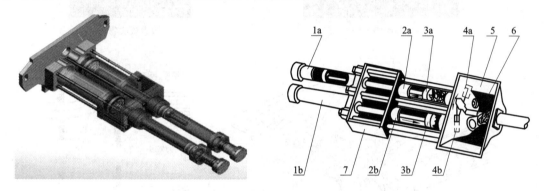

图 9-14　HBT60 的泵送工作原理

3. 分配阀

由分配阀控制料斗、两个混凝土缸及输送管道中的混凝土流道,是活塞式混凝土泵的一个关键部件,混凝土泵的结构形式主要差异在分配阀,它直接影响混凝土泵的结构形式、吸入性能、压力损失和适用范围。混凝土泵两个缸共用一个集料斗,两个缸分别同时处于吸入行程和排出行程。处于吸入行程的工作缸和料斗相通,而处于排出行程的工作缸则与输送管相通,所以分配阀应具有二位四通(通料斗、两缸及输送管)的性能。分配阀可分为转阀、闸板阀及管形阀三大类,目前在液压式混凝土泵中普遍使用的分配阀为闸板阀和管阀两种形式。管形阀是一种性能良好的分配阀,既分配混凝土,又组成混凝土输送管道,它装在料斗内,出料端总是和输送管道接通,吸料端沿眼镜板来回摆动,交替地同两个混凝土缸接通。该阀结构新颖,流通合理,截面变化平缓,泵送阻力小,阀部不容易堵塞。现介绍管形阀中的 S 形分配阀的工作原理,如图 9-15。阀体 9 形状呈 S 形,其壁厚也是变化的,磨损大的地方壁厚也大,摆臂轴 6 与摆臂 2 相连,摆臂轴 6 穿过料斗时,有一组密封件起密封作用,大部分 S 管在切割环 8 内有弹性(橡胶)垫层,可对眼镜板 7 与切割环 8 之间密封起一定的补偿作用。S 形分配阀的工作原理如图 9-15(b)。工作时,摆动油缸推动 S 形分配阀左右摆动,当水平 S 形管摆至与混凝土缸 I 对接时,处于压送过程,而另一混凝土缸 II 则处于吸料过程;当 S 形管摆到与工作缸 II 对接时,该缸处于压料过程,而缸 I 则处于吸料过程。

4. 料斗与搅拌系统

料斗与搅拌系统如图 9-15 所示,它包括有料斗、搅拌轴组件、传动装置及润滑装置等部分组成。料斗上部均设有方格筛网，防止大块集料或杂物进入集料斗，料斗中有搅拌叶片，对混凝土拌和物进行二次搅拌，并具有把混凝土拌和物推向混凝土分配阀口的喂料作用，搅拌叶片通过搅拌轴由液压马达驱动。搅拌轴转速一般为 20～25 r/min，由于液压马达转速较高，故在液压马达和搅拌轴之间还设有蜗轮减速箱或摆线针轮减速箱。为了排除搅拌叶片工作时被大集料或其他硬物卡阻，搅拌轴应能反转，所以液压马达均为双向马达。

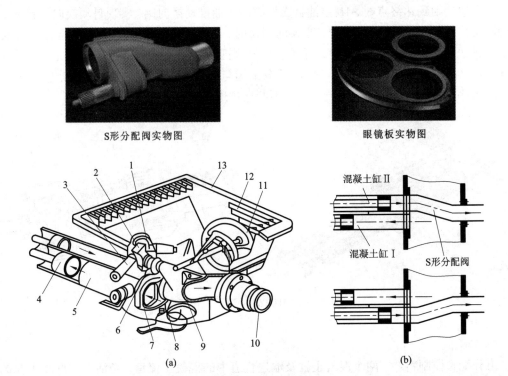

S形分配阀实物图　　　　　　　　　　　　眼镜板实物图

图 9-15　S 形分配阀结构图与工作原理图

(a)S 形分配阀结构图；(b)工作原理图

1、3—摆动油缸；2—摆臂；4—混凝土缸活塞；5—混凝土缸；6—摆臂轴；7—眼镜板；
8—切割环；9—S 形分配阀；10—出料口；11—搅拌轮；12—网格；13—料斗

5. 三一重工混凝土泵的主要技术特性及参数

三一重工混凝土泵的主要技术参数如表 9-8 所示。

表 9-8　三一混凝土泵的主要技术参数

技 术 参 数	HBT60C-1610	HBT60C-1416	HBT60C-1816D	HBT60A-1406D
整机质量/t	5.8	6.2	7.1	6.5
外形尺寸/mm	6485×2085×2072	5767×2085×2072	6685×2085×2557	6345×2075×2458
理论输送量/(m³·h⁻¹)	66/46	57.8/40.4	75/45	67
理论输送压力/MPa	6.8/9.7	11/16.5	9.2/15.7	6.8
液压系统压力/MPa	32			

续表 9 - 8

技 术 参 数	HBT60C - 1610	HBT60C - 1416	HBT60C - 1816D	HBT60A - 1406D
主油缸直径/行程/mm	110/1600	140/1400	140/1800	90/1400
输送缸直径/行程/mm	200/1600	195/1400	200/1800	195/1400
主油泵排量/cm³	190	260	190	130
电机功率/kW	90	110	161	112
上料高度/mm	1320	1320	1320	1400
料斗容积/m³	0.6	0.6	0.6	0.45
理论最大输送距离/m	500/150	850/250	850	850/250

9.3.3　三一重工混凝土泵车

1. 泵车特点

拖泵的局限性有：①使用时必须在建筑物上铺设管道，准备工作量大；②随着浇灌位置变化，必须人工将管道出口不断移动，很不方便；③拖泵本身的移动很不方便，因而拖泵总是在固定地点工作直到工程完工，这种工作方式的设备利用率很低。

针对拖泵的这些不足，20 世纪 70 年代研制出了集行驶、泵送、布料功能于一体的混凝土泵车。与拖泵相比，泵车具有以下优点：①用自带的臂架进行布料，开到工作地点后，能很快打开臂架进行工作，通常在半小时内就能准备就绪；②配备液压卷折式臂架，在工作范围内能灵活的转动，布料方便快捷，没有死角，而且泵车的泵送速度快，一般在 90 ~ 150 m³/h，工作效率高；③自动化程度高，整台车从泵送到布料均能由一人操作，并配备无线遥控系统，操作方便；④机动性能好，在一个地方作业完成后能迅速转移到另一个地方继续作业，设备利用率高，能同时负责好几个地方的混凝土泵送。

2. 三一重工泵车的结构组成

三一重工泵车如图 9 - 16 所示，其工作原理为：将汽车发动机的动力通过分动箱传给液压泵，然后带动混凝土泵工作，而所输送的混凝土在混凝土泵的作用下通过臂架系统上的布

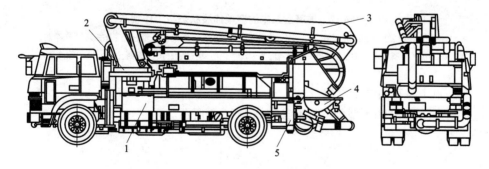

图 9 - 16　混凝土泵车外形构造

1—汽车底盘；2—回转机构；3—布料装置；4—混凝土泵；5—支腿

料装置送到一定高度与距离的浇筑地点。

　　臂架系统如图 9-17 所示，由臂架、转台、旋转机构、固定转塔及支腿组成。臂架为全液压卷折式，3、5、7 各节臂架相互铰接、各自的油缸 2、4、6 实现折叠，各节臂架不同的角度组合，再配合臂架的旋转动作，可实现末端软管 8 的灵活调整，消除施工死角；转台为臂架提供支撑，并直接与旋转机构相连，转台可带动臂架一起进行 365°旋转；旋转机构连接臂架系统的固定部分与活动部分，并提供旋转的驱动力，主要由回转轴承及马达减速机组成，回转轴承承受着臂架产生的倾翻力矩，三一所使用的回转轴承为法国劳力士的产品，马达减速机由意大利布鲁维尼提供；固定转塔是臂架系统的底座，是一个高强度钢焊接的箱体，内部分为两腔，一腔装清洗用水，另一腔为液压系统的油箱；四条支腿与固定转塔连接，平时收拢，工作时展开支撑在地面上，增大支撑面，保证泵车工作时有足够的稳定性。

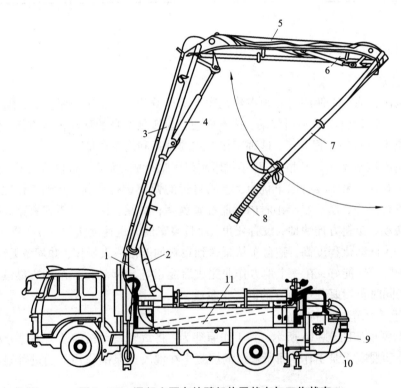

图 9-17　混凝土泵车的臂架伸展状态与工作状态

1—回转装置；2—变幅液压缸；3—第一节臂架；4—第二节臂架调节液压缸；5—第二节臂架；
6—第三节调节液压缸；7—第三节臂架；8—软管；9—输送管；10—混凝土泵；11—输送管

　　3. 三一重工泵车的技术参数

　　三一重工 SY5270THB 型泵车技术参数如表 9-9 所示。

表 9 – 9　三一 SY5270THB 型泵车技术参数

项　目	参　数	项　目	参　数
外形尺寸/m	11.7/2.495/3.92	底盘型号	五十铃 CXZ51Q
自重/t	27.46	底盘驱动方式	6×4
最大速度/(km·h⁻¹)	≥80	底盘发动机型号	五十铃 6WF1
最小转弯半径/m	9.2	底盘发动机输出功率/kW	287
润滑方式	自动脂润滑	底盘变速箱型号	MAG6W
泵送系统驱动方式	液压式	臂架形式	四节卷折全液压
泵送油缸内径/行程/mm	140/2000	臂架最大离地高度/m	36.6
泵送输送缸内径/行程/mm	230/2000	臂架输送管径/mm	125
泵送系统阀门形式	S 阀	臂架臂端软管长/m	3
理论排量/(m³·h⁻¹)	120	臂架第一节臂长/m	8.7
理论泵送压力/MPa	6.5	臂架第二节臂长/m	7.86
理论泵送次数/(次·min⁻¹)	24	臂架第三节臂长/m	7.98
泵送系统理论水平距离/m	850	臂架第四节臂长/m	8.08
泵送系统理论垂直高度/m	200	臂架转台旋转角/(°)	365
最大骨料尺寸/mm	40	臂架臂架水平长度/m	32.6
料斗容积上料高度/m	0.6	臂架臂架垂直长度/m	36.6
系统油压/MPa	32.5		
坍落度/cm	14～23		

9.4　混凝土振动器

9.4.1　概述

振动器是一种通过振动装置产生连续振动而对浇筑的混凝土进行振动密实的机具。混凝土拌和物在振动时，其内部各个颗粒也产生振动，从而使颗粒间的摩擦力和黏着力急剧下降，并在重力作用下相互滑动和重新排列，使颗粒间隙被砂浆填充，而气泡被挤出，这样混凝土就得到了密实。

振动器类型较多，主要类型分为：①按振动频率分为低频振动器、中频振动器和高频振动器，其中高频振动器数量多、应用广。②按振动传递方式分为内部振动器和外部振动器，内部振动器施工时插入混凝土拌和物中，直接对混凝土拌和物进行密实[图 9 – 18(a)]。这种振动器振动密实效果好，适用于深度或厚度较大的混凝土制品或结构，例如基础、柱、梁、墙和较大的板；外部振动器可安装在模板上，作为附着式振动器，通过模板将振动传给混凝土拌和物，使之密实[图 9 – 18(b)，(c)，(d)]。这种振动器因振动从混凝土拌和物表面传递进去,振动密实效果不如内部振动器,但它适用于内部振动器使用受到限制的钢筋较密、深度或厚度较小的构件。③按振动原理,插入式振动器的振动子形式有行星式和偏心式,行星振动子结构原理如图9-19,主要由装在壳体4内的滚锥5、滚道6及万向联轴节3等组成。转轴通过万向联轴节带动滚锥在滚道上作行星运动,滚道在滚锥之外的称为外滚式[图9-19(a)],滚道在滚锥内的称为内滚式[图9-19(b)],目前行星振动器多属外滚式。其工作原理为:转轴1的滚锥除了绕其轴线与驱动轴同速自转外,同时还沿着滚道2确定的轨迹作周期的反向公转运动,如图9-20所示,滚锥沿滚道每公转一周,就使振动棒振动一次。

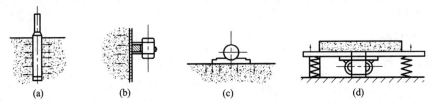

图9-18　混凝土振动器根据振动传递方式的分类

(a)插入式振动器;(b)附着式振动器;(c)平板式振动器;(d)振动平台

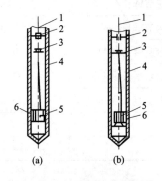

图9-19　行星振动子原理图

(a)外滚式;(b)内滚式

1—转轴;2—轴承;3—万向联轴节;
4—壳体;5—滚锥;6—滚道

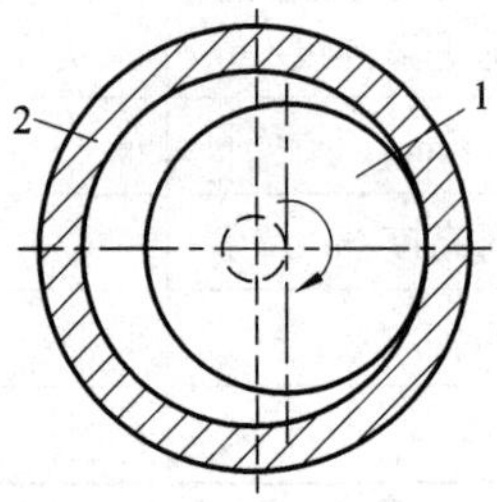

图9-20　滚锥的行星运动轨迹

1—转轴;2—滚道

偏心振动子的结构原理如图9-21所示,是依靠偏心轴在振动棒体内旋转时产生的离心力来造成振动。这种振动器的振动频率和偏心轴的转速相等,常用为中频振动器,且适用于振捣塑性和半干硬性的混凝土。

9.4.2　插入式混凝土振动器

插入式振动器是由原动机、传动装置和工作装置三部分组成,振动棒是工作装置,是一个棒状空心圆柱体,内部装有振动子。作业时,将振动棒插入已浇好的混凝土中,在动力源驱动下,振动子通过振动棒将振动能量直接传给混凝土拌和物,一般只需20~30 s即可把振动棒周围10倍于棒径范围的混凝土振动密实。这种振动器主要适用于振实深度和厚度较大的混凝土构件或结构,对塑性、半塑性、干硬性、半干硬性以及有钢筋和无钢筋的混凝土均可适应。

插入式振动器绝大部分采用电动机驱动，根据电动机和振动棒之间传动形式的不同，可分为软轴式和直联式两种，一般小型振动器多采用软轴式，而大型振动器则多采用直联式。

ZP - 70 型中频偏心软轴插入式振动器如图 9 - 22 所示，由电动机 15、增速器 8、软轴 5、偏心轴 3 和振动棒外壳 2 等组成。在电动机轴上安装有防逆装置，以防软轴反向旋转，同时在电动机轴 9 与软轴 5 之间设置有增速器 8，以提高振动棒的振动频率。振动棒采用偏心式振动子，振动频率一般为 6000 ~ 7000 次/min，适用于振捣塑性和半干硬性混凝土。电动插入式混凝土振动器技术参数如表 9 - 10 所示。

9.4.3　外部混凝土振动器

外部振动器是在混凝土外部或表面进行振动密实的振动设备，有附着式和平板式之分。二者基本结构和原理相同，电机轴均为卧式，振动力为偏心块式，偏心块直接装在电动机轴的两端。

电动附着式振动器依靠底部螺栓或其他锁紧装置固定在混凝土构件的模板外部，通过模板间接将振动传给混凝土使其密实。如图 9 - 22 所示，外形如一台电动机，电动机为特制铸铝外壳的三相两极电动机，机壳内

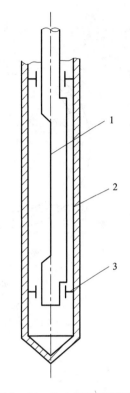

图 9 - 21　偏心振动子原理图
1—偏心轴；2—外壳；3—轴承

除装有电动机定子和转子外，在转子轴的两个伸出端上还各装有一个圆盘形的扇形偏心块，偏心块用端盖封闭，偏心块随同转子轴旋转而产生离心力，这个离心力通过电动机轴、轴承传递给机座。

表 9 - 10　电动插入式混凝土振动器技术参数

名称	型号	直径振动棒/mm	振动棒长度/mm	振动棒振幅/mm	振动力/N	振动频率/Hz	软轴直径/mm	软轴长度/mm	配套功率/kW	质量/kg
插入式	CZ35	35	500	1	2500	22		500	0.4	6.8
高频式	HZ6X50	50	500	0.85	6000	247	13	4000	1.1	31
偏心式	HZ6X35	35	468	1.4	2500	264	10	4000	1.1	25

电动平板式振动器又称表面振动器，它除在振动器底部设置一块船形底板外，其他结构和原理与附着式振动器基本相同。附着式和平板式振动器主要技术性能如表 9 - 11 所示。

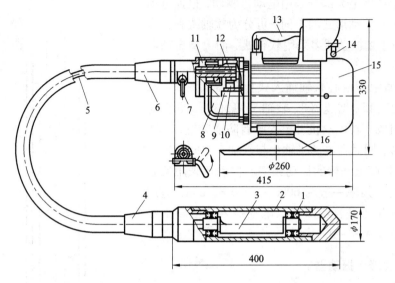

图 9 - 22　ZP - 70 型中频偏心式振动器

1、11—轴承；2—振动棒外壳；3—偏心轴；4、6—软管接头；5—软轴；
7—软管锁紧拌手；8—增速器；9—电动机转子轴；10—胀轮式防逆装置；
12—增速小齿轮；13—提手；14—电源开关；15—电动机；16—底座

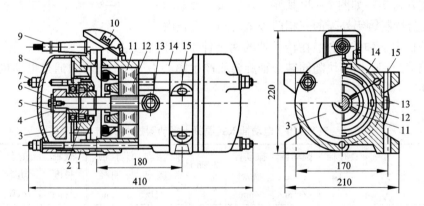

图 9 - 23　电动附着式振动器

1—轴承座；2—轴承；3—偏心轮；4—键；5—螺钉；6—转子轴；
7—长螺栓；8—端盖；9—电源线；10—接线盒；11—定子；
12—转子；13—定子螺钉；14—外壳；15—地脚螺钉孔

表 9 – 11　附着式和平板式振动器主要技术性能

参　　　数	ZF11	ZF15	ZF20	ZF22
振动频率/Hz	47.5	47.5	47.5	47.5
振动力/kN	4.3	6.3	10~17.6	6.3
偏心动力矩/Ncm	49	65	196	65
电动机功率/kW	1.1	1.5	3	2.2
电动机电压/V	380	380	380	380
电动机转速/(r·min^{-1})	2850	2850	2850	2850
外形尺寸/mm	388/210/220	420/250/260	531/270/310	420/250/260
总质量/kg	27	28	85	32

9.4.4　振动器的主要性能参数及选用

1. 振动器的主要性能参数

振动器的主要性能参数包括：①振动棒的振动参数，如振动频率、振幅和振动力；②结构参数，如振动棒的直径和长度；③振动部分的质量，此外，还有配用动力和功率。

2. 振动器的选用

选用混凝土振动器的原则，应根据混凝土施工工艺确定，即根据混凝土组成特性和具体施工条件以及结构形式，选择合适的振动形式及工艺参数。

一般情况下，高频混凝土振动器适用于干硬性混凝土和塑性混凝土的振捣，而低频的振动器则一般作为外部振动器使用。在实际施工中，振动器使用频率在 50~350 Hz 范围内，对于一般的普通混凝土振捣，可选用频率为 110~200 Hz 的振动器；对于大体积（如大坝等）混凝土，振动器的平均振幅不应小于 0.5~1 mm，频率可选用 100~200 Hz；对于一般水工建筑物，其坍落度在 3~6 cm 左右、集料最大粒径在 80~150 mm 时，可选用频率为 100~110 Hz，振幅为 1~1.5 mm 的振动器；对于小集料低塑性的混凝土，可选用频率为 110~150 Hz 以上的振动器。

国外经过实验研究认为最佳频率一般为 150~200 Hz，在钢筋稠密或范围狭窄的浇筑部位，宜选用小型轻便振动器，直径较小的插入式振动器或附着式振动器。

9.5　混凝土摊铺机

9.5.1　混凝土摊铺机的用途与分类

混凝土路面摊铺机是将混凝土混合料均匀地摊铺在路面的基层上，然后经过振实、整平等作业程序，完成混凝土路面铺筑的路面施工机械。随着我国公路交通和城市道路以及机场路面铺筑的需要，即满足提高混凝土施工质量和速度的要求，混凝土摊铺机的选择和使用，已成为施工人员普遍关注的问题。特别是目前，混凝土摊铺机已从只能完成单一作业程序的单机,发展成能完成摊铺、振实、整平和抹光等作业的联合摊铺机。混凝土摊铺机分类如表9-12所示。

表9-12 混凝土摊铺机分类

分 类		说 明
按机械性能和施工方式分	轨道式摊铺机	由布料机、振捣机和抹光机等组成,可在两根固定轨道上行驶,并依靠模板来控制铺筑厚度和平整度,因而称为固定模板式水泥混凝土摊铺机
	滑模式摊铺机	机架两侧装有长模板,对混凝土进行连续摊铺、振实、整形的机械,它集摊铺、振实、修整于一体,结构紧凑、操作集中方便,可实现自动控制、节省人力、物力、加快施工进度、提高经济效益。能够自动铺出公路路拱超高、平滑道和变坡,能适应面板厚度的变化,能设置传力杆、拉杆和铺设大型钢筋网片,并能摊铺普通混凝土路面、所有缩缝均设置传力杆的路面、间断配筋和连续配筋的钢筋混凝土路面等
按用途分	路缘铺筑机	有专用于摊铺路缘的铺筑机,也有综合型路面摊铺机,还有可将路面、路缘一次铺筑而成的多功能摊铺机
	路面摊铺机	专用于混凝土路面摊铺作业。有单一功能的,也有多功能的
	沟渠铺筑机	适用于河床的斜面摊铺,主要用于河道和大坝的铺筑施工,其宽度较大
按行走方式分	轮胎式摊铺机	行走方式为轮胎式
	履带式摊铺机	行走方式为履带式
	钢轮式摊铺机	行走方式为钢轮,在轨道上行走

9.5.2 滑模式混凝土摊铺机

在给定摊铺宽度(或高度)上,能将新拌水泥混凝土混合料进行布料、计量、振动密实和滑动模板成型并抹光从而形成路面或水平构造物的处理加工机械统称为滑模式水泥混凝土摊铺机。由于滑模摊铺机的类型较多,所以它的组成部分也是各种各样的,但无论哪一种滑模摊铺机,它最基本的组成部分包括(图9-24):动力系统11、传动系统12、行走及转向装置6、摊铺装置5、机架3和9、浮动支腿1、自动转向系统7、自动找平系统8、操作台4和一些辅助装置(横向拉杆打入装置、横向拉杆中央打入装置、喷洒水系统、照明系统等)。

目前,滑模式混凝土摊铺机的最大工作宽度可达17100 mm(美国格马克 GOMACO 公司 C650S),最大摊铺厚度在 500 mm 以上(德国维特根 Wirtgen 滑模式摊铺机及美国莱克斯康 REXCON 滑模式摊铺机),最大摊铺工作速度为 10 m/min,发动机最大功率达 430kW(美国格马克 GOMACO 公司 GP5000 型),整机质量最大达 59.796 t。

1. 动力装置

动力装置一般由发动机和分动箱组成。早期的滑模式摊铺机曾使用汽油机作动力源,目前均采用柴油机,且以四冲程柴油机为主。分动箱以 3~4 个输出轴的为多,多联泵可减小输出轴数量,传动方式为定轴齿轮式。

2. 传动装置

目前均采用液压传动装置。主要用来将动力传给地面行走系统、各个工作装置、伸缩升

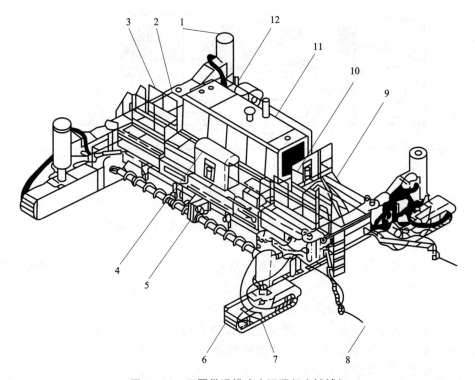

图 9 - 24　四履带滑模式水泥混凝土摊铺机

1—浮动支腿；2—喷洒水系统；3—固定机架；4—操作控制台；5—摊铺装置；6—行走转向装置；
7—自动转向系统；8—自动找平系统；9—伸缩机架；10—人行通道；11—动力系统；12—传动系统

降机构以及液压控制元件。

3. 地面行走系统

地面行走系统大多采用液压驱动履带式，以变量泵 - 定量马达组合为主，小型滑模摊铺机以 2 履带为主；大型滑模摊铺机以 4 履带为主；无隙或小隙滑模摊铺机、路缘滑模摊铺机、隔离带滑模摊铺机以及沟渠滑模摊铺机多数采用 3 履带。

4. 摊铺装置

摊铺装置由几个完成不同功能的部件组合，主要有螺旋分料装置、计量装置、内部振捣装置、外部振捣装置、成型盘、浮动盘、侧模装置、抹光装置、拱度调节装置、修边器、安放传力杆装置、拉杆打入装置等，如图 9 - 25 所示。螺旋分料装置是将倾倒在机器前的混凝土混合料沿所要摊铺路面的宽度均匀地摊开；计量装置将混凝土刮平，使其具有合理的厚度以满足进入成形装置的要求；内部振捣装置对混凝土混合料进行密实；外部振捣装置主要经过夯板的上、下捶打动作，使大集料下沉，在面层出现砂浆和细小集料，以利于成形装置和左、右侧模将混凝土混合料挤压成形；成形装置和左、右侧模装置主要将混凝土混合料挤压成设计的路面；定形抹光装置对成形后的混凝土路面进一步进行整形抹光、抹平；左、右修边器主要对路面的边角进行修整；安放传力杆装置是将路面横向接缝的传力杆进行机械化安放；拉杆打入装置依照一定的间隔，将拉杆打入混凝土路面之内；调拱装置主要调节成形装置、定形抹光装置的拱度，使所摊铺的路面拱度符合设计要求。

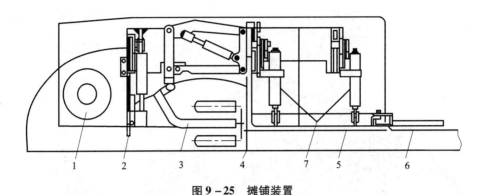

图 9 – 25　摊铺装置

1—螺旋分料装置；2—计量装置；3—内部振捣装置；
4—外部振捣装置；5—成形装置；6—定形抹光装置；7—调拱装置

　　各种机型的滑模摊铺机摊铺装置的工作原理基本上相同，主要区别在加工处理工序和螺旋分料装置、定形装置、定形抹光装置、调拱装置及外部振捣装置的具体结构或驱动方式上。

　　(1)加工处理工序　目前滑模摊铺机的加工处理工序基本上分为两种，一种是分料斗计量—内振—外振—成形—定形；另一种是把内振放在分料前面，即内振—分料—计量—外振—成形—定形。后一种加工处理工序在滑模摊铺机前没有布料机的情况下，暴露出以下缺点：首先，直接对水泥混凝土混合料堆内振密实，各振捣棒的振动能量不能均匀释放，混合料在宽度方向上的振动强度和作用时间也不同，会造成混合料在宽度方向上的密实效果不均。其次，是振动液化区不能形成封闭区，造成浆体分布不均。这种工序的优点是能对混合料在进入成形模板前进行较精确的计量。

　　(2)螺旋分料装置的驱动方案　两种驱动方案：一种是中央驱动，即将驱动马达、链轮箱安装在螺旋分料装置的中间位置，对摊铺有副架的，这种驱动方案较为合适。另一种是两侧驱动方案，即将左、右链轮箱安装在螺旋分料装置的两端，该方案的螺旋分料装置能左右独立旋转，既能同向又能反向旋转。

　　(3)外部振捣装置的驱动方式　左右夯板有的是采用一个马达驱动，有的采用左右两个马达单独驱动。

　　(4)成形装置和定形抹光装置起拱后宽度的补偿　由于摊铺的混凝土路面的拱度不同，成形装置和定形抹光装置在起拱后，宽度发生变化。为了补偿这一变化，一种方法是在成形装置和定形装置左右端设有补偿机构，另一种方法是在成形装置和定形抹光装置的左右模块之间安装调节垫片。后一种方法需要事先进行计算，以保证所加的调节垫片的准确性。

　　(5)拱度调节装置　拱度调节方式有两种。一种是机械式调拱装置，由螺杆、连杆等组成，可调出三角形拱和抛物线形拱，但调节起来比较费时、繁琐；另一种调拱方式是由液压缸或液压马达驱动丝杆自动调拱，只能调出三角形拱。这种方式省力、省时，自动化程度较高，易于控制。

　　此外，路缘滑模摊铺机、隔离带滑模摊铺机、沟渠滑模摊铺机大都带有皮带上料机，并有螺旋分料装置和外部振捣装置。成型模板形状也与路面摊铺机不同，它由路缘、隔离带和沟渠形状所决定。

5. 支柱浮动支撑系统

支柱浮动支撑系统的作用是连接车架和行走系统，并支撑车架及车架上安装的动力装置、传动装置、工作装置和辅助装置等。它由4个厚壁圆筒两两列于两侧履带或车轮的支架上，圆筒内有液压缸，缸两端的铰耳分别与履带或车轮支架和车架相连，厚壁圆筒起导向作用。液压缸用于车架和工作装置的升降，且液压缸由电液控制系统的手动开关控制，也可由调平传感器通过电液控制阀控制。

6. 机架

机架部分由矩形钢板焊接成的框架构成，两端用螺栓与支柱相连。在框架的下部左右各有两个吊架用来悬挂工作装置，中部有两个吊架用来悬挂成形装置和定形抹光装置的起拱装置，框架由前后布置的水平液压缸控制横向伸缩，用以调节摊铺宽度。为获得较大幅度的摊铺宽度，机架上还设有不同宽度的一组加长机架，以满足不同组合的施工要求。

7. 找平和转向自动控制系统

（1）自动找平控制系统控制分为4点控制法和横坡控制法 所谓"4点控制法"是指给滑模摊铺机的4个支柱液压缸分别配一传感器，各自构成相对独立的控制系统。施工中有双边拉线（样线）或单边拉线而另一边以铺好的路面为基准。"横坡控制法"则是指单边拉线而另一边靠横坡传感器控制，这在一侧可以拉线而另一侧不能（或不易）拉线时显示出优越性。但由于横坡 控制不够理想，目前多用四点控制的自动找平控制系统。

（2）自动转向控制系统

该系统控制滑模摊铺机沿样线运行。一旦摊铺机偏离样线，传感器便被触动，导致电液伺服阀动作从而控制两侧行走装置的行走速度，进行差速纠偏，或者导致液压缸动作使履带偏转纠偏。对于三履带或四履带滑模摊铺机则一般采用履带偏转纠偏；对于两履带滑模摊铺机，通常采用差速转向控制，这是因为两履带摊铺机上的4个支柱中的每两个安装在同一履带装置的前后，履带偏转转向已不可能。

8. 操纵台

该装置主要用来手工启动和关闭发动机，控制各动作执行电气元件和液压元件，完成手工和自动控制的切换。另外，该装置安装各种仪表，用来监视压力、速度、温度等参数的变化，以便控制和保护机器。此外，该装置还包括电液自动保护元件，以防止机器过载或油温过高等。

9. 辅助装置

辅助装置主要是包括机器清洗系统（如水泵、水箱等）、供电设施（如微型发电机、蓄电池等）以及照明装置。

9.5.3 滑模式混凝土摊铺机技术参数及摊铺机的选择

1. 滑模式混凝土摊铺机技术参数如表9-13所示。

2. 混凝土摊铺机的选择

混凝土摊铺机主要根据路面铺筑工艺、施工规模、施工进度和施工环境等要求进行合理选择，一般考虑的因素有：①摊铺机的技术性能参数，如摊铺宽度、表面平整度等，应能满足铺筑路面的有关技术质量要求，这是铺筑合格路面的前提条件；②摊铺机的生产能力要与施工进度相匹配，应根据工期、工作量和摊铺机生产力综合分析平衡，一般情况生产能力要略大于生产强度,但也不宜过多富裕,以免浪费;③摊铺机的摊铺能力要与其他机械设备如混凝土搅拌站、运输设备等的生产力相匹配,以避免等工待料或料多来不及摊铺所带来的对路面质量的影响。

表 9 – 13　滑模式混凝土摊铺机技术参数

型　　号	1220MAXI – PAV	HTH6000
摊铺宽度/m	4.25 ~ 8.5	3.75 ~ 6
摊铺速度/(m·min⁻¹)	0 ~ 7	0 ~ 10
发动机型号	CAT3306B, 194kW	CUMINS6BT,118kW
刮平板类型	液压调节刮平板	液压调节刮平板
捣固杆类型	液压调节捣固杆	液压调节捣固杆
调整拱度/mm	中心调整 152	
履带行走方式	两履带行走	两履带行走
行走驱动方式	全液压驱动	全液压驱动
外形尺寸/m	3.66 × (5.44 ~ 9.69)	3.66 × (4.94 ~ 7.19)
摊铺深度/mm	0 ~ 450	0 ~ 300
行驶速度/(m·min⁻¹)	0 ~ 12	0 ~ 20
螺旋布料器类型/mm	重型 406	重型 406
振捣棒	液压振捣棒	液压振捣棒
抹平板/mm	10 × 1219	10 × 1219
转向和找平控制	5 只液压传感器	5 只液压传感器
冲洗水系统	高压水冲洗系统	高压水冲洗系统
整机质量/kg	25000	15000
生产厂家	镇江路面机械制造总厂	

思考题

1. 填空题

(1) 水泥混凝土搅拌设备包括_____ 和_____ 。

(2) 混凝土搅拌机按工作原理分为_____ 和_____ 。

(3) 混凝土搅拌运输车具有_____ 和_____ 双重功能。

(4) 试解释 HBT60 混凝土泵各符号的含义,

　　HB:_____　　　T:_____　　　60:_____ 。

(5) 混凝土振动器按振动传递方式分为_____ 和_____ 。

(6) 插入式振动器由_____ 、_____ 、_____ 3 部分组成。

(7)外部振动器可分为_____、_____、_____ 3 种形式。

2. 名词解释

(1)混凝土搅拌机；

(2)混凝土泵车。

3. 简答题

使用混凝土搅拌站进行集中搅拌有哪些优点？

第 10 章　沥青路面施工机械

沥青路面机械是用于沥青道路修筑与维修养护的专用机械设备，修筑沥青路面的机械设备主要有沥青混合料搅拌设备、沥青运输车和转运设备、沥青摊铺机等。图 10 – 1 为沥青路面施工机械的过程图。

图 10 – 1　沥青路面施工机械的过程图
1—沥青转运车；2—沥青摊铺机；3—刚轮压路机；4—轮胎压路机

10.1　沥青拌和机

10.1.1　沥青混凝土搅拌设备用途与分类

沥青混凝土搅拌设备是生产拌制各种沥青混合料的机械装置，适用于公路、城市道路、机场、码头、停车场、货场等工程施工。沥青混凝土搅拌设备的功能是将不同粒径的集料和填料按规定的比例掺和在一起，用沥青作结合料，在规定的温度下拌和成均匀的混合料，常用的沥青混合料有沥青混凝土、沥青碎石、沥青砂等。沥青混凝土是指一种由碎石、砂、填充材料（石粉）和有机结合材料（沥青）拌成的混合料，沥青混凝土搅拌设备是沥青路面施工的关键设备之一，其性能直接影响所铺筑的沥青路面的质量。沥青混凝土搅拌设备的分类、特点及适用范围见表 10 – 1。

表 10 – 1　沥青混凝土搅拌设备的分类、特点及适用范围

分类形式	分类	特点及适用范围
生产能力	小型	生产能力在 40 t/h 以下
	中型	生产能力在 30 ~ 350 t/h
	大型	生产能力在 400 t/h 以上

续表10-1

分类形式	分类	特点及适用范围
搬运方式	移动式	装置在拖车上,可随施工地点转移,多用于公路施工
	半固定式	装置在几个拖车上,在施工地点拼装,多用于公路施工
	固定式	通称为沥青混凝土工厂,适用于集中性工程、城市道路工程
工艺流程	间歇强制式	适用于普通公路建设
	连续滚筒式	

10.1.2 结构与工作原理

1. 总体结构

目前国内外最常用的机型有两种,一种是间歇强制式,另一种是连续滚筒式。间歇强制式沥青混凝土搅拌设备总体结构如图10-2,其特点是初级配的冷骨料在干燥滚筒内采用逆流加热方式加热烘干,然后经筛分计量(质量)在搅拌器中与按质量计量的石粉和热态沥青搅拌成沥青混合料。

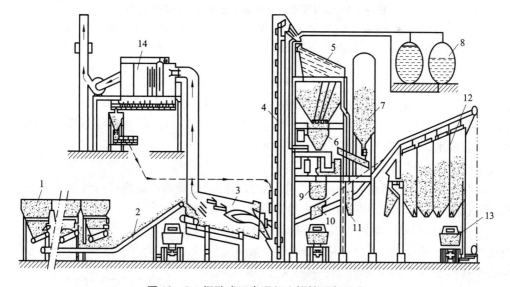

图10-2 间歇式沥青混凝土搅拌设备总成

1—冷集料贮存及配料装置;2—冷集料带式输送机;3—冷集料烘干加热筒;4—热集料提升机;
5—热集料筛分及贮存装置;6—热集料计量装置;7—石粉供给及计量装置;8—沥青供给系统;
9—搅拌器;10—卸料斗;11—大石块卸料斗;12—成品料贮存仓;13—运料车;14—除尘装置

间歇强制式沥青搅拌设备能保证矿料(指碎石、沙与填充材料石粉)级配和高精确度的矿料与沥青比,另外也易于根据需要随时变更矿料级配和油石化,故拌制出的沥青混合料质量好,可满足各种施工要求,因此,这种设备在国内外使用较为普遍。其缺点是工艺流程长、设备庞杂、建设投资大、耗能高、搬迁困难、对除尘设备要求高(有时所配除尘设备的投资高达整套设备费用的30%~50%)。

连续滚筒式沥青混凝土搅拌设备的总体结构如图 10-3 所示。其特点是沥青混合料的制备在烘干滚筒中进行，即动态计量级配的冷集料和石粉连续从干燥滚筒的前部进入，采用顺流加热方式烘干加热，然后在滚筒的后部与动态计量连续喷洒的热态沥青混合，采取跌落搅拌方式连续搅拌出沥青混合料。

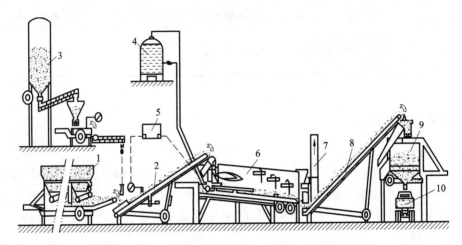

图 10-3　连续滚筒式沥青混凝土搅拌设备总体结构

1—冷集料贮存和配料装置；2—冷集料带式输送机；3—石粉供给系统；4—沥青供给系统；
5—油石比控制仪；6—干燥筒；7—除尘装置；8—成品料输送机；9—成品料贮存仓；10—运料车

与间歇强制式搅拌设备相比，连续滚筒式搅拌设备工艺流程大为简化，设备也随之简化，不仅搬迁方便，而且制造成本、使用费用和动力消耗可分别降低 15%～20%、5%～12% 和 25%～30%；另外，由于湿冷集料在干燥滚筒内烘干、加热后即被沥青裹敷，使细小粒料和粉尘难以逸出，因而易于达到环保标准的要求。

2. 冷集料供给系统

冷集料供给系统包括给料器和输送机。给料器的功能是对冷集料进行计量并按工程要求进行级配；输送机的功能是将级配后的冷集料输送至干燥滚筒。

（1）冷集料给料器　常用的板式给料器的工作及结构原理如图 10-4 所示，板式给料器一般与滚筒式连续搅拌设备配套使用。板式给料器工作稳定、使用寿命长，实践证明，只要各种集料符合规定要求（粒径和含水量），通过板式给料器进行集料级配计量是能达到规范指标要求的，此外，也可采用电磁振动式给料器取代板式给料器。

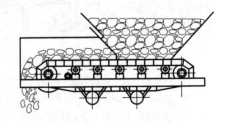

图 10-4　板式给料器

（2）冷集料输送机　经给料器级配计量的冷集料送至干燥滚筒的输送机，一般可用带式输送机或斗式提升机。由于带式输送机工作可靠，不易产生卡阻现象，工作时噪声小，架设简便，在场地允许时，应优先选用。

对于连续式滚筒搅拌设备，其连续搅拌是通过各种材料连续供给和成品料连续排出来实

现的。因此，为了保证油石比的精度，可在给料器
后面的集料皮带和集料输送机之间设一计量装置
（一般采用电子皮带秤）。图 10 - 5 是一种速度回路
控制给料机，它采用称量转换器及速度传感器输出
放大的信号与设定值比较后改变输送带的速度，来
控制给料机维持在给料量要求的速度范围内，以保
证供料均匀精确。

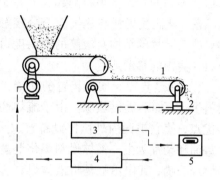

图 10 - 5　集料计量装置

1—恒速称量输送带；2—计量元件；

3—给料速度测量器；4—给料流量控制器；

5 - 给料流量指示器

3. 冷集料烘干加热系统

集料烘干加热系统的功能是将集料加热到一定
温度并充分脱水，以保证计量精确和结合料（沥青）
对它的裹覆，使成品具有良好的摊铺性能。集料的
加热温度一般为 160℃ ~ 180℃，对连续滚筒式搅拌
设备可略低一些，一般为 140℃ ~ 160℃。无论何种
形式的沥青混凝土搅拌设备，集料的烘干加热系统
都是不可缺少的重要组成部分。冷集料烘干加热系统包括干燥滚筒和加热装置两大部分。

（1）干燥滚筒

干燥滚筒是湿冷集料烘干加热的装置。为了使湿冷的集料在较短的时间内，用较低的燃
料消耗充分脱水，要求：①集料在滚筒内应均匀分散，并在筒内有足够的停留时间；②集料
在干燥滚筒内应直接与燃气充分接触；③干燥滚筒应有足够的空间，不致使内部空气受热膨
胀后压力过大。对于滚筒连续式搅拌设备，因为搅拌工序也在干燥滚筒内完成，所以还应考
虑集料与沥青的搅拌空间和搅拌时间。

目前，干燥滚筒均采用旋转的长圆柱筒体结构，由耐热的锅炉钢板卷制焊接而成。其外
壁的前后端各装有 1 个支承大滚圈，大滚圈通过托轮支撑在底架上，两个滚圈之间装有一个
驱动齿圈，用于驱动干燥滚筒旋转（图 10 - 6）。这种齿轮驱动方式在小型及早期设备中应用
较多；中型以上设备多以链条驱动取代齿轮驱动（图 10 - 7），其结构简单，制造、安装较方
便；对于大型设备一般都采用摩擦驱动，4 个托轮均为主动轮。为增加驱动力，有的机型还在
托轮上贴附橡胶。

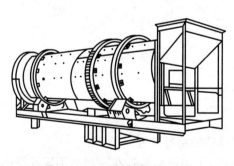

图 10 - 6　干燥滚筒结构简图

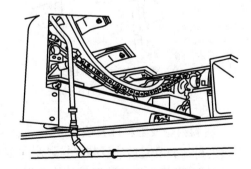

图 10 - 7　链传动的干燥滚筒

为使湿冷集料在干燥滚筒内均匀分散地前进，通常在滚筒的内壁装有几排形状各异的叶
片（图 10 - 8），滚筒与水平呈 3° ~ 6°的倾斜安装角。当滚筒旋转时，装在滚筒内壁不同区段

且形状不同的叶片将集料刮起提升并于不同位置跌落，从而使集料与热气流充分接触而被加热。改变叶片的结构及滚筒的倾斜度可以改变集料在筒内的移动速度。

（2）加热装置   加热装置的功能是为湿冷集料烘干、加热提供热源。由于流体燃料的许多优点，使它被国内外搅拌设备普遍采用，并以重油和柴油为主。液体燃料燃烧装置的核心是燃烧喷嘴，其作用就是将液体燃料雾化成细小的液滴，并使这些液滴均匀地与空气充分混合，以利于完全燃烧。

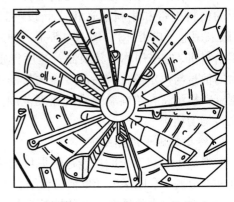

图 10 - 8   干燥滚筒内部结构

4. 热集料提升机

热集料提升机是强制间歇式搅拌设备的必备装置，其功能是把从干燥滚筒中卸出的热集料提升到一定的高度，送入筛分装置内。它通常采用链斗提升机，而链斗提升机一般选用深 U 形料斗、离心卸料方式（图 10 - 9）；但在大型搅拌设备上，则多用导槽料斗，重力卸料方式（图 10 - 10）。重力卸料方式，链条运动速度低，可减少磨损及噪声。此外，值得注意的是，提升机中途停转时，链条有载侧在集料的重力作用下有可能倒转，使集料积存在提升机底部，造成再次启动困难，因此必须设置防倒转机构。

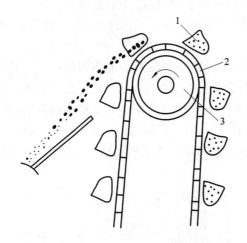

图 10 - 9   离心卸料型斗式提升机

1—深 U 形料斗；2—牵引链；3—链轮

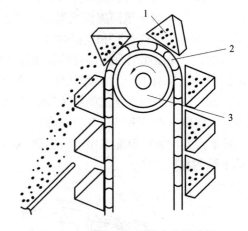

图 10 - 10   重力卸料型斗式提升机

1—导槽料斗；2—牵引链；3—链轮

5. 集料筛分及贮料计量装置

热集料筛分及贮料计量装置是强制间歇式搅拌设备的特有装置。

（1）筛分装置   筛分装置的功能是将经干燥滚筒烘干加热后混杂在一起的不同规格的集料按粒径大小重新分开，以便在搅拌之前进行级配，现用筛分装置主要是振动筛。振动筛按其结构和作用原理又可分为单轴振动筛、双轴振动筛和共振筛三种形式，其中前两种应用比较广泛；而共振筛尽管生产效率高，但由于结构复杂、使用维修不方便而使用不多。

单轴振动筛(图 10-11)通过单根偏心轴的旋转运动,使倾斜放置的筛网产生振动,从而进行筛分。振幅通常为 4~6 mm,振动频率为 20~25 Hz。

双轴振动筛通过两根倾斜布置的偏心轴同步旋转,使水平放置的筛网产生定向振动而进行筛分。振幅通常为 9~11 mm,振动频率一般为 18~19 Hz。

筛网主要有编织、整体冲孔和条状三种形式,筛孔形状有方形、圆形和长方形。编织筛网多为方形孔,冲孔筛网多为圆形孔,条状筛网均为长方形孔。

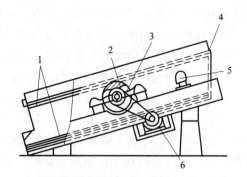

图 10-11 单轴下振式振动筛
1—筛网;2—偏心块;3—振动器;
4—集料;5—弹簧;6—电动机

搅拌设备的筛分装置通常应安装在密闭的箱体内,以防止灰尘逸散。筛箱与除尘管道相通,以便将灰尘收集起来,提高环境净化程度。另外,使用振动筛应注意防振,以保证其他机件和操作者的正常工作。再者就是筛分装置的生产能力应大于热集料提升机的生产能力,以保证充分筛分。

(2)热集料贮存计量装置 筛分的目的是为了分别对不同规格的集料进行计量。为此,应按集料的规格种类设置集料贮存斗,一般为 3~5 个。各料斗底部均设有能迅速启闭的斗门,其开度与配合比相适应。斗门的启闭可用机械操纵,也可通过电磁阀和汽缸来控制。

热集料贮存斗内装有高低料位传感器,可将信号及时传给操作人员,以便发现问题及时采取必要的措施。

集料的计量采用质量计量方式,通过称量斗和计量秤来完成(图 10-12)。称量斗吊装在贮料斗下,不同规格的集料按级配质量比先后落入称量斗叠加计量,达到预定值后,开启斗门,将集料放入搅拌器内。

计量秤有杠杆秤、电子秤等不同形式。杠杆秤结构简单,维修方便,粉尘和高温等恶劣条件对其影响不大,但人工操作时,计量精度较低,不易实现远距离自动控制。电子秤体积小、精度高,安装方便,适用于远距离控制,或自动控制执行机构来启闭各储料斗斗门。

6. 石粉供给及计量装置

根据工程需要,拌制沥青混凝土时必须加入适量的石粉,因此,沥青混凝土搅拌设备均应设有石粉供给及计量装置。石粉的供给装置包括贮存仓和输送机,石粉贮存仓一般采取筒式结构,仓的下部为倒圆锥形。用斗式提升机或压缩空气将石粉送入仓内储存,仓顶上设有料位高度探测机构。为防

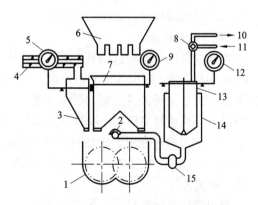

图 10-12 间歇式搅拌设备计量装置简图
1—搅拌器;2—喷嘴;3—石粉称量斗;4—石粉螺旋给料器;5—石粉计量器;6—储料仓;7—矿料称量斗;8—二通阀;9—矿料计量秤;10—回油管路;11—进油管路;12—沥青计量秤;13—沥青称量桶;14—沥青保温桶;15—沥青喷射泵

止石粉起拱，在筒仓下部设有破拱装置，有的采用振动器，有的采用压缩空气喷吹破拱。此外，在石粉贮存仓的出口处设有调节闸门或叶轮给料器，控制石粉的输出量。由石粉贮存仓排出的石粉，经螺旋给料器等送到单独的称量斗内进行称量，达到预定值后放入搅拌器内。

石粉的计量也采用杠杆秤和电子秤等，但由于只进行单种物料的称量，故结构较为简单。也有采用气力输送方式将石灰送入称量斗的结构形式。

对于连续滚筒式搅拌设备，与冷集料一样，石粉也是按一定流量连续供给的。为控制其流量，置于石粉贮存仓下的螺旋给料器应由调速电机驱动，石粉流量的大小通过调整电机转速来调节。为提高石粉配比精度，实现自动控制，可在螺旋给料器和送至干燥滚筒的输送机之间设皮带电子秤，由计算机根据预定配比进行自动控制。

除了精确计量外，如何使石粉在加进滚筒后不致随热气流逸失，以提高石粉的利用率，这对连续滚筒式搅拌设备是十分重要的。为此，可采取适当的石粉加入方式，例如美国采用的与沥青混合加入的方式就是其中的一种。

7. 沥青供给系统

沥青供给系统的功能就是为搅拌提供沥青。间歇强制式搅拌设备，要求适时、定量地提供沥青，连续滚筒式搅拌设备要求按一定流量连续稳定地供给沥青。

间歇强制式搅拌设备的沥青供给系统由沥青称量及添加装置组成，如图10-12所示的2、8及10~15，事实上，其喷嘴2不止1个，而是若干排均布于搅拌器的上方，每排含2个喷嘴的喷嘴群。

连续滚筒式搅拌设备的沥青供给系统采用沥青泵直接将沥青送入滚筒内，沥青泵由调速电机驱动。沥青的流量通过改变调速电机的转速来调节。为实现自动控制，提高油石比精度，可在沥青泵出口装置沥青流量计，通过计算机根据沥青流量信号和集料流量信号自动调节它们的流量，从而使油石比在预定值误差范围内呈动态平稳状态。

8. 搅拌器

搅拌器是间歇强制式搅拌设备的核心装置，其功能是把按一定配合比称量好的集料、石粉和沥青均匀地搅拌成所需要的成品料。

9. 成品料储存仓

设置成品料储存仓的目的是：①提高搅拌设备的生产效率，加速运输车辆的周转；②满足小批量用户需求，减少频繁开机停机。对于滚筒式搅拌设备，由于成品料出口高度低，则必须通过储料仓来解决成品料的装车问题。

成品仓结构比较简单，一般只在仓体外侧设保温层，或者在卸料口处安装电加热器，以利于卸料。如果储存仓用于较长时间储存成品料时，则除了设保温层外，还应采用导热油加热，并向仓内通入惰性气体，以防止沥青氧化变质，仓内应设有防混合料离析装置。

10. 除尘装置

一般小型搅拌设备只配一级除尘器，大型搅拌设备则采用两级除尘，一级一般采用重力式或离心式干式除尘器，二级则常采用湿式除尘或袋式除尘。经湿式除尘后的尾气含尘量低于 $4 \ mg/m^3$，袋式除尘后的尾气含尘量低于 $50 \ mg/m^3$。

11. 控制系统

控制系统是沥青混凝土搅拌设备的重要组成部分，搅拌设备的生产全过程由它来指挥，所生产的沥青混凝土质量由它来保证。

沥青混凝土搅拌设备的控制系统有三种，即手动系统、程序控制系统和计算机控制系统。但不论何种方式，都必须根据搅拌设备的工艺要求，按下列程序进行：①准备程序，其任务是预定有关参数；②启动程序，其任务是启动设备各装置正常运转；③主程序，其任务是处理检测数据实施调节；④子程序，其任务是处理与生产有关的其他工作。

上述4个程序中，主程序无疑是整个控制系统的关键，而主程序的工作效果又取决于检测数据的精度、对检测数据的处理可行性以及对处理结果的调节准确性。随着传感技术、计算机处理技术和控制技术的进步，计算机控制的全自动沥青混凝土搅拌设备已广泛使用。

对于沥青混凝土搅拌设备，自动控制的对象主要是集料的加热温度、集料的级配和计量、石粉的含量以及油石比。

10.2 沥青摊铺机

10.2.1 概述

沥青摊铺机是沥青路面专用施工机械，它将拌制好的沥青混凝土材料均匀地摊铺在路面底基层或基层上，并对其进行一定程度的预压实和整形，构成沥青混凝土基层或沥青混凝土面层。该机因摊铺速度快，能准确保证摊铺层厚度、宽度、路面拱度、平整度、密实度而广泛用于公路、城市道路、大型货场、停车场、码头和机场等工程中。

沥青摊铺机的分类与特点：①按摊铺宽度，可分为小型、中型、大型和超大型四种。小型：最大摊铺宽度一般小于3.6 m，主要用于路面养护和城市巷道路面修筑工程；中型：最大摊铺宽度在4~6 m之间，主要用于一般公路路面的修筑和养护工程；大型：最大摊铺宽度一般在7~9 m之间，主要用于高等级公路路面工程；超大型：最大摊铺宽度为12 m，主要用于高速公路路面施工。

②按行走方式，摊铺机分为拖式和自行式两种，其中自行式又分为履带式、轮胎式两种。拖式摊铺机是将收料、输料、分料和熨平等作业装置安装在一个特制的机架上的摊铺作业装置，工作时靠运料自卸车牵引或顶推进行摊铺作业，它的结构简单，使用成本低，但其摊铺能力小，摊铺质量低，所以拖式摊铺机仅适用于三级以下公路路面的养护作业。履带式摊铺机一般为大型摊铺机，其优点是接地比压小、附着力大，摊铺作业时很少出现打滑现象，运行平稳，其缺点是机动性差、对路基凸起物接纳能力差、弯道作业时铺层边缘圆滑程度较轮胎式摊铺机低，且结构复杂，制造成本较高。轮胎式摊铺机靠轮胎支撑整机并提供附着力，它的优点是转移运行速度快、机动性好、对路基凸起物接纳能力强、弯道作业易形成圆滑边缘，其缺点是附着力小，在摊铺路幅较宽、铺层较厚的路面时易产生打滑现象，另外它对路基凹坑较敏感。轮胎式摊铺机主要用于道路修筑与养护作业。

③按动力传动方式，摊铺机分为机械式和液压式两种。

④按熨平板的延伸方式，摊铺机分为机械加长式和液压伸缩式两种。机械加长式熨平板是用螺栓把基本(最小摊铺宽度的)熨平板和若干加长熨平板组装成所需作业宽度的熨平板。其结构简单、整体刚度好、分料螺旋(亦采用机械加长)贯穿整个摊铺槽，使布料均匀。大型和超大型摊铺机一般采用机械加长式熨平板，最大摊铺宽度可达8~12.5 m。

液压伸缩式熨平板靠液压缸伸缩无级调整其长度，使熨平板达到要求的摊铺宽度。这种熨平板调整方便省力,在摊铺宽度变化的路段施工更显示其优越性。但与机械加长式熨平板相比其整体刚性较差,在调整不当时,基本熨平板和可伸缩熨平板间易产生铺层高差,并因分料螺旋不能贯穿整个摊铺槽,可能造成混合料不均而影响摊铺质量。采用液压伸缩式熨平板的摊铺机最大摊铺宽度不超过8 m。

⑤按熨平板的加热方式,分为电加热、液化石油气加热和燃油加热三种形式。

电加热:由摊铺机的发动机驱动的专用发电机产生的电能来加热,这种加热方式加热均匀、使用方便、无污染,熨平板和振捣梁受热变形较小。

液化石油气(主要用丙烷气)加热:这种加热方式结构简单,使用方便,但火焰加热欠均匀,污染环境,不安全,且燃气喷嘴需经常清洗。

燃油(主要指轻柴油)加热:燃油加热装置主要由小型燃油泵、喷油嘴、自动点火控制器和小型鼓风机等组成,其优点是可以用于各种工况,操作较方便,燃料易解决,但同样有污染,且结构较复杂。

10.2.2　三一重工 LTU90/LTU120 沥青摊铺机结构与工作原理

1. 总体结构

LTU90/LTU120 沥青摊铺机采用全液压驱动和微电脑控制,中央自动集中润滑系统,丙烷加热熨平板,双振捣梁式振捣器,箱梁式熨平板以及机械加长摊铺宽度,自动化程度高,视野好,并设有自动找平装置、防爬装置及超声波料位传感技术,能保证摊铺路基路面的平整度和摊铺质量。该机由主机和熨平装置两大部分以及连接它们的牵引大臂组成(图10-13),主机包括柴油发动机及动力传动系统4、驾驶控制台5、行走机构12、螺旋摊铺器10、刮板输送器14、机身15、接收料斗2及料斗提升油缸13、大臂11及其提升油缸8、调平浮动油缸3等,它的主要功能是以提供摊铺机所需要的动力和支承机架,并接收、储存和输

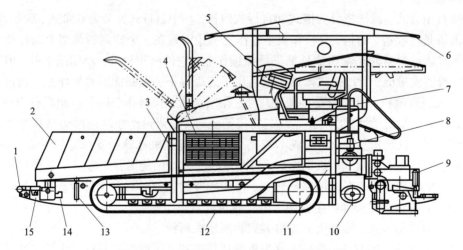

图 10-13　LTU90/LTU120 沥青摊铺机总图

1—推辊装置;2—料斗;3—调平浮动油缸;4—柴油机及动力传动系统;5—驾驶控制台;
6—顶棚;7—加热系统;8—大臂提升油缸;9—熨平装置;10—螺旋摊铺器;
11—大臂;12—履带行走机构;13—料斗提升油缸;14—刮板输送器;15—机身

送沥青混合料给螺旋摊铺器。熨平装置 9 主要包括振动机构、振捣机构、熨平板、厚度调节器、路拱调节器和加热系统，熨平板是对铺层材料作整形与熨平的基础。

2. 工作原理

作业前，首先把摊铺机调整好，并按所铺路段的宽度、厚度、拱度等施工要求，调整好摊铺机的各有关机构和装置，使其处于"整装待发"状态；装运沥青混合料的自卸车对准接收料斗 2 倒车，直至汽车后轮与摊铺机料斗前的顶推辊 1 相接触，汽车挂空挡，由摊铺机顶推其运行，同时自卸车车厢徐徐升起，将沥青混合料缓缓卸入摊铺机的接收料斗 2 内；位于接收料斗 2 底部的刮板输送器在动力传动系统的驱动下以一定的转速运转，将料斗 2 内的沥青混合料连续均匀地向后输送到螺旋摊铺器 10 前通道内的路基上；螺旋摊铺器 10 则将这些混合料沿摊铺机的整个摊铺宽度向左右横向输送，摊铺在路基上。摊铺好的沥青混合料铺层经熨平装置 9 的振捣梁初步捣实，振动熨平板的再次振动预压、整形和熨平而成为一条平整的、有一定密实度的铺层，最后经压路机重压而成为合格的路面（或路面基层）。在此摊铺过程中，自卸车一直挂空挡由摊铺机顶推着同步运行，直至车内混合料全部卸完才开走。另一辆运料自卸车立即驶来，重复上述作业，继续给摊铺机供料，使摊铺机不停顿地进行摊铺作业。

3. 主要机(部)件简介

(1)发动机　选用高速风冷柴油机。

(2)传动系统　中小型摊铺机中多采用机械传动，较大型摊铺机均采用液压传动。

(3)输料系统　主要由料斗和刮板输送装置组成。料斗由左右边斗、铰轴、支座、起升油缸等组成，左右边斗之间有刮板输送器，运料车卸入前料斗的混合料由刮板输送器送到螺旋分料器前，随着摊铺机的前行作业，料斗中部的混合料逐渐减少，此时需升起左右边斗，使两侧的混合料滑落移动到中部，以保证供料的连续性。料斗侧板通过开/合两种方式控制油缸的伸缩来使料斗内的混合料排放干净。在料斗的前部(机架上)配置自卸卡车推辊，用于推动自卸卡车行驶，最大斗容量约 6.0 m³。

刮板输送装置设置了料位传感器，通过控制器控制液压系统来调节喂料速度。小型摊铺机设置 1 个刮板输送器，中、大型摊铺机设置 2 个输送器，在前料斗的后壁还设置有供料闸门，调节闸门高低可调节供料量。

(4)螺旋分料器　螺旋分料器（图 10－14）的功能是把刮板输送器输送到摊铺室中部的热混合料，左右横向输送到摊铺室的全宽。螺旋分料器由液压马达、液压泵、减速器、链轮、链条、分料螺杆等组成，螺杆中心到地面的高度可根据铺层厚度在 0～120mm 范围内无级调节。

(5)熨平装置　摊铺机的调平大臂与熨平板合称摊铺机的熨平装置，其功能是将输送到

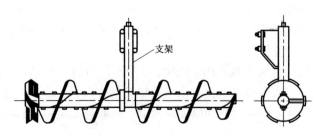

图 10－14　装配式螺旋分料器

摊铺室内的热混合料摊平、捣实和熨平；其结构及工作原理如图 10 – 15 所示。由图 10 – 15 左图可知，调平大臂通过牵引点与主机铰接在一起，另一端与熨平板相连。作业时熨平板的全部质量和大臂的部分质量都压在新铺的混合料上；主机通过牵引点、大臂带动熨平板前进。此时熨平板宛如一块滑雪板在混合料表面上滑行。由图 10 – 15 右图可知，若旋动厚度调节螺杆，让熨平板的后方向下移动时，熨平板底面与其运动方向间便产生一个工作仰角 α。当 α 角一经固定，整个工作装置便成为一个刚性系统。此时，若位于摊铺机履带或轮胎下面的已铺层(或称下卧层)绝对平整，混合料均匀一致，摊铺机以恒速前进，则作用于熨平板上的各个力相互平衡(即熨平板的重力 Q 与板底混合料对熨平板浮力的垂直分力 N 相等；牵引力 S 与混合料对熨平板底面的摩擦力 T 相等)，熨平板将在相对于下卧层一定的垂直高度(即摊铺层厚度)上运动，不会上下浮动，因此摊铺层表面平整，且始终维持同一厚度。当再次旋转厚度调节螺杆，让工作角 α 增加，此时，熨平板受的阻力(浮力)必然增加，其垂直分力亦相应增加，这时 $N > Q$，熨平板势必被抬高，摊铺层加厚。因牵引点 O 的高度并未改变，所以熨平板的抬高相当于工作装置绕 O 点逆时针转了一个角度，这样一来，工作角 α 随之减小，直到重新达到新的平衡状态。同理，当旋转厚度调节螺杆让工作角 α 减小时，熨平板必然下降，摊铺层跟着变薄。由此看来，熨平板工作角的变化，决定着摊铺层的厚度的变化，亦即欲调整摊铺层厚度，可借调整熨平板的工作角来实现。

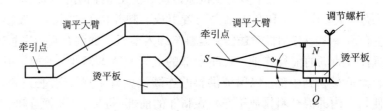

图 10 – 15　烫平装置的结构(左)及工作原理(右)示意图

由图 10 – 15 还可看出，当改变牵引点 O 的高度时，熨平板的工作角 α 亦随着改变。因之，摊铺层厚度亦产生变化。在实际摊铺作业中，下卧层(如路面基层)表面不可能是理想的平面，因此，摊铺机行驶在上面必然会上下浮动和左右摆动，与主机铰接着的大臂牵引点位置将不断变化，熨平板工作角亦跟着变化，所以摊铺层厚度也变化，这将导致压实后路表面平整度的降低。但是，由于大臂较长，加之熨平板质量很大，惯性十足，牵引点细微的位置变化要传到熨平板需要一定的时间。实验证明，大约在摊铺机行驶过 5 倍于调平大臂长度的距离后，这个传递才能全部完成。在正常施工条件下，下卧层的平整度不可能太差，亦即其表面起伏变化的波长不可能太大，在未完成这一传递前，牵引点可能又早已回到了原来的高度位置，对熨平板的影响不是太大，故在很大程度上保证了摊铺层表面的平整，所以摊铺机的这种工作装置起到了"滤波"的作用。

熨平板后部外端的左右两个厚度调节机构，一般采用垂直螺杆结构(图 10 – 16)，靠旋动螺杆调整摊铺厚度。牵引臂铰接点处设有多组连接孔的牵引板，靠不同连接位置和牵引臂连接，以调整熨平板的初始工作角。摊铺厚度的控制，是通过厚度调节机构调节熨平板底板与地面的夹角实现的。

熨平装置框架内部装有拱度调整机构，由螺杆、锁定螺母和标尺等组成。旋动螺杆可使

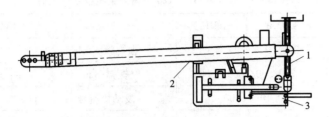

图 10 - 16　熨平板厚度调节机构

1—厚度调节机构；2—侧臂；3—熨平板

两熨平板上端分开或合拢，从而使底板中部抬升或下降，形成熨平板底平面的曲拱度，在标尺上示出拱度值的大小，拱度值一般在 ±3% 范围内调整。调拱机构和左右两端厚度调整机构配合调整，可使熨平板底面形成水平的、双斜坡的、单斜坡的三种形式（如图 10 - 17 所示），以满足摊铺三种不同横断面的需要。

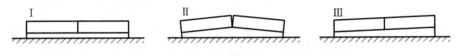

图 10 - 17　摊铺层横截面形状调整示意图

Ⅰ—水平横截面；Ⅱ—双斜坡拱横截面；Ⅲ—单斜坡拱横截面

熨平装置框架内装有振动机构，根据不同的摊铺厚度、摊铺材料及现场施工经验，振动频率可在 0 ~ 60 Hz 范围内无级调节，以获得最佳路面平整度、密实度。振捣器位于刮料板和熨平板之间，悬挂在偏心轴上，液压马达通过传动装置驱动偏心轴转动，使振捣梁做往复运动，对混合料进行初捣实。

液压伸缩式熨平装置因其摊铺宽度可随时调整，在宽度变化频繁的路段，如城市道路等有较好的适应性能，其结构有两件式和三件式两种。三件式是通常采用较多的一种结构式，如图 10 - 18 所示，伸缩部分 2、3 缩回时即为基本摊铺宽度，当需加宽时，伸缩部分 2、3 分别向两边伸出并利用其底面的高度调节机构调整其高度，才能保证铺面平整一致。

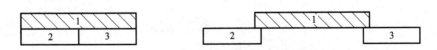

图 10 - 18　液压伸缩熨平板结构示意图

10.2.3　三一重工 LTU90/LTU120 沥青摊铺机主要技术特性

三一重工 LTU90/LTU120 沥青摊铺机主要技术特性如表 10 - 2 所示。

表 10 - 2　LTU90/LTU120 沥青摊铺机技术性能表

类　型	LTU90	LTU120	类型	LTU90	LTU120
摊铺宽度/m	2.5 ~ 9	2.5 ~ 12	振捣频率/Hz	0 ~ 27	
机械加宽伸长量/mm	250/500/1000/1500		振幅/mm	主：3、6、9 副：0、3、6、12	
摊铺厚度/mm	10 ~ 300		发动机型号	BF6M1013C	
作业速度/(m·min⁻¹)	0.8 ~ 12		发动机额定转速/(r/min)	2200	
行驶速度/(km·h⁻¹)	0 ~ 2.4		发动机额定功率/kW	157	
行走方式	全液压驱动、履带行走		三轮一带型号	CAT - D3	
爬坡能力	>20%		主机质量/t	25.2	26.8
斗容量/m³	6.0		外形尺寸/mm	6380 × 2500 × 3680	
熨平板形式	双振捣、振动密实度≥90%		最小离地间隙/mm	160	

思考题

1. 填空题

(1)沥青混合料拌和设备按生产工艺划分为_____ 和_____ 两种。

(2)沥青拌和机的冷集料供给系统包括_____ 和_____ 。

(3)沥青摊铺机按行走装置不同分为_____ 和_____ 。

(4)沥青混合料摊铺机的总体结构包括_____ 、_____ 和_____ 。用于高等级路面施工的沥青混合料摊铺机一般还要另配一套_____ 。

2. 简答题

(1)修筑沥青路面的机械设备有哪些?

(2)简述三一重工 LTU90/LTU120 沥青摊铺机的工作原理。

第 4 篇　建筑及构筑物施工机械

第 11 章　基础处理机械

11.1　概述

各种大型建筑物的基础，无论是基岩或砂砾石层，均需要具有足够的承载能力，可靠的防渗性，抗滑和一定程度的均质性。天然基础很少同时具备这些条件，所以必须处理、改善各项性能，以适合各种建筑基础的要求。基础处理方法多样，大体可分为：直接基础、桩基础、沉箱基础。不同基础要求用不同方法，但灌浆和防渗造墙是其中较常用方法。

灌浆处理的基础称为灌注桩，它是在现场成孔，然后放入钢筋，再浇注混凝土成桩，这种技术在我国被广泛应用于高层建筑、地铁车站、城市立交桥、公路及铁路桥梁、大坝基础等领域。灌注桩施工的关键是成孔，在我国先后采用的成孔工艺有冲击钻进、冲抓钻进、正循环回转钻进、反循环回转钻进、冲击回转钻进、冲击反循环钻进，以及旋挖钻进等。这些工艺所使用的设备从最初的乌卡斯冲击钻机、冲抓机、岩心钻机加装转盘改装成大口径回转工程钻机，到研制出专用的回转桩孔施工钻机、大口径冲击反循环钻机，再到从国外引进并逐渐自行生产先进的旋挖钻机等。在上述钻孔灌注桩成孔施工技术中，旋挖钻进工艺代表了当今的先进水平，是今后基础处理施工技术的发展方向之一。

作为桩基础的另一种形式是预制桩即人工基础，预制桩是在构件厂预先制作好，可以是钢桩、钢筋混凝土桩或木桩。将预制桩贯入土中，有打入法、振动法、沉桩法、静压法等，常用的打桩机械有柴油桩锤、蒸汽锤、液压锤、振动桩锤等，它们的主要特点和适用范围如表 11 - 1 所示。

表 11 - 1　桩工机械主要特点及适用范围

类　　别	主要特点	适用范围
柴油打桩机	由柴油桩锤和打桩架组成,靠桩锤冲击桩头,使桩在冲击力作用下贯入土中	轻型宜于打木桩、钢板桩;重型宜于打钢筋混凝土桩、钢管桩;不适于在过硬或过软土层中打桩
振动沉拔桩机	由振动桩锤和打桩架组成,利用桩锤的机械振动使桩沉入或拔出	宜于沉拔钢板桩、钢筋混凝土桩、钢管桩;宜于沙土、塑性黏土及松软砂黏土;在卵石夹砂及紧密黏土中效果较差
静力压桩机	采用机械或液压方式产生静压力,使桩在持续静压力作用下压至所需深度	适用于压拔板桩、钢板桩、型钢桩以及各种钢筋混凝土方桩;宜于软土基础及地下铁道明挖施工中

11.2   三一重工 SYD853 型连续墙钻孔机

11.2.1   概述

SYD853 型多轴钻孔机是为 SMW(Soil Mixing Wall)工法而开发的专用机械。SMW 工法也叫柱式土壤水泥墙工法,即利用多轴式长螺旋钻孔机在土壤中钻孔,达到预定深度后,边提钻边从钻头端部注入适合不同工程连续墙的水泥浆,由它与原土壤进行搅拌,在原位置上建成一段土壤水泥墙,然后依次再进行相邻钻孔段的土壤水泥墙施工,直至所设计的连续土壤水泥墙建成为止。施工中应使相邻钻孔的土壤水泥墙彼此有一定长度的重合[如图 11-1 (a)所示],同时可根据不同需要,插入工字钢,或钢板桩等其他加固物。

SMW 工法的特点:①防水性好;②施工深度大;③挡土性能好;④施工经济性好。另外与通常的地下连续墙工法和钢板桩工法等相比还有以下优点:①产生残土少,无泥浆二次污染;②工期短;③低振动低噪音。

SMW 工法造成的连续墙在以下几个方面被广泛应用:①地下工事开挖中作防水挡土墙,用工字钢或钢板桩作加强筋[如图 11-1(a)所示];②河流改造工事中作防水墙[如图 11-1 (b)所示];③在大坝下面防止河流水的渗入[如图 11-1(c)所示];④埋设管道时作保护墙[如图 11-1(d)所示]。

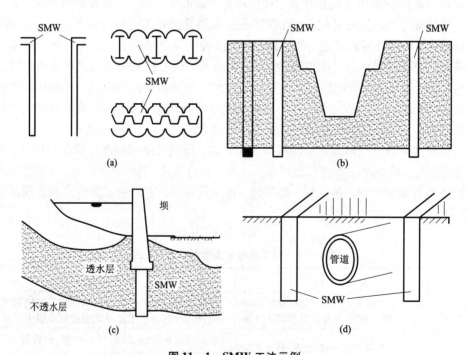

图 11-1   SMW 工法示例
(a)用工字钢或板桩加固的防水挡土墙;(b)河沟两边的防水墙;
(c)大坝下的防渗墙;(d)地下管道沿线的保护墙

SMW 工法的施工，以前均采用单轴式长螺旋钻孔机，一根桩一根桩地施工，桩的连续性、垂直性很难保证，施工效率也低。新开发的 3 轴式连续墙钻孔机如图 11 - 2 所示，它克服了上述缺点，一次作业可同时完成 3 根桩的施工，效率提高 60% 以上，施工工期大大缩短。由于 3 根钻杆的搅拌叶片之间相互交叉，不仅使施工更经济，而且能确保连续墙的防水性。

11.2.2　SYD853 型多轴钻孔机结构

SYD853 型多轴钻孔机如图 11 - 2 所示，它采用履带底盘行走机构，电液驱动，在 360°全回转平台上布置 4 个卷扬，进口变频器可对主卷扬、回转恒扭矩进行调速，从而实现钻进速度平稳可调。该机有 5 种长度组合的双面导轨立柱，最高可达 36 m，并配 $\phi400 \sim 1000$ mm 孔径的长螺旋、$\phi450 \sim 850$ mm 孔径的 SMW 施工法多轴钻、大吨位柴油锤、液压锤、振动锤等 8 种工作装置。

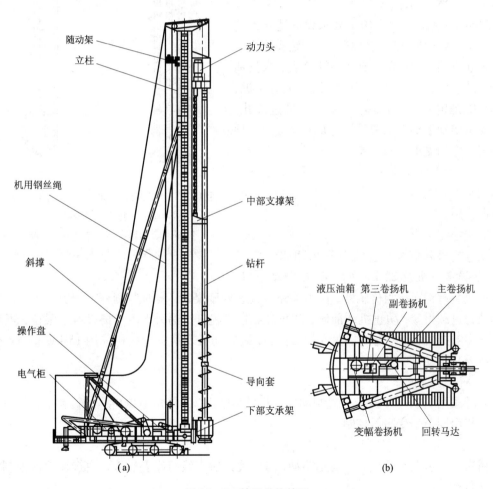

图 11 - 2　钻机结构简图

(a)侧视图；(b)俯视图

1. 工作机构

工作机构如图 11-3 所示，它位于立柱正面，主要由提升导向机构 1、动力头 2、钻杆 3、中间支撑架 4、下部支撑架 5 和钻头 6 等组成。动力头是该机钻进成孔成桩的动力源，它由两台立式电机通过单键与行星减速器连接，通过齿轮组将动力传递给输出轴，在通过输出轴末端的法兰盘与螺旋钻杆上端的连接盘将旋转扭矩传递给螺旋钻杆、钻头进行钻孔作业。钻头所需要的轴推力则由动力头及钻具的重力提供，连接盘是动力头与螺旋钻杆之间起连接作用的部件。螺旋钻杆是由内外六方承插式接头、导流管、螺旋叶片、搅拌叶片组成，可据施工要求设计适合不同地质情况的各种形式螺旋钻杆。螺旋钻头分为定心尖式硬土钻头和鱼尾式软土钻头 2 种，根据地质情况的不同，可选择不同螺旋钻头进行钻进，它的功能是定心、切削、输送钻屑与钻进成孔。中间支承架和下部支承架是钻进成孔的定径、导向装置。中间支承架的功能是使 3 根钻杆保持一定距离，而无叶片钻杆可在其中上下移动；下部支承架是由闭式结构架体和导向滑块组成，起对桩导向作用。

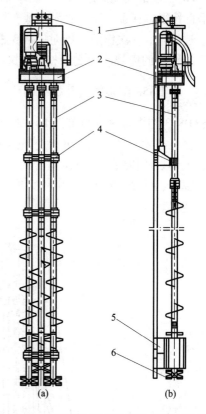

图 11-3　SYD853 型多轴钻孔机的工作机构

(a)侧视图；(b)俯视图

1—提升导向机构；2—动力头；3—钻杆；
4—中间支撑架；5—下部支撑架；6—钻头

2. 卷扬机系统

主卷扬机和变幅卷扬机分别采用 30 kW 的 YZ 三相异步电机及 22 kW 的 YEJ 型制动电机。主卷扬机装有钢绳拉力传感器，拉力采样值送进数显仪表，实时监测钢绳拉力的大小，实现钢绳拉力过载报警，防止机体前倾，防止过载损坏桅杆。另外，主卷扬设有上限位，可防止冲顶。主卷扬机、变幅卷扬机由变频器控制，副卷扬机及第三卷扬机采用 15 kW 的 YZ 鼠笼式三相异步电动机驱动。

3. 回转系统

回转采用 18.5 kW 的带电磁制动式三相异步电机，回转角为 360°，回转和主卷扬机、变幅卷扬机由同一个变频器控制。

4. 行走系统

履带行走由左右两个液压马达驱动，可实现前后直线行走及转弯，由操纵手柄控制，操作方便直观。

5. 液压系统

油泵由电机驱动，由液压实现的动作有：行走、支腿伸缩、履带展宽、人字架升降、立柱调节(左右立柱支撑由斜撑油缸伸缩来调节，根据立柱倾斜角度，通过操作按钮进行立柱前后调整)。4 个支腿油缸由 8 个按钮控制，可实现 4 个油缸同时伸缩，也可分别单独伸缩。

11.2.3　SYD853 型连续墙钻孔机的主要性能参数

SYD853 型连续墙钻孔机的主要性能参数如表 11 - 2 所示。

表 11 - 2　SYD853 型连续墙钻孔机主要参数

项　　目	参　　数
钻孔直径/mm	$\phi850 \times \phi850 \times \phi850$
钻孔头数	3
钻杆中心距/mm	600×600
钻孔最大深度/m	20；$\phi650$ 钻机可达 27
钻杆转速/(r·min^{-1})	16/32
钻杆直径/mm	$\phi273$
钻杆基本长度/m	3、6
钻杆平均扭矩/kN·m	30.6
钻杆最大扭矩/kN·m	90
配用浆、气管内径/mm	$\phi32$
行驶速度/(km·h^{-1})	0.3 ~ 0.6
回转驱动功率/kW	18.5
液压系统压力/MPa	行走 28
行走方式/回转角度/(°)	液压履带式/360
桩架爬坡能力/(°)	18(上下基坑时拆去桅杆)；2(带桅杆)
立柱支撑方式	三支点支撑
立柱组合长度/m	36/21；24；27；30；33
立柱直径/mm	720
立柱许用拔桩力/kN	600
大/小导轨中心距/mm	600/330
立柱倾斜范围/(°)	前倾 5；后倾 5
斜撑调整线速度/(m·min^{-1})	0.78
接地比压/MPa	(不带工作装置)：支腿 0.46；履带轨道：0.065
组合配重质量/t	9.5、3.5、3.5
整机外形尺寸/m	$10.29 \times 4.4 \times 36$
整机质量/t	69.9(不包括配重)

11.3 桩工机械

11.3.1 筒式柴油打桩机

柴油锤是以柴油为燃料的二冲程柴油发动机,是由柴油打桩锤和桩架两部分组成的。根据冲击部分的不同,柴油打桩机可分为筒式柴油打桩机和导杆式柴油打桩机。筒式柴油打桩机为活塞冲击式,构造先进,打桩能量大,工作效率高,能打各种类型的桩。导杆式柴油打桩机为汽缸冲击式,构造简单,但打桩能量小,只能打小型桩。

1. 筒式柴油打桩机的构造

筒式柴油打桩机主要由锤体、燃油供给系统、润滑系统、冷却系统及起落架等几部分组成。

(1)锤体 锤体是由汽缸、缓冲装置、导向装置等组成,图 11 - 4 为筒式柴油打桩机锤体结构图。

①汽缸。圆筒形的汽缸分为上、下两部,且用螺栓连接。上部分为导向缸 1,它的外部焊有控制起落架 16 上升、下降的碰块 15 和 18;下部分 27 的外面焊装有油箱、水箱(水冷)或散热片 23、26,在其中部还安装有燃油泵 7 和燃油接管 6、进气排管、导向板 20。导向板安装在立柱上,可使锤体沿立柱导轨上下往复运动,起导向作用。

②活塞。活塞主要由上、下活塞组成。头部为球形的上活塞 4 为自由活塞,装在汽缸下部 27 内部,它与下活塞 11 头部凹面相碰接触面形成一环状楔形间隙的燃烧室。上活塞的头部装有起密封作用的活塞环 9,中部装有钢导向环 5,钢导向环 5 保证上活塞沿缸体中心上、下运动而不发生偏斜,顶部装有一个润滑油室 2,润滑油借上活塞工作时的振动(惯性)作用,从四周小孔溢出以润滑缸壁。

下活塞 11 包括头部、防漏带、导向带底部等部分,下活塞也装在汽缸下部 27 内部。为防止在安装桩锤和搬运过程中下活塞从下缸体内滑出(下活塞不是固装在下汽缸

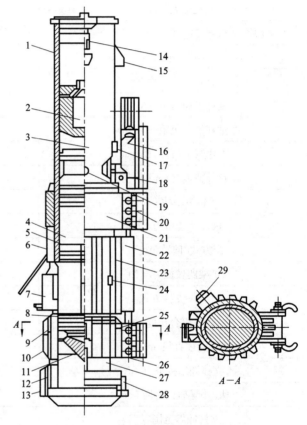

图 11 - 4 筒式柴油打桩机锤体结构图

1—导向缸;2—润滑室;3—上汽缸;4—上活塞;5—钢导向环;6—燃油接管;7—燃油泵;8—阻挡块;9—活塞环;10—燃烧室;11—下活塞;12—缓冲橡胶垫;13—安全卡板;14—桩锤吊钩;15—上碰块;16—起落架;17—吊装锤突块;18—下碰块;19—安全螺钉;20—导向板;21—燃油箱;22—自动加油泵油箱;23、26—散热片;24—吸排汽缸;25—下活塞加油孔;27—下汽缸;28—下法兰;29—螺栓

内），在桩锤不工作时要用安全卡板 13 和螺栓 29 挂在下法兰盘 28 上（桩锤工作时应将安全卡板卸下）。

（2）燃油供给系统　筒式柴油锤燃油供给系统是由燃油箱 21、滤油器和燃油接管 6、燃油泵 7 等组成。

（3）起落架　起落架（图 11 - 5）安装在桩机主柱的柱锤滑道上，其作用是提升桩锤，在启动时提升上活塞。

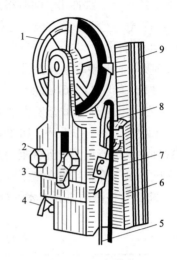

① 提升桩锤。拉动机械锁 7 的操纵绳，拉杆 8 顺时针向上转一角度，带动某轴上的齿轮旋转，齿轮 2 又带动齿条与齿爪一起伸出，勾住桩锤外侧突块 17（图 11 - 4），桩锤随起落架升起而被吊起；拉动拉杆 8 向逆时针转动，桩锤脱离起落架。

② 提升上活塞。起落架下落，上摇杆 4 碰到桩锤汽缸下碰块，启动钩 3 伸出，勾住上活塞凹槽处，上活塞随起落架升起；上活塞提升到一定高度，摇杆 4 碰到汽缸上碰块，启动钩 3 缩回，上活塞自行下落，完成启动动作。

图 11 - 5　起落架
1—滑轮；2—齿轮；3—启动钩；4—摇杆；
5—机械锁操纵绳；6—拉杆操纵绳；
7—机械锁；8—拉杆；9—导向板

2. 筒式打桩锤的工作原理

筒式柴油打桩机工作过程分压缩、冲击雾化、燃烧爆发、排气、吸气、扫气等几个过程，如图 11 - 6 所示。

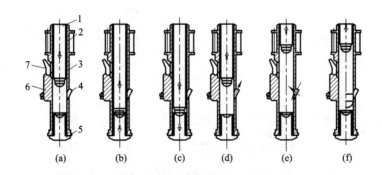

图 11 - 6　筒式柴油机打桩锤工作过程图
（a）喷油和压缩；（b）冲击；（c）爆炸；（d）排气；（e）吸气；（f）活塞下行并扫气
1—活塞；2—柴油箱；3—汽缸；4—吸、排气口；5—锤座；6—喷油泵；7—油泵操纵压块

（1）压缩　卷扬机和起落架将上活塞 1 提升，活塞上行过程完成进气、燃油泵吸油。活塞上升至一定高度时，起落架上的摇杆与上汽缸的上碰块相撞便自动脱钩，上活塞靠自重下落，落至燃油泵曲臂处，推动曲臂压下燃油泵柱塞，将燃油喷入下活塞凹形球碗 5 的中心。活塞继续下行封闭吸、排气孔 4，开始压缩空气，如图 11 - 6（a）所示。这时燃烧室内的压力，温度升高。

（2）冲击雾化　上活塞下落，一部分动能使缸体内空气压缩，气温升高；另一部分动能转化为冲击机械能，冲击下活塞，使下活塞凹形球碗中的燃油被冲击飞溅雾化。在下活塞受到冲击的同时,使下沉的桩也受到一次冲击,如图 11 - 6(b)所示。

(3)燃烧爆发　雾化了的燃油与高压高温空气混合燃烧。燃烧时产生大的爆发力,一方面对下沉桩进行二次冲击,同时将推动上活塞跳起,如图 11 - 6(c)所示。

(4)排气　上活塞受爆破力上行,当超过吸、排气孔 4 后,吸排气孔打开,废气排出,如图 11 - 6(d)所示。

(5)吸气　上活塞继续上升时,上汽缸内容积增大,压力降低,新鲜空气被吸入缸内,完成吸气过程,如图 11 - 6(e)所示。

(6)扫气　上活塞被爆发力推到一定高度,燃油泵完成第二个循环吸油,又靠自重落下扫气,开始第二个工作循环,如图 11 - 6(f)所示。

这种桩锤的特点是:沉桩阻力越大,压缩比就越高,燃油雾化也越好,冲击能量也就越大。在软地基,活塞起跳高度下降,冲击能量将减小。

3. 筒式打桩锤的主要技术性能如表 11 - 3 所示。

表 11 - 3　筒式打桩锤的主要技术性能

型号	冷却方式	冲击部分质量/kg	冲击部分最大行程/mm	最大打击能量/kN·m	打击次数/Hz	最大爆发力/kN	燃油箱容积/L	总高/mm
D1,4	风冷	140	2080	2.49	80	80	1.2	260
D12	风冷	1200	2500	30	60	500	21	3830
D18	风冷	1800	2500	45	60	600	37	3947
D25	水冷	2500	2500	62.5	60	1080	46	4870
D32	水冷	3200	2500	80	60	1500	48	4700
D35	水冷	3500	2500	87.5	60	1500	50	4700
D40	水冷	4000	2500	100	60	1900	58	4780
D45	水冷	4500	2500	112.5	60	1900	62	4900
D50	水冷	5000	2500	125	60	2140		4780
D60	水冷	6000	3000	180	60	2800	130	5770
D72	水冷	7200	3000	216	60	2800	158	5905

11.3.2　振动桩锤

1. 振动桩锤的工作原理

振动桩锤沉桩的原理是迫使桩身产生高频振动,桩体周围的土层由于振动作用使土壤颗粒发生位移,桩就在振动打桩机和桩体自重作用下沉入土壤中。

振动桩锤中使桩产生振动的工作装置称为振动器。振动器是利用一个自由转轴带动高速旋转的偏心块产生离心力 P,即:

$$P = m\omega^2 r, N$$

式中　m——偏心块的质量；

　　　ω——角速度；

　　　r——偏心块质心至回转中心的距离。

图 11 – 7(a)所示振动器是由单个偏心
块组成的，偏心块产生的离心力 P 通过支承
轴承、振动器的外壳传给桩柱，使桩产生高
频振动。这一离心力 P 的方向将随着转角不
同而发生变化，使桩产生圆振动。桩的横向
振动对沉桩并不利，为避免这一缺点，振动
器一般是由两根带偏心块的高速轴组成，两
轴转速相等、方向相反，如图 11 – 7(b)所
示。两轴所产生的水平分力 P_1 相互抵消，而

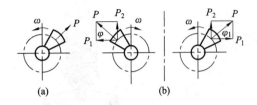

图 11 – 7　振动打桩机的工作原理

(a)单偏心块振动器；(b)双偏心块振动器

垂直方向分力 P_2 则叠加起来，其合力称为激振力，其值为：

$$F = 2\, m\omega^2 r\sin\varphi, N$$

式中　F——激振力，N；

　　　φ——位置角，(°)；

　　　其他符号意义同前。

在激振力 F 的作用下，桩身沿垂直方向产生强迫振动。

2. 振动桩锤的分类

各类振动桩锤主要是由原动机、振动器、夹桩器和吸振器等基本部件组成的。振动桩锤
按其结构特点不同又可分为：刚性振动桩锤、柔性振动桩锤、振动冲击式桩锤等类型，
图 11 – 9所示为振动桩锤简图。

(1)刚性振动桩锤[图11 – 8(a)]　原动
机与振动器为刚性连接，结构较简单。由于
原动机参加振动，增大了振动体质量，使得
动力性和沉桩效果都较好，但原动机因无避
振，也易损坏。

(2)柔性振动桩锤[图11 – 8(b)]　柔
性振动桩锤的原动机与振动器用减震弹簧隔
离，原动机不参加振动，原动机不易损坏，
但结构较复杂。

(3)振动冲击式桩锤[图11 – 8(c)]　这
种桩锤的振动器通过弹簧安装在桩帽上，在
振动器和桩帽之间装有上、下锤砧。工作时

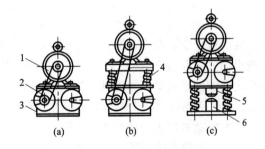

图 11 – 8　振动打桩机简图

(a)刚性；(b)柔性；(c)冲击

1—电动机；2—振动器；3—传动皮带；

4—弹簧；5—上锤砧；6—下锤砧

振动器所产生的振动，并不直接传到桩上，而是通过上、下锤砧相撞产生冲击作用到桩上。
当偏心块反向旋转时，振动器壳体作垂直定向振动，同时给予下锤砧以快速的一连串打击，
具有很大的振幅和冲击。振动冲击式打桩机沉桩入土既靠振动，又靠冲击；功率消耗小，适
于黏土或硬土层上打桩，但工作时噪声大，能量有损失，原动机受频繁振动易损坏。

3. 振动桩锤基本组成

图 11 -9 为振动桩锤外貌图,它由电动机 1、振动器 2、夹桩器 3、弹簧 4、皮带传动 5 等部件组成。

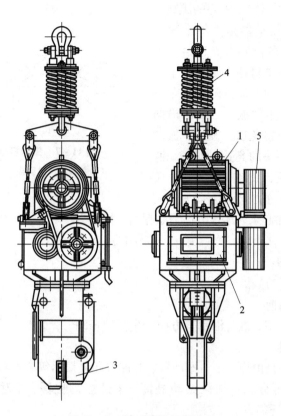

图 11 -9　振动打桩机的外貌
1—电动机；2—振动器；3—夹桩器；4—弹簧；5—皮带传动

电动机 1 安装在振动器 2 的上面,通过皮带传动驱动振动器的一根轴。在振动器箱体内的两根轴上装有偏心块(图 11 -10),动力经皮带轮通过轴带动一对啮合的齿轮,使两根装有偏心块的轴同步运动。每根轴上装有两组偏心块,每组偏心块是由一个固定块和一个活动块组成,调整活动块和固定块位置可满足沉桩、拔桩作业需要。

大型振动桩锤为增加打击力,振动器可制成二对轴、三对轴,其工作原理与上述一对轴相似,只是将偏心块分散装在心轴上。振动器的频率变化是通过变换主、从动皮带轮的直径得到的。

振动器所产生的激振力传到桩身,是依靠夹桩器与桩刚性相连,使桩与振动打桩机成为一体,一起振动。在大型振动打桩机中多采用液压夹桩器,液压夹桩器主要由液压缸 1、倍率杠杆 2 和夹钳 3 组成,夹钳可根据不同形状的桩来更换。液压夹桩器结构如图 11 -11 所示。

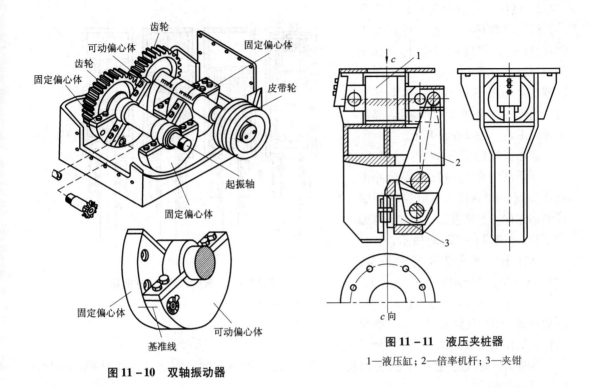

图 11 –10　双轴振动器

图 11 –11　液压夹桩器

1—液压缸；2—倍率机杆；3—夹钳

4. 振动桩锤的技术性能参数如表 11 –4 所示。

表 11 –4　振动桩锤的技术性能参数

型　号	VX –40		VX –60		VX –80	
电动机功率/kW	30		45		75	
偏心力矩/(N·m)	100	130	150	210	220	360
振动频率/Hz	15 ~25		15 ~25		15 ~25	
激振力/kN	91	252	135	377	199	553
空载振幅/mm	3.1	4.0	3.5	4.8	3.4	5.5
空载加速度/(m·s^{-2})	2.8 ~7.9		3.1 ~8.6		3.0 ~8.5	
质量/kg	4000		5250		7400	
外形尺寸/mm	1360 ×1002 ×2189		1452 ×1096 ×2288		1556 ×1247 ×2550	
厂商	兰州建筑通用机械总厂					

11.3.3　液压桩锤

柴油桩锤的最大缺点是在使用时噪声大、振动大，在工作时不断排出废气造成严重的公害。液压桩锤既有足够的作用力，又有较长的作用时间，是较理想的打桩机械。

1. 液压桩锤的构造及工作原理

密闭的缸体 2 是液压桩锤的工作部分(图 11 – 12)。在缸体上部充满液压油,中部充满惰性气体,浮动活塞 3 将油和气隔开,缸体下部装有冲击头 4。上述所有装置全部装在外壳 1 内,并坐在桩 8 上。

液压桩锤的工作分四个过程:

①下落　驱动油缸 5 提升冲击缸体 2 到一定高度后,由控制阀变换给油方向、上腔进油、冲击缸体加速下落,如图 11 – 12(a)所示;

②冲击　冲击头 4 打击桩头,如图 11 – 12(b)所示;

③加压　冲击缸体通过液压油、浮动活塞、惰性气体和冲击头,继续对桩施加压力,如图 11 – 12(c)所示;

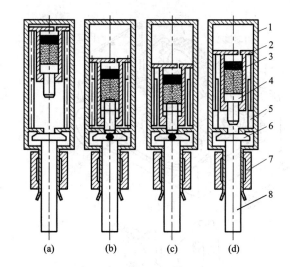

图 11 – 12　液压打桩机工作循环
(a)下落;(b)冲击;(c)加压;(d)提升

④提升　驱动油缸 5 下腔进油将冲击缸体再次提升起来,完成一个工作循环,如图 11 – 12(d)所示。

2. 液压桩锤的优点

①液压桩锤使用时冲击作用时间长,沉桩能量大,桩头不易打崩,适合在各种土壤中使用;②冲击频率高,升降迅速,下落加速度大,打桩效率高;③打桩时无废气、无噪声、无振动等公害;④适合于打斜桩,由于桩锤密闭,又可用于水下打桩。

3. 液压桩锤主要技术参数如表 11 – 5 所示。

表 11 – 5　液压桩锤主要技术参数

型号	HBM500	HBM900	HBM1500	HBM3000A	HBM4000
额定驱动能量/(kN·m)	140	350	570	1580	2320
桩锤净冲击能量/(kN·m)	100	240	400	1100	1600
冲击频率/Hz	0.66 ~ 1.16	0.66 ~ 1.16	0.66 ~ 1.16	0.66 ~ 1.16	0.66 ~ 1.16
冲击部分质量/kN	43	140	250	690	930
桩套容纳桩外径/cm	91	150	183	213	213
柴油机功率/kW	220.5	661.5	1102.5	2646	3234
外形尺寸/m	6.8 × 1.3 × 1.8	9.0 × 1.8 × 2.7	10.3 × 2.4 × 3.3	12.2 × 3.2 × 4.3	13.1 × 3.2 × 4.3

11.3.4　其他打桩机械

1. 落锤

落锤有两种形式：①机动落锤。锤头挂在绞车钢丝绳端，提升到一定高度后，松开卷筒离合器、制动器，锤头在自重作用下沿桩架下滑，冲击打桩。②人工落锤。以铁块为锤头，悬挂在钢丝绳端，钢丝绳通过几米高的打桩架顶上的滑轮，利用人力通过钢丝绳将锤头提起到一定高度，然后放松钢丝绳，靠重锤自落捶打桩头。落锤这种打桩设备结构简单、使用方便，但当锤头太重或自落高度太大时，易将桩打坏，且打桩效率也很低。

2. 蒸汽打桩机

蒸汽打桩机是靠蒸汽压力和锤头自重打桩，打击能量较大，还可打斜桩。这种打桩机必须配有一套体积庞大的锅炉设备，使用起来不方便。在世界上有些国家利用压缩空气代替蒸汽大有兴起之势。

3. 压桩机

压桩机是利用机械或液压油缸产生的力量，使桩硬压入土中。压桩机施工无振动、无噪声、无污染，对周围影响小。

思考题

1. 简述柴油打桩机、振动沉拔桩机和静力压桩机各自的特点。
2. 什么是静力压桩机？
3. 简述 SMW 工法的施工过程。
4. 简述振动桩锤的作用原理。

第 12 章　钢筋加工机械

在工程施工中广泛采用钢筋混凝土和预应力钢筋混凝土结构，因此，钢筋加工机械已成为建设施工中一种重要的机械。盘圆的细钢筋的加工程序为：开盘→冷加工→调直→切断→弯曲→点焊或绑扎成型；直条的细钢筋的加工程序是：除锈→对焊→冷拉→切断→弯曲→焊接或机械连接成型；直条粗钢筋的加工程序是：调直→除锈→对焊→切断→弯曲→焊接或机械连接成型。主要钢筋加工机械有钢筋调直机、钢筋切断机、钢筋弯曲机和钢筋镦头机。

12.1　钢筋调直机

钢筋调直机用于将成盘的细钢筋和经冷拔的低碳钢丝调直，目前常用的定型调直机有 GT4/8 型和 GT4/14 型以及数控钢筋调直机等。

这种类型的机械具有一机多用的功能，它能在一次操作中完成自动调直、输送、切断，并兼有除锈作用。数控钢筋调直机，可利用光电管进行上述功能的自动控制；钢筋调直切断机能自动调直和定尺寸切断钢筋，并可对钢筋进行除锈。

钢筋调直切断机按调直原理的不同可分为孔模式和斜辊式两种；按其切断机构的不同有下切剪刀式和旋转剪刀式两种。下切剪刀式又由于切断控制装置的不同可再分为机械控制式和光电控制式。

12.1.1　孔模式钢筋调直切断机

图 12 - 1 所示为 GT4/8 型孔模式钢筋调直切断机的结构示意图，它由调直滚筒 2、传动箱 3、机座 4、承料架 5 和定长器 6 等组成。其工作原理是：电动机的输出轴端装有两个带轮，大带轮带动调直筒旋转，小带轮通过传动箱带动送料辊和牵引辊旋转，并且驱动切断装置，当调直后的钢筋进入承料架滑槽内时被切断。

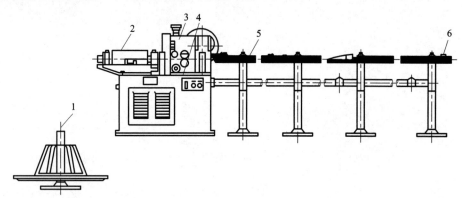

图 12 - 1　GT4/8 型钢筋调直切断机示意图

1—盘料架；2—调直滚筒；3—传动箱；4—机座；5—承料架；6—定长器

12.1.2　数控钢筋调直切断机

数控钢筋调直切断机是采用光电测长系统和光电计数装置，自动控制钢筋的切断长度和切断根数，切断长度的控制更准确。GTS3/8 型数控钢筋调直切断机的工作原理如图 12-2，其调直、送料和牵引部分与 GT4/8 型钢筋调直切断机基本相同，在钢筋的切断部分增加了一套由穿孔光电盘 9、光电管 6 和 11 等组成的光电测长系统及计量钢筋根数的计数信号发生器。常用钢筋调直机主要技术性能如表 12-1。

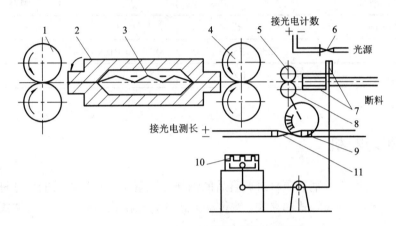

图 12-2　GTS3/8 型数控钢筋调直切断机

1—送料辊；2—调直筒；3—调直模 4—牵引辊；5—传送压辊；
6、11—光电管；7—切断装置；8—摩擦轮；9—光电盘；10—电磁铁

表 12-1　常用钢筋调直机主要技术性能

型　号	GT4/8	GT4/14	数控钢筋调直切断机
调直钢筋直径/mm	4~8	4~14	4~8
自动切断长度/m	0.3~6.0	0.3~7.0	<10
调直速度/(m·min⁻¹)	40	30~54	30
调直筒转数/(r·min⁻¹)	2800	1800	
调直用电动机型号	JO2-42-4	JO2-41-4	JO2-31-4
调直用电动机功率/kW	5.5	4	2.2
调直用电动机转数/(r·min⁻¹)	1440	1440	1430
曳引轮直径/mm	90	110	
曳引轮转数/(r·min⁻¹)	142		
剪切刀数目/对		3	
切断用电机型号		JO2-52-8	JO2-31-4
切断用电机功率/kW		5.5	2.2
切断用电机转数/(r·min⁻¹)		710	1430

续表 12-1

型　　号	GT4/8	GT4/14	数控钢筋调直切断机
最大切断数量/(根/h)			4000
根数控制范围/根			>9999
光电脉冲频率/Hz			500
计数器接受频率/Hz			<1000
三相制动电磁铁型号			MZS1A-80H
切断长度误差/mm	<3	3	<2
外形尺寸/mm	7250×550×1220	8860×1010×1365	
总质量/kg	1000	1420	

12.2　钢筋切断机

钢筋切断机是用于对钢筋原材或调直后的钢筋按混凝土结构所需要的尺寸进行切断的专用设备。按结构形式分为卧式和立式；按传动方式分为机械式和液压式。机械式切断机又分为曲柄连杆式和凸轮式。

12.2.1　曲柄连杆式钢筋切断机

图 12-3 是曲柄连杆式钢筋切断机的外形和传动系统。它主要由电动机 1、带轮 2、两对齿轮 3 和 9、曲柄轴 4、连杆 8、滑块 7、动刀片 5 和定刀片 6 等组成。由曲柄轴连杆带动的在滑道中往复运动的动刀片，与固定在机座上的定刀片相配合切断钢筋。

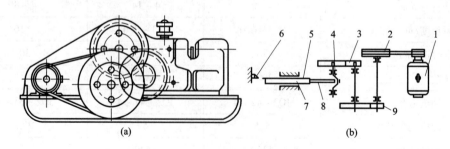

（a）　　　　　　　　　　　　　　（b）

图 12-3　曲柄连杆式钢筋切断机

（a）外形；（b）传动系统

12.2.2　液压式钢筋切断机

液压钢筋切断机有电动和手动 2 种。电动液压钢筋切断机又分为移动式和手持式。DYJ-32 型电动液压钢筋切断机的结构如图 12-4 所示，其工作原理为：由电动机直接带动柱塞式高压泵工作，泵产生的高压油推动活塞运动，从而推动动刀片实现切断动作。当高压油推动活塞运动到一定位置时,两个回位弹簧被压缩而开启主阀,工作油开始回流。弹簧复位后,方可继续工作。液压钢筋切断机主要技术性能表如表 12 - 2 所示。

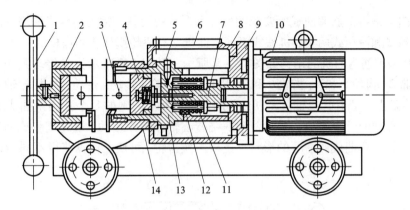

图 12 - 4　DYJ - 32 型电动液压钢筋切断机

1—手柄;2—支座;3—主刀片;4—活塞;5—放油阀;6—观察玻璃;7—偏心轴;8—油箱;
9—连接架;10—电动机;11—柱塞;12—油泵;13—缸体;14—皮碗

表 12 - 2　液压钢筋切断机主要技术性能表

形式	电动	手动	手持	
型号	DYJ - 32	SYJ - 16	GQ - 12	GQ - 20
切断钢筋直径/mm	8 ~ 32	16	6 ~ 12	6 ~ 20
工作总压力/kN	320	80	100	150
活塞直径/mm	95	36		
最大行程/mm	28	30		
液压泵柱塞直径/mm	12	8		
单位工作压力/MPa	45.5	79	34	34
液压泵输油率/(L · min^{-1})	4.5			
压杆长度/mm		438		
压杆作用力/N		220		
贮油量/kg		35		
电动机型号	Y 型		单相串激	单相串激
电动机功率/kW	3		0.567	0.75
电动机转速/(r · min^{-1})	1440			
外形尺寸/mm	889 × 396 × 398	680	367 × 110 × 185	420 × 218 × 130
总质量/kg	145	6.5	7.5	14

12.3　钢筋弯曲机

钢筋弯曲机是将钢筋弯曲成所要求的尺寸和形状的设备。常用的台式钢筋弯曲机按传动方式分为机械式和液压式两类，机械式钢筋弯曲机又有蜗轮蜗杆式和齿轮式。

GW－40 型钢筋弯曲机的结构如图 12－5 所示，图 12－6 所示为其传动系统。它由电动机 1 经三角带 2、齿轮 8 和 9、齿轮 6 和 7、蜗杆 3 和蜗轮 4 传动，带动装在蜗轮轴上的工作盘 5 转动。工作盘上一般有 9 个轴孔，中心孔用来插心轴，周围的 8 个孔用来插成型轴。当工作盘转动时，心轴的位置不变，而成型轴围绕着心轴作圆弧运动，通过调整成型轴位置，即可将被加工的钢筋弯曲成所需的形状。更换配换齿轮，可使工作盘获得不同转速。钢筋弯

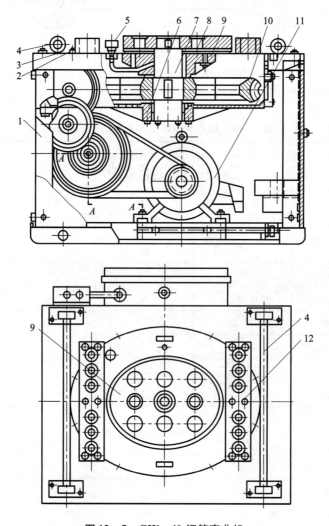

图 12－5　GW－40 钢筋弯曲机

1—机架；2—工作台；3—插座；4—滚轴；5—油杯；6—蜗轮箱；
7—工作主轴；8—立轴承；9—工作圆盘；10—蜗轮；11—电动机；12—孔眼条板

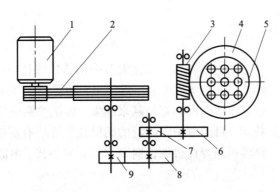

图 12 - 6　GW - 40 型钢筋弯曲机传动系统

1—电动机；2—三角带；3—蜗杆；4—蜗轮；5—工作盘；6、7—配换齿轮；8、9—齿轮

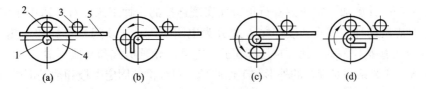

(a)　　　　　　　(b)　　　　　　　(c)　　　　　　　(d)

图 12 - 7　钢筋弯曲机工作过程

(a)装料；(b)弯 90°；(c)弯 180°；(d)回位

1—心轴；2—成型轴；3—挡铁轴；4—工作盘；5—钢筋

曲机的工作过程如图 12 - 7。将钢筋 5 放在工作盘 4 上的心轴 1 和成型轴 2 之间，开动弯曲机使工作盘转动，由于钢筋一端被挡铁轴 3 挡住，因而钢筋被成型轴推压，绕心轴进行弯曲，当达到所要求的角度时，自动或手动使工作盘停止，然后使工作盘反转复位。如要改变钢筋弯曲的曲率，可以更换不同直径的心轴。GW 型钢筋弯曲机主要技术性能如表 12 - 3 所示。

表 12 - 3　GW 型钢筋弯曲机主要技术性能表

型号	GW32	GW40	GW40C	GW40B
弯曲钢筋直径/mm	6 ~ 32	6 ~ 40	40	40
工作盘直径/mm	220	400	390	390
工作盘转速/(r · min^{-1})	4.6	3.7/5.3/8/9/ 14	10	9 ~ 18
配套电机型号	Y112M - 5	Y100L2 - 4	Y100L1 - 4	YDEJ80L - 4/2
配套电机功率/kW	2.2	3	2.2	1.6/2.2
配套电机转速/(r · min^{-1})	1000	1440	1420	1300/2600
整机质量/kg	200	450	400	440
外形尺寸/mm	650 × 730 × 760	897 × 860 × 758	980 × 500 × 660	980 × 500 × 660

12.4　钢筋焊接机

钢筋混凝土结构中的钢筋需进行连接，以往大多采用搭接绑扎方法，该方法不仅受力性能差，浪费材料，而且影响混凝土的浇筑质量。近年来，随着高层建筑的发展和大型桥梁工程的增多，结构工程中的钢筋布置密度和直径越来越大，传统的钢筋连接方法已不能满足需要，出现了新的钢筋连接技术，目前应用较广泛的钢筋连接方法有焊接和机械连接两类。本节仅介绍钢筋焊接机械，目前钢筋焊接机械普遍采用闪光对焊接、电渣压力焊接和气压焊接三种方法。

12.4.1　钢筋对焊机

对焊属于塑性压力焊接，它是利用电能转化成热能，将对接的钢筋端头部位加热到近于熔化的高温状态，并施加一定压力实行顶锻而实现连接的一种工艺。对焊适用于水平钢筋的预制加工，对焊机的种类很多。按焊接方式分为电阻对焊、连续闪光对焊和预热闪光对焊；按结构形式分为弹簧顶锻式、杠杆挤压弹簧式、电动凸轮顶锻式和气压顶锻式等。

图 12 - 8 是 UN_1 系列对焊机的外形和工作原理。对焊机的固定电极和活动电极分别装在固定平板 2 和滑动平板 3 上，滑动平板可以沿机身 1 上的导轨移动，并与加压机构相连。电流由变压器次级线圈 10 通过接触板引到电极上，当移动活动电极使两根钢筋端头接触时，造成短路，电阻很大，通过电流很强，钢筋端部温度升高而熔化，同时利用加压机构压紧，使钢筋端部牢固地焊接到一起，随即切断电流，便完成焊接。钢筋对焊机主要技术性能如表 12 - 4。

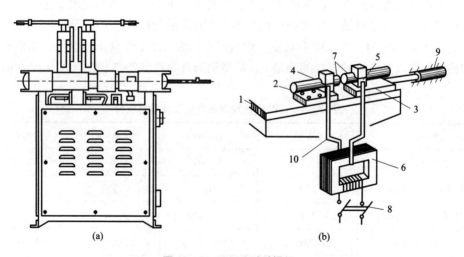

图 12 - 8　UN_1 系列对焊机

（a）外形；（b）工作原理

1—机身；2—固定平板；3—滑动平板；4—固定电极；5—活动电极；
6—变压器；7—待焊钢筋；8—开关；9—加压机构；10—变压器次级线圈

表 12 - 4　钢筋对焊机主要技术性能表

型　　　号	UN₁ - 25	UN₁ - 75	UN₁ - 100
传动方式	杠杆加压式	杠杆加压式	杠杆加压式
额定容量/kVA	25	75	100
额定电压/V	220/380	220/380	380
暂载率/%	20	20	20
初级线圈电压调节范围/V	1.75 ~ 3.52	3.52 ~ 7.04	4.5 ~ 7.6
次级线圈电压调节级数	8	8	8
钳口夹紧力/kN			35 ~ 40
弹簧加压的最大顶锻力/kN	1.5	30	40
杠杆加压的最大顶锻力/kN	10		
钳口最大距离/mm	50	80	80
弹簧加压的最大送料行程/mm	15	30	40 ~ 50
杠杆加压的最大送料行程/mm	20		
弹簧加压低碳钢的焊件最大截面积/mm²	120	600	1000
杠杆加压低碳钢焊件最大截面积/mm²	300		
铜焊件最大截面积/mm²	150		
黄铜焊件最大截面积/mm²	200		
铝焊件最大截面积/mm²	200		
焊接生产率/(次·h⁻¹)	110	75	20 ~ 30
冷却水消耗量/(L·h⁻¹)	120	200	200
总质量/kg	275	445	465
外形尺寸/mm	1335 × 480 × 1300	1520 × 550 × 1080	1580 × 550 × 1150

12.4.2　钢筋点焊机

点焊是使相互交叉的钢筋,在其接触处形成牢固焊点的一种压力焊接方法。其工作原理与对焊基本相同,适合于钢筋预制加工中焊接各种形式的钢筋网。电焊机的种类也很多,按结构形式可分为固定式和悬挂式;按压力传动方式可分为杠杆式、气动式和液压式;按电极类型又可分为单头、双头和多头等形式。

图 12 - 9 是点焊机的外形和工作原理。点焊时,将表面清理好的钢筋交叉叠合在一起,放在两个电极之间预压夹紧,使两根钢筋 2 在交叉点紧密接触。然后踏下踏板,弹簧 5 使上电极压到钢筋交叉点上,同时断路器也接通电路,电流经变压器次级线圈引到电极,两根钢筋的接触处在极短的时间里产生大量的电阻热,把钢筋熔化,在电极压力作用下形成焊点。当松开脚踏板时,电极松开,断路器断开电源,点焊结束。钢筋点焊机主要技术性能如表 12 - 5。

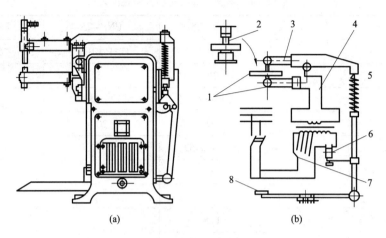

(a)　　　　　　　　　　　　　　　　(b)

图 12 - 9　点焊机

(a)外形；(b)工作原理

1—电极；2—钢筋；3—电极臂；4—变压器次级线圈；

5—弹簧；6—断路器；7—变压器调节级数开关；8—脚踏板

表 12 - 5　钢筋点焊机主要技术性能表

型　式	短 臂 式		长 臂 式	
型号	$DN_1 - 25$	$DN_1 - 75$	$DN_3 - 75$	$DN_3 - 100$
传动方式	杠杆弹簧式	电动凸轮式	气压传动式	气压传动式
额定容量/kVA	25	75	75	100
额定电压/V	220/380	380		
额定暂载率/%	20			
初级额定电流/A	114/66	341/197	198	263
焊件厚度/mm	3 + 3 ~ 4 + 4	2.5 + 2.5	2 + 2	2.5 + 2.5
点焊数/(点·h^{-1})	600	3000	3600	
初级电压/V	1.76 ~ 3.52	3.52 ~ 7.04	3.33 ~ 6.66	3.65 ~ 7.3
次级电压调节级数	8			
电极臂伸长距离/mm	250	350	800	800
工作行程/mm	20			
电极间最大压力/N	1550	3500	4000	5500
电极间距离/mm	125	160		
下电极垂直调节/mm			150	150

续表 12 – 5

型　式	短　臂　式		长　臂　式	
压缩空气网络压力/MPa			0.55	0.55
压缩空气消耗量/(m³·h⁻¹)			15	15
冷却水消耗量/(L·h⁻¹)	120	300	400	700
总质量/kg	240	455	800	850
外形尺寸/mm	1015×510×1090	1030×640×1300	1610×700×1500	1610×700×1500
配用控制箱型号			KD3 – 600	KD3 – 1200

12.4.3　钢筋电渣压力焊机

钢筋电渣压力焊因其生产率高、施工简便、质量好、成本低而得以广泛应用，主要适合现浇钢筋混凝土结构中竖向或斜向钢筋的连接，一般可焊接 $\phi14 \sim 40$ mm 的钢筋。钢筋电渣压力焊实际是一种综合焊接方法，它同时具有埋弧焊、电渣焊和压力焊的特点。其工作原理如图 12 – 10 所示，它利用电源 3 提供的电流，通过上下两根钢筋 2 和 4 端面间引燃的电弧，使电能转化为热能，将电弧周围的焊剂 8 不断熔化，形成渣池(称为电弧过程)。然后将上钢筋端部潜入渣池中，利用电阻热能使钢筋端面熔化并形成有利于保证焊接质量的端面形状(称为电渣过程)；最后，在断电的同时，迅速进行挤压，排除全部熔渣和熔化金属，形成焊接接头。

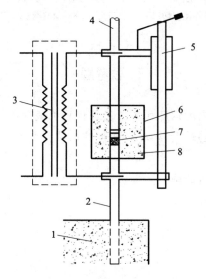

图 12 – 10　电渣压力焊工作原理

1—混凝土；2、4—钢筋；3—电源；

5—夹具；6—焊剂盒；7—铁丝球；8–焊剂

钢筋电渣压力焊机按控制方式分为手动式、半自动式和自动式；按传动方式分为手摇齿轮式和手压杠杆式。它主要由焊接电源、控制系统、夹具(机头)和辅件(焊接填装盒、回收工具)等组成。

12.4.4　钢筋气压焊设备

钢筋气压焊是采用一定比例的氧气和乙炔焰为热源,对需要连接的两钢筋端部接缝处加热烘烤,使其达到热塑状态,同时对钢筋施加 $30 \sim 40 \ N/mm^2$ 的轴向压力,使钢筋接合在一起。这种焊接方法属于固相焊接,其机理是在还原性气体的保护下,钢筋端部发生塑性变形后相互紧密接触,促使端面金属晶体相互扩散渗透,再结晶,再排列,形成牢固的接头。这种方法具有设备投资少、施工安全、节约钢筋和电能等优点,但对操作人员的技术水平要求较高。钢筋气压焊不仅适用于竖向钢筋的焊接,也适用于各种方向布置的钢筋连接,适用于直径 $16 \sim 40 \ mm$ 的钢筋。当不同直径钢筋焊接时,两钢筋直径之差不得大于 $7 \ mm$。图 12-11所示是钢筋气压焊设备工作示意图。

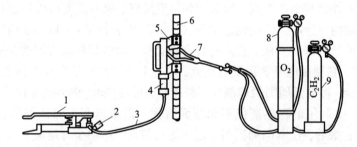

图 12-11　钢筋气压焊设备工作示意图

1—脚踏液压泵；2—压力表；3—液压胶管；4—油缸；5—钢筋夹具；
6—被焊接钢筋；7—多火口烤钳；8—氧气瓶；9—乙炔瓶

思考题

1.钢筋及预应力机械是完成钢筋加工工艺过程的机械设备,主要包括哪些机械?

2.钢筋强化机械是对钢筋进行冷加工的专用机械,主要有哪些机械?试说明冷加工的原理。

3.钢筋加工机械主要包括哪些?

4.钢筋调直机能完成哪些工作?

第 13 章　起重提升机械

13.1　汽车起重机

汽车起重机是在通用或专用汽车底盘上安装各种工作机构的起重机。QY32B 汽车式起重机如图 13 -1 所示，采用日本 K303LA 汽车专用底盘，具有 4 节伸缩主起重臂，2 节副起重臂，H 形支腿，双缸前支变幅，主、副卷扬装置独立驱动。最大起重力矩为 96 t·m，使用基本臂工作时，最大提升质量为 32 t，工作幅度为 3 m，最大起升高度是 10.6 m；主臂全伸(臂长为 32 m)时，最大提升质量为 7 t，工作幅度为 8 m，最大起升高度为 31.8 m。全伸主臂加 2 节副臂(32 m + 14 m)，工作幅度为 10 m 时，最大起升高度为 46 m，最大提升质量为 1.45 t。

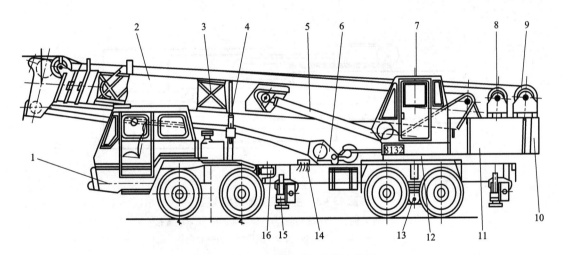

图 13 -1　QY32B 起重机整体结构图

1—汽车底盘；2—主臂；3—副臂；4—吊臂支架；5—变幅油缸；6—主吊钩；7—驾驶室；8—副卷扬机；9—主卷扬机；10—配重；11—转台；12—回转机构；13—弹性悬架锁死机构；14—下车液压系统；15—支腿；16—取力装置

1. 主臂与副臂架

主臂断面为大圆角的五边形结构，如图 13 -2(a)，主臂共分 4 节，一节基本臂和三节套装伸缩臂，各臂间的四面均用滑块支承，基本臂根部铰接在转台上，中部与变幅油缸铰接。

副臂架如图 13 -2(b)，第一节副臂为桁架式结构，第二节副臂为箱形结构，第二节副臂套装在第一节副臂内，靠托滚支承。工作时靠人工将二节副臂拉出，然后用销轴 6 固定。通过调节轴销 5 的位置，可实现 5°、30° 两种副起重臂补偿角的起重作业。副臂收存时置于主臂侧方，并通过固定销轴和拖架与主臂相连。

2. 工作机构

(1)臂架伸缩机构　伸缩机构由两个双作用油缸及钢丝滑轮系统组成如图 13 -3。油缸

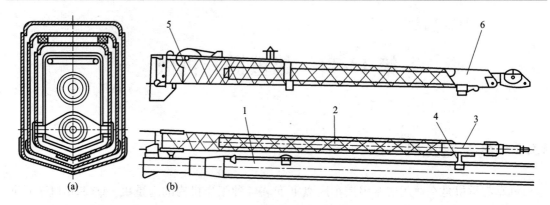

图 13－2　主臂与副臂架结构

（a）主臂；（b）副臂

1—主臂；2—第一节副臂架；3—第二节副臂架；4—副臂固定座；5、6—销轴

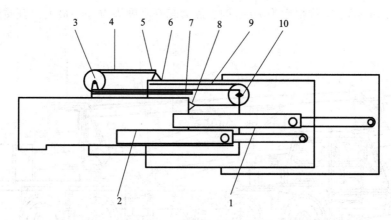

图 13－3　主臂及其伸缩机构

1、2—伸臂油缸；3—导向轮；4—伸臂绳；5—拉紧装置；

6、7—平衡轮；8—绳卡；9—缩臂绳；10—导向轮

1 推动第一、二节臂顺序伸缩，油缸 2 推动第三、四节臂实现同步伸缩。油缸 1 的活塞杆头部与基本臂铰接，缸体与第二节臂铰接，油缸 2 的活塞杆头部与第二节臂铰接，缸体与第三节臂铰接，第三节臂的头部装有两个导向滑轮 3，伸臂绳 4 绕过固定在第四节臂根部的平衡滑轮 7，两端分别通过两个导向轮 3，用拉紧装置 5 固定在第二节臂的头部，缩臂绳 9 绕过固定在第二节臂上的平衡轮 6，两端分别绕过装在第三节臂根部的两个导向轮 10，用绳卡 8 固定在第四节臂的根部。

　　当油缸 2 推动第三节臂外伸时，固定于第三节臂头部的导向滑轮 3 相对第二节臂伸臂绳拉紧装置 5 前移，由于绕在伸缩机构上的伸臂绳 4 的长度是一个定值，则导向轮 3 前移后通过钢丝绳带动固定在第四节臂根部的平衡滑轮 7 移动，带动第四节臂外伸。在第三节臂相对于第二节臂外伸的同时，第四节臂也相对第三节臂外伸出了同样的距离，实现了第三、第四节臂的同步伸出。当油缸带动第三节臂回缩时，缩臂绳 9 长度是定值，滑轮 10 后移，带动缩臂绳 9 牵拉第四节臂回缩，从而实现第三、四节臂的同步回缩。

（2）变幅机构　采用双变幅油缸改变吊臂仰角。在油缸上装有平衡阀，以保证变幅平稳，同时在液压软管突然破裂时，也可防止发生起重臂跌落事故。

（3）起升机构驱动装置如图 13-4 所示　采用高压自动变量马达驱动，行星齿轮减速器变速，液压多片制动器制动。变量马达通过行星减速机带动卷筒转动，从而使绕在卷筒上的钢丝绳带动吊具上升或下降。液压马达用五位换向阀控制，可以实现单泵供油或双泵供油，以获得起升机构有级和无级多种工作速度。

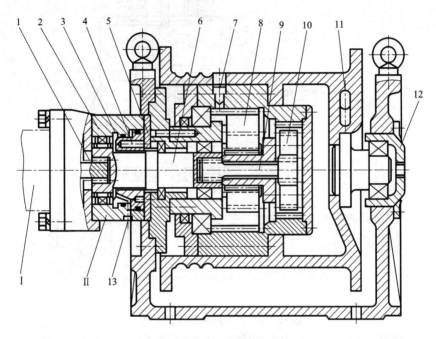

图 13-4　起升机构的驱动装置示意图

Ⅰ—液压马达；Ⅱ—制动器；1—马达输出轴；2—干式摩擦片；3—滑块；4—弹簧；5—密封盖；6—传动轴；
7—注油口；8——级行星机构；9—传动轴；10—二级行星机构；11—钢丝绳楔槽；12—右轴承座；13—液压进油口

减速机动力输入端配置一个常闭式制动器，减速器工作时，液压油从进油口 13 通入，滑块 3 在油压作用下向着密封盖 5 的方向移动，使弹簧 4 压缩，内外摩擦片松开，制动器被打开，卷筒旋转，起升机构工作。当起升手柄回到中位时，马达和制动器都停止供油，滑块 3 在弹簧 4 的作用下，重新压紧内外摩擦片，起升机构制动。

为了提高作业效率，起重机设置两个起升机构，即主起升机构和副起升机构，两个机构可采用各自独立的驱动装置。主副起升机构的动作由主副离合器及制动器控制。

（4）回转机构的驱动装置如图 13-5 所示　采用液压马达驱动，双级行星齿轮减速，常闭式制动器制动。动摩擦片 7 与减速器输入轴啮合，滑块 8 在压缩弹簧 9 作用下把动摩擦片 7 与静摩擦片 6 压紧，起制动作用，并传递一定的转矩。制动片由于受压缩弹簧的作用而常闭，工作时，借助工作压力打开。当制动器由液压油口通入液压油时，滑块 8 在油压作用下向下滑动，弹簧受到压缩，打开制动器，回转机构带动转台回转。当回转马达和制动器停止供油，压缩弹簧 9 重新压紧摩擦片 7，锁死回转机构。国产汽车式起重机主要性能参数如表 13-2 所示。

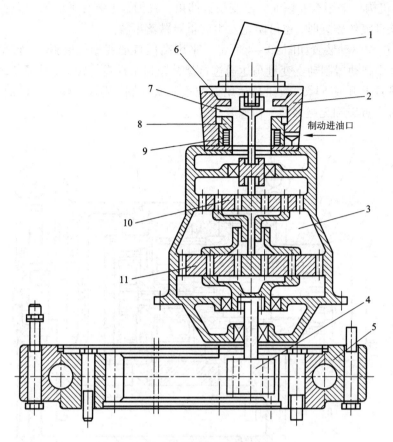

制动进油口

图 13 – 5   回转机构的驱动装置

1—液压马达；2—制动器；3—行星减速器；4—回转小齿轮；5—回转支承；6—静摩擦片；

7—动摩擦片；8—滑块；9—压缩弹簧；10—第一级行星轮系；11—第二级行星轮系

表 13 – 1   国产汽车式起重机主要性能参数

参　　数	东岳 QY5	北起 QY8E	长江 QY12	锦州 QY16B	海虹 QY20
最大起重量/t	5	8	12	16	20
最大起重力矩/(kN·m)	150	240	384	480	634.5
基本臂的最大起升高度/m	6.7	7.6	9.11		10
伸缩臂的最大起升高度/m	11.15	13.5	17	23.8	24
副臂的最大起升高度/m	16		23.04	31.8	31.5
基本臂最大起重幅度/m	6	6	7	8	8
伸缩臂最大起重幅度/m	10	12	14	20	13
副臂最大起重幅度/m	15		20.5	8.5	30
最大起升速度/(m·min⁻¹)	10	8.3	12	12	
最大回转速度/(r·min⁻¹)	2.6	2.8	2.4	2.7	3.3
变幅时间/s	17	24	53		51

续表 13 – 1

参　　　数	东岳 QY5	北起 QY8E	长江 QY12	锦州 QY16B	海虹 QY20
最高行使速度/(km·h⁻¹)	90	90	80	65	71
底盘型号	EQ140	EQ140	EQ144J2	HY16QD	日产 Kw30mxl
底盘功率/kW	99.29	100.71	99	126.4	152.9
外形尺寸/m	8.5/2.38/2.95	8.754/2.42/3.05	10.395/2.47/3.18	11.84/2.5/3.15	12.12/2.5/3.48
质量/t	8.3	9.05	12.5	19.45	20.12

13.2　塔式起重机

13.2.1　塔式起重机的用途、分类

塔式起重机用于起吊和运送各种预制构件、建筑材料和设备安装等,它的起升高度和有效工作范围大,操作简便,工作效率高。塔式起重机类型很多,通常按下列方式分类:①按安装方式分为快速安装式和非快速安装式两类。快速安装式是指可以整体拖运自行架设,起重力矩和起升高度都不大的塔机;非快速安装式是指不能整体拖运和不能自行架设,需要借助其他辅助起重机械完成拆装的塔机。②按行走机构分为固定式、移动式和自升式三种。固定式是将起重机固定在地面或建筑物上;移动式有轨道式、轮胎式和履带式三种;自升式有内爬式和外附式两种。③按变幅方式分为起重臂的仰角变幅和水平臂的小车变幅。④按回转机构位置分为上回转和下回转两种,目前应用最广的是上回转自升式塔机。

13.2.2　上回转塔机

当建筑高度超过 50 m 时,一般必须采用上回转自升式塔式起重机,它的起重臂装在塔顶上,塔顶和塔身通过回转支承连接在一起,回转机构使塔顶回转而塔身不动。这种起重机附着在建筑物上,随建筑物升高而逐渐爬升接高。自升式塔机分为内部爬升式和外部附着式两种。内部自升式的综合技术经济效果不如外部附着式,一般只在特殊情况下才采用内爬式塔机。

图 13 – 6 为 QTZ80 型塔式起重机总体构造,该机为水平臂架,小车变幅,上回转自升式多用途塔机。主要技术性能为:最大提升质量 8t,最大起重力矩 800 kN·m,行走式和固定式最大起升高度 45 m,自爬式最大起升高度 140 m,附着式最大起升高度 200 m。为满足工作幅度要求,分别设有 45 m、56 m 两种长度的起重臂。

1. 金属结构件

(1)底架　固定式和附着式塔机有井字形和压重型二种底架。井字形底架如图 13 – 7,由一个整体框架 4、8 个压板 3 组成,底架通过 20 只预埋在混凝土基础中的地脚螺栓 2 固定在基础上,底架上焊接有 4 个支腿 1,通过高强度螺栓与塔身基础节相连,并采用双螺母防松结构。

压重型底架如图 13 – 8,由两节基础节 1 和 3、十字架 5、斜撑杆 2 和拉杆 6 等组成。十

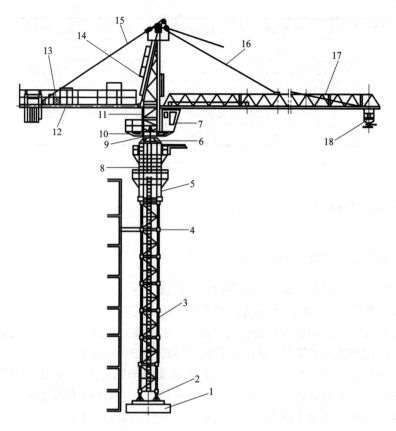

图13-6　QTZ280型塔式起重机

1—固定基础；2—底架；3—塔身；4—附着装置；5—套架；6—下支座；7—驾驶室；8—顶升
机构；9—回转机构；10—上支座；11—回转塔身；12—平衡臂；13—起升机构；14—塔顶；
15—平衡臂拉杆；16—起重臂拉杆；17—起重臂；18—变幅机构

字架之间用拉杆连接，通过8只预埋在混凝土基础中的地脚螺栓固定在基础上。塔身的基础
节用高强度螺栓固定在十字梁的连接座上，并用四根斜撑杆把基础节与十字架加固连接。压
重放置在十字架上，压重总质量64 t。塔身基础节上端与塔身标准节相连。

（2）塔身与标准节　塔身安装在底架上，由许多标准节用螺栓连接而成。标准节有加强
型和普通型两种，标准节如图13-9，截面中心尺寸1.7 m×1.7 m，长度2.8 m。采用压重型
底架时，每台塔机有3节加强型标准节，采用井字形底架时，每台塔机有5节加强型标准节。
加强型标准节全部安装在塔身最下部，各标准节内均设有供人通行的爬梯，并在部分标准节
内（一般每隔3节标准节）设有1个休息平台。

（3）顶升套架如图13-10（d）　主要由套架框架19、工作平台17、18、顶升横梁21、顶
升油缸22和爬爪20等组成。顶升套架在塔身外部，上端用4个销轴与下支座相连，顶升油
缸22安装在套架后侧的横梁上，而液压泵安放在同侧的平台上；顶升套架内侧安装有16个
可调节滚轮，顶升时滚轮起导向支承作用，沿塔身行走。塔套有上、下两层工作平台，平台
四周有护栏。

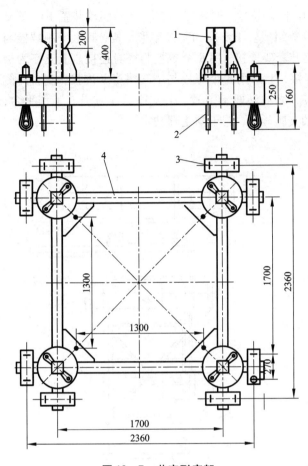

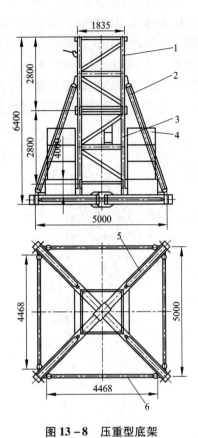

图 13 -7　井字形底架

1—支腿；2—地脚螺栓；3—压板；4—整体框架

图 13 -8　压重型底架

1—基础节Ⅰ；2—斜撑杆；3—基础节Ⅱ；
4—压重；5—十字架；6—拉杆

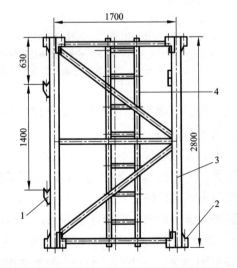

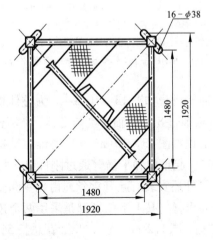

图 13 -9　标准节

1—踏步；2—固定座；3—标准节；4—基础节

（4）回转支承总成如图13－10(c) 由上支座12、回转支承13、回转驱动装置10、下支座14、标准节引进导轨15和引进滑车16等组成。下支座为整体箱形结构，其上部用螺栓与回转支承外圈连接，下部用4个销轴与爬升套架连接，用8个螺栓与塔身连接。上支座为板壳结构，其下部用螺栓与回转支承内圈连接，上部用8个螺栓与回转塔身9连接，左右两侧焊接有安装回转机构的法兰盘，对称安装2套回转驱动装置，上支座的3方设有工作平台，右侧工作平台的前端焊接有连接驾驶室的支座耳板，用于固定驾驶室。

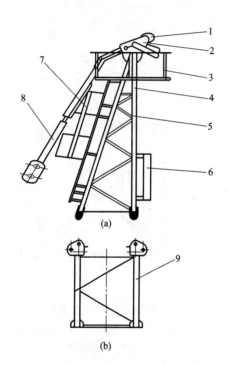
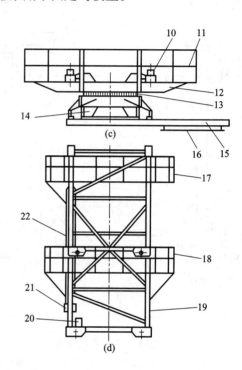

图13－10　塔身上部结构

(a)塔顶；(b)回转塔身；(c)下支座；(d)顶升套架

1—滑轮；2—拉板架；3—工作平台；4—滑轮；5—塔顶框架；6—力矩限制器；7—爬梯；8—拉杆；
9—回转塔身；10—回转驱动装置；11—工作平台；12—上支座；13—回转支承；14—下支座；15—引进导轨；
16—引进滑车；17—上工作平台；18—下工作平台；19—套架框架；20—爬爪；21—顶升横梁；22—顶升油缸

（5）回转塔身如图13－10(b) 为整体框架结构，下端用8个螺栓与上支座连接，上端的四组耳板通过8个销轴分别与塔顶、平衡臂和起重臂连接。

（6）塔顶如图13－10(a) 是斜锥体结构，其下端用销轴与回转塔身连接，其顶部焊接有拉板架2、起重臂和平衡臂通过刚性组合拉杆及销轴与拉板架2相连，其后部有带护圈的爬梯7。另外还安装有起升钢丝绳滑轮4和安装起重臂拉杆的滑轮1。

（7）起重臂 其上下弦杆都是采用两个角钢拼焊成的钢管，整个臂架为三角形截面的空间桁架结构，高1.2 m，宽1.4 m，臂总长56 m，共分为9节，节与节之间用销轴连接，采用两根刚性拉杆的双吊点，吊点设在上弦杆。下弦杆有变幅小车的行走轨道，起重臂根部与回转塔身用销轴连接，并安装变幅小车牵引机构。变幅小车上设有悬挂吊篮，便于安装与维修。

（8）平衡臂　是由槽钢及角钢拼焊而成的结构，长 12.5 m，平衡臂根部用销轴与回转塔身连接，尾部用两根平衡臂拉杆与塔顶连接。平衡臂上设有护栏和走道，起升机构和平衡重均安装在平衡臂尾部，根据不同的臂长配备不同的平衡重，56 m 臂的平衡重为 13.8 t。

2. 工作机构

（1）起升机构如图 13 – 11 所示　起升卷扬机由电动机 10、联轴节 15、减速器 13、卷筒 12、制动器 14、涡流制动器 9 和高度限位器 11 等组成。采用 YZRDW250 型涡流绕线电动机，借助涡流制动器的调速作用获得 5 m/min 的最低稳定速度，在电机和减速器之间装有液压推杆式制动器 14，制动平稳可靠，卷筒轴的末端上安装有多功能高度限位器，通过调整可以控制起升钢丝绳放出和卷入的长度，控制起升高度。

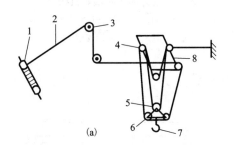 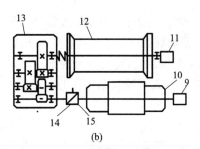

图 13 – 11　起升机构

（a）起升滑轮组；（b）起升卷扬机构

1—卷筒；2—钢丝绳；3—塔顶滑轮；4—小车滑轮组；5—变倍率滑轮；6—吊钩滑轮；7—吊钩；8—变幅小车；9—涡流制动器；10—电动机；11—高度限位器；12—卷筒；13—减速器；14—制动器；15—联轴节

（2）变幅机构如图 13 – 12 所示　小车牵引机构安装在起重臂的根部，由电动机 9、制动器 8、行星减速器 10、卷筒 2 和变幅限位器 11 等组成。采用常闭式制动器的 3 速电动机经由行星减速器带动卷筒旋转，使卷筒上的两根钢丝绳带动小车在起重臂臂架轨道上来回运动。牵引钢丝绳一端缠绕后固定在卷筒上，另一端则固定在小车上，变幅时靠绳的一收一放来保证小车正常工作。该牵引机构减速器内置在卷筒之中，结构紧凑，能实现慢、低、高三种速度。卷筒一端装有幅度限位器，控制小车的运行范围。

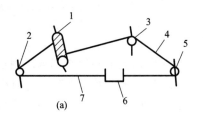 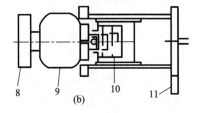

图 13 – 12　变幅机构

（a）变幅滑轮组；（b）变幅卷扬机构

1—臂根导向滑轮；2—卷筒；3—滑轮；4—长钢丝绳；5—臂头滑轮；6—变幅小车；7—短钢丝绳；8—制动器；9—电动机；10—行星减速器；11—变幅限位器

（3）回转机构如图 13 – 13 所示
两套回转机构对称布置在大齿圈两侧，
由涡流力矩电机 1 驱动行星减速器 3，
带动小齿轮 4 驱动回转支承转动从而
带动塔机上支座左右回转，起重臂和
平衡臂随之转动。回转电动机采用交
流变频控制技术，通过专用变频器改
变电动机的输入频率从而改变电动机
运转速度，达到无冲击和无级调速的
目的。无级调速速度为 0 ~ 0.65
r/min，变频器能控制电机软启动、软
制动，使回转起、制动平稳。电动机带
常开式制动器，与电机分开控制，只是

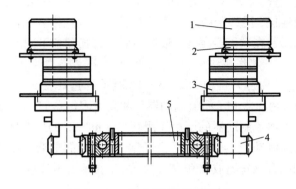

图 13 – 13　塔式起重机回转机构
1—电动机；2—制动器；3—行星减速器；
4—回转小齿轮；5—回转支承

在塔机加节或有风状态工作时，才通电吸合制动塔机回转。

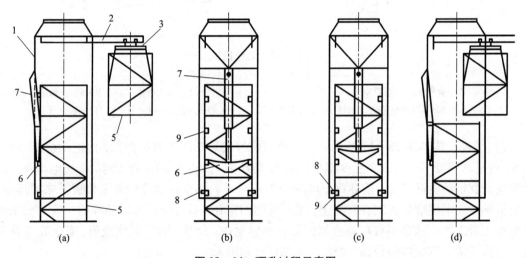

图 13 – 14　顶升过程示意图
1—爬升套架；2—引进轨道；3—引进滑车；4—标准节；5—塔身；6—顶升横梁；7—顶升油缸；8—爬爪；9—踏步

3．塔身标准节的安装方法和过程

塔身标准节的安装如图 13 – 14 所示，方法和过程如下：①旋转起重臂至引入塔身标准节的方向，再吊起一节标准节 4 挂到引进滑车 3 上，然后再吊起一节，之后小车运行以平衡塔身，保证塔机上部重心落在顶升横梁的位置上。实际操作中，观察到爬升架四周 16 个导轮基本上与塔身标准节主弦杆脱开时，即为理想位置。②调整油缸 7 的长度，使顶升横梁 6 挂在塔身的踏步 9 上，然后卸下塔身与下支座的 8 个连接螺栓。③开动液压系统使顶升油缸全部伸出，如图 13 – 14（a），再稍缩活塞杆，使得爬升架上的爬爪 8 搁在塔身的踏步 9 上，代替顶升横梁支撑顶升套架，使顶起塔身上半部分及套架与固定塔身成为一体，如图 13 – 14（b）。④油缸 7 全部缩回，如图 13 – 14（c），重新使顶升横梁 6 挂在塔身再上面的一个踏步 9 上，再次全部伸出顶升油缸，此时塔身上方恰好有装入一个标准节的空间。⑤拉动挂在引进滑车上的标准节，把标准节引至塔身的正上方，如图 13 – 14(d)，对准标准节的螺栓连接孔，微缩回油缸至上下标准节接触时，用 8 个螺栓将上下标准节连接。⑥调整油缸伸缩长度，将下支座与刚装好的标准节连接牢固，即完成一节标准节的加节工作，若连续加几节标准节，则可按照以上步骤连续几次操作即可。

4. 安装附着架

附着装置由 2 个半环梁 2 和 4 根撑杆 3 和 4 组成，其主要功能是把塔机与建筑物固定，起依附作用。如图 13 – 15 所示，安装时，将环梁提升到附着点的位置，两个半环梁套在塔身的标准节上，用螺栓紧固成附着框架，用 4 根带调节螺栓的撑杆把附着框架与建筑物附着处铰连接，4 根撑杆应保持在同一水平面内。

附着式塔机的工作高度达 45 m 时，必须安装第一个附着架。以后，每个附着架以上塔身最大悬高不大于 25 m。

5. 安全控制装置

安全控制装置如图 13 – 16 所示，主要有起重力矩限制器 1、最大工作载荷限制器 2、起升高度限位器 3、回转限位器 4、幅度限位器 5 和行走限位器 6 等。

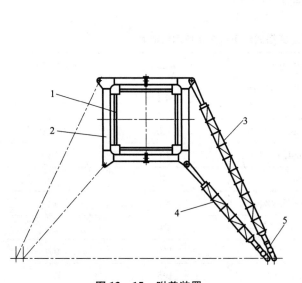

图 13 – 15　附着装置

1—标准节；2—半环梁；3—外撑杆；
4—内撑杆；5—调节螺杆

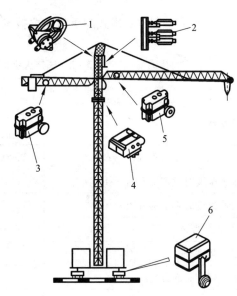

图 13 – 16　安全装置

1—力矩限制器；2—起重量限制器；3—起升高度限位器；
4—回转限位器；5—幅度限位器；6—行走限位器

（1）力矩限制器　由 2 条弹簧钢板和 3 个行程开关及对应调整螺杆等组成，安装在塔顶中部前侧的弦杆上。当起重机吊重物时，塔顶主弦杆会发生变形；当载荷大于限定值，其变形显著；当螺杆与限位开关触头接触时，力矩控制电路发出报警，并切断起升机构电源，达到防止超载的作用。

（2）起重量限制器　用于防止超载发生的一种安全装置，由导向滑轮、测力环及限位开关等组成。测力环一端固定于支座上，另一端则锁固在滑轮轴的一端轴头上。滑轮受到钢丝绳合力作用时，便将此力传给测力环。当载荷超过额定起重量时，测力环外壳产生变形，测力环内金属片和测力环壳体固接，并随壳体受力变形而延伸，导致限位开关触头接触。力矩控制电路发出报警，并切断起升机构电源，达到防止超载的作用。

（3）起升限位器和变幅限位器 它们固定在卷筒上，它们各有一个减速装置，分别由卷筒轴驱动，它们可记下卷筒转数及起升绳长度，减速装置驱动其上若干个凸轮。当工作到极限位置时，凸轮控制触头开关，可切断相应运动。

（4）回转限位器 带有由小齿轮驱动的减速装置，小齿轮直接与回转齿圈啮合。当塔式起重机回转时，其回转圈数在限位器中记录下来。减速装置带动凸轮控制触头开关，便可在规定的回转角度位置停止回转运动。

（5）行程限位器 用于防止驾驶员操纵失误，保证塔式起重机行走在没有撞到轨道缓冲器之前停止运动。

（6）超程限位器 当行走限位器失效时，超程限位器便切断总电源，停止塔式起重机运行。所有限位装置工作原理都是通过机械运动加上电控设备而达到目的。

13.2.3 国产大型固定式塔式起重机主要技术性能

国产大型固定式塔式起重机主要技术性能如表 13 – 2。

表 13 – 2 国产大型固定式塔式起重机主要技术性能表

型 号	DZQⅡ型	FZQ1250 型	DTQ1600A 型
构造特点	轴承式回转支承上回转、折臂式	滚轮式回转支承上回转	下转柱式下回转
最大额定起重力矩/(kN·m)	2340/2480/2600	13500	16000
最大幅度时额定提升质量/t	3.5/4.15/5	18	16
最小幅度时额定提升质量/t	8	50	80
最大幅度/m	58/53/48	52	52
最小幅度/m	3.5	18	15
最大幅度时起升高度/m	134	110	97
最小幅度时起升高度/m	134/162	145	132
起升速度/(m·min^{-1})	75/37.5	6/18	9.6/22
回转速度(360°全回转)/(r·min^{-1})	0.1~0.33	0.125	0.185
变幅时间(全程)/min	7	10	5.5
起重臂铰点高度(最大)/m	136.9	100	92.04
机尾回转半径/m	16	15.78	13.75
工作状态计算风压/(N·m^{-2})	250	110	250
非工作状态计算风压/(N·m^{-2})	600	700	500
安装状态计算风压/(N·m^{-2})			30

续表 13 – 2

型　号	DZQ Ⅱ 型	FZQ1250 型	DTQ1600A 型
最低使用温度/℃		– 20	– 20
使用地区最低温度/℃	– 40	– 40	– 40
输入电源电压/V	380	380	380
总功率/kW	169.5	155	240
总机总质量/t	182	480	480
生产厂商	安徽电力机械厂	上海电力机械厂	山东电建一公司

13.3　建筑提升机

13.3.1　简易升降机

简易升降机多用于民用建筑，常见形式有井架式、门架式和自立架 3 种（如图 13 – 17 所示）。它是用来垂直提升各种建筑构件和材料的，设备简单（只有提升机构）、制造方便、价格低廉，用来辅助或代替塔式起重机，可降低工程成本。

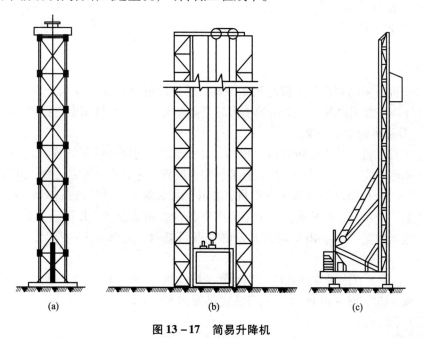

(a)　　　　　　　　　　(b)　　　　　　　　　　(c)

图 13 – 17　简易升降机
(a)井架式；(b)门架式；(c)自立架

目前应用最多的是门架式升降机，如图 13 – 18 所示，由导架 1、吊笼 2、卷扬机 3、横梁 10、滚轮 9 和钢丝绳滑轮组等组成。两根导架可用钢管或角钢焊成的三角形或正方形桁架标准节，各节之间用螺栓连接。横梁用两根型号较大的工字钢或槽钢制成，门形架安装在靠近建筑物的混凝土基础上，门架平行于建筑物，可分段与建筑物用拉杆锚固或用多根缆风绳固定。起重平台由槽钢或角钢焊接而成，平台上铺设木板，两侧有围栏保证安全。平台上有四组滚轮9，可沿导架上下滚动，平台升降靠安装在地面的卷扬机3及钢丝绳滑轮组实现。钢丝绳一端固定在横梁上，另一端绕过滑轮5、6、7，经滑轮4连接到卷扬机卷筒上。卷扬机安装在离导架20～30 m的地面上，以保证操纵人员安全，视野开阔。这种卷扬机常使用快速卷扬机，可实现重力下降，提高工作效率。

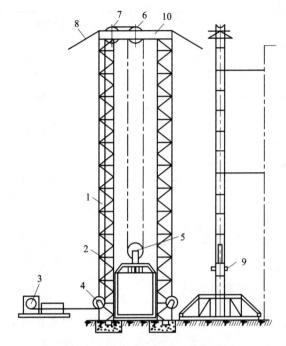

图13-18　门架式升降机示意图

1—导架；2—吊笼；3—卷扬机；
4、5、6、7—滑轮；8—缆风绳；
9—滚轮；10—横梁

13.3.2　施工升降机

1. 施工升降机的作用、分类

施工升降机是一种使吊笼作垂直或倾斜运动的起重机械，在高层建筑、大型桥梁和井下作业等施工中广泛应用。它既可运送各种建筑物料和设备，又可以运送施工人员，对提高劳动生产率效果非常明显。

施工升降机按驱动方式分为齿轮齿条驱动、卷扬机钢丝绳驱动和混合型驱动三种类型，混合型多用于双吊笼升降机，一个吊笼由齿轮齿条驱动，另一个吊笼由卷扬机钢丝绳驱动。

2. 施工升降机的基本构造

目前施工升降机主要采用齿轮齿条传动，由吊笼内经过减速的正转或反转的齿轮与导轨架上的齿条相啮合实现吊笼升降，并装有多级安全装置，它的安全可靠性好，可以人货两用。图13-19所示为SCD200/200施工升降机，采用笼内双驱动的齿轮齿条传动，双吊笼，在导轨的两侧各装一个吊笼，有对重。每个吊笼内有各自的驱动装置，并可独立地上下移动，从而提高了运送人货的能力。由于附臂式升降机既可载货，又可载人，因而设置了多级安全装置。

（1）驱动装置　它由带常闭式电磁制动器的电动机4、蜗轮蜗杆减速器5、驱动齿轮2和背轮1等组成，如图13-20所示。它安装在吊笼内部，由驱动齿轮与导轨架上的齿条相啮合，使吊笼上下运行。

（2）防坠限速器　在驱动装置的下方安装有防坠限速器，主要由外壳1、制动锥鼓2、摩擦制动块3、前端盖4、齿轮5、拉力弹簧6、离心块7、中心套架8、旋转轴9、碟形弹簧10、限速保护开关12和限位碰铁13等组成。其构造和工作原理图如图13-21所示，当吊笼在防坠安全器额定转速内运行时，离心块7在拉力弹簧6的作用下与离心块座紧贴在一起。当吊笼发生异常下滑超速时，防坠限速器里的离心块克服弹簧拉力带动制动鼓旋转，与其相连的螺杆同时旋进，制动锥鼓与外壳接触逐渐增加摩擦力，通过啮合着的齿轮齿条，使吊笼平缓制动，同时通过限速保护开关 12 切断电源保证人机安全。防坠限速器经调整复位后施工升降机则可正常运行。

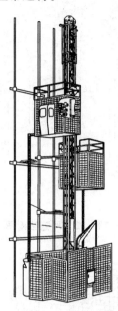

图 13 - 19　SCD200/200 施工升降机构造

1—天轮装置；2—顶升套架；3—对重绳轮；
4—吊笼；5—电气控制系统；6—驱动装置；
7—限速器；8—导轨架；9—吊杆；10—电源箱；
11—底笼；12—电缆笼；13—平衡体；14—附墙架；
15—电缆；16—电缆保护架；17—立管

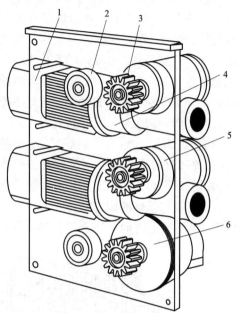

图 13 - 20　驱动装置

1—背轮；2—驱动齿轮；3—联轴器；
4—制动电机；5—减速器；6—安全器

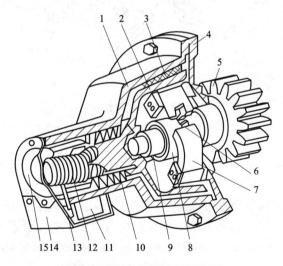

图 13 - 21　防坠限速器结构图

1—外壳；2—制动锥鼓；3—摩擦制动块；4—前端盖；5—齿轮；6—拉力弹簧；7—离心块；8—中心套架；
9—旋转轴；10—碟形弹簧；11—螺母；12—限速保护开关；13—限位碰铁；14—安全罩；15—尾盖

　　(3)吊笼构造(如图 13 - 22 所示),为型钢、焊接钢结构件,周围有钢丝保护网,有单开或双开门,吊笼顶有翻板门和护身栏杆,通过配备的专用梯子可作紧急出口和在笼顶部进行安装、维修、保养和拆卸等工作。吊笼顶部还设有吊杆安装孔,吊笼内的立柱上有传动机构和限速器安装底板。吊笼是升降机的核心部件,吊笼在传动机构驱动下,通过主槽钢上安装的四组导向滚轮,沿导轨运行。

　　(4)底笼由固定标准节的底盘 2、防护围栏 1、吊笼缓冲装置 3 和平衡体缓冲弹簧 4 等组成(如图 13 - 23)。底盘上有地脚螺栓安装孔,用于底笼与基础的固定,外笼入口处有外笼门 6。当吊笼上升时,外笼门自动关闭,吊

图 13 - 22　吊笼结构图

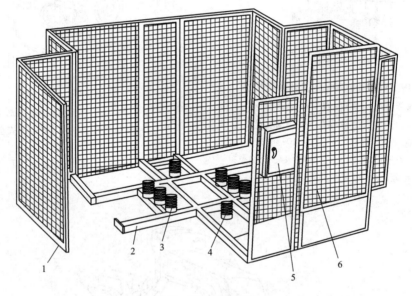

图 13 - 23　底笼结构

1—护网;2—底盘;3—吊笼缓冲装置;4—对重缓冲簧;5—下电箱;6—外笼门

笼运行时不可开启外笼门,以保证人员安全。底盘上的缓冲弹簧用以保证吊笼或平衡体着地时柔性接触。

　　(5)导轨架　由多节标准节通过螺栓连接而成,作为吊笼上下运行的轨道。标准节用优质无缝钢管和角钢等组焊而成,标准节上安装着齿条 2 和平衡体滑道 3,如图 13 - 24。标准节长 1.5 m,多为 650 mm×650 mm,650 mm×450 mm 和 800 mm × 800 mm 三种规格的矩形截面。导轨架通过附墙架与建筑物相连,保证整体结构的稳定性。

　　(6)平衡体机构　平衡体用于平衡吊笼的质量,从而提高电动机的功率利用率和吊笼的装载质量,并可改善结构受力情况,如图 13 - 25 所示。平衡体机构由平衡体 6、天轮装置 1、

平衡体绳轮 2、钢丝绳夹板 3 和钢丝绳 5 等组成。天轮装置安装在导轨架顶部，用作吊笼与平衡体连接的钢丝绳支承滑轮。钢丝绳一端固定在笼顶钢丝绳架上，另一端通过导轨架顶部的天轮与平衡体相连。平衡体上装有 4 个导向轮，并有安全护钩，使平衡体在导轨架上沿平衡体轨道随吊笼运行。

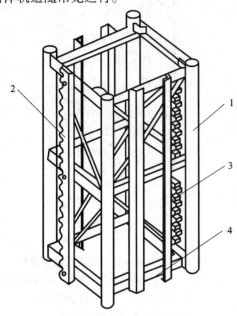

图 13 - 24　导轨架标准节

1—标准节立柱管；2—齿条；
3—平衡体轨道；4—角钢框架

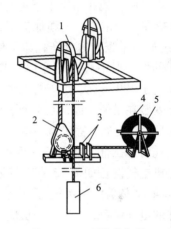

图 13 - 25　平衡体机构

1—天轮装置；2—平衡体绳轮；3—钢丝绳夹板；
4—钢丝绳架；5—钢丝绳；6—平衡体

（7）附墙架　附墙架用来将导轨架与建筑物附着连接，以保证导轨架的稳定性。附着架与导轨架加节增高应同步进行，导轨架高度小于 150 m，附墙架间隔小于 9 m。超过 150 m 时，附墙架间隔 6 m，导轨架架顶的自由高度小于 6 m。附墙架与建筑物连接形式常用的有三种，如图 13 - 26 所示。

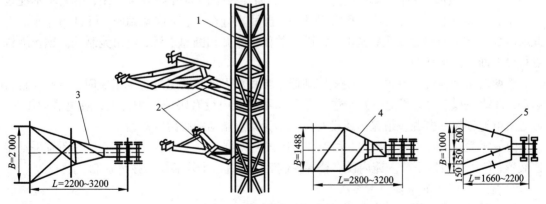

图 13 - 26　附墙系统结构

1—导轨架；2—附墙架；3—Ⅰ型附墙架；4—Ⅱ型附墙架；5—Ⅲ型附墙架

（8）吊杆安装在笼顶或底笼底盘上，有手动和电动2种。在安装和拆卸导轨架时，用来起吊标准节和附墙架等部件。最大起升重量为200 kg。吊杆上的手摇卷扬机具有自锁功能，起吊重物时按顺时针方向摇动摇把，停止摇动并平缓地松开摇把后，卷扬机即可制动，放下重物时，则按相反的方向摇动。

（9）电缆保护架和电气设备　电缆保护架使接入笼内的电缆随行线在吊笼上下运行时，不偏离电缆笼，保持在固定位置。电缆保护架2安装在立管1上，电缆通过吊笼上的电缆托架7使其保持在电缆保护架的"U"形中心，如图13 - 27所示。当导轨架高度大于120 m时，可配备电缆滑车系统。电缆滑车架安装在吊笼下面，由4个滚轮沿导轨架旁边的电缆导轨架运行，固定臂与电缆臂之间的随行电缆靠电缆滑车拉直，如图13 - 28所示。

升降机电气设备如图13 - 27所示，由电源箱5、电控箱4和安全控制系统等组成。每个吊笼有一套独立的电气设备，由于升降机应定期对安全装置进行试验，每台升降机还配备专用的坠落试验按

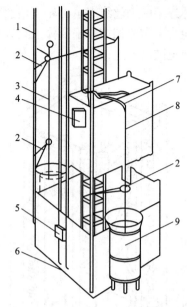

图13 - 27　电缆保持架及其电气设备
1—立管；2—电缆保护架；3—电缆；4—电控箱；
5—电源箱；6—坠落试验专用按钮；
7—电缆托架；8—电缆；9—电缆笼

钮盒6。电源箱安装在外笼上，箱内有总电源开关给升降机供电。电控箱位于吊笼内，各种电控元器件安装在电控箱内，电动机、制动器、照明灯及安全控制系统均由电控箱控制。

（10）安全控制系统由施工升降机上设置的各种安全开关装置和控制器件组成。当升降机运行发生异常情况时，将自动切断升降机的电源，使吊笼停止运行，以保证施工升降机的安全。

图13 - 29所示为吊笼上设置的确保吊笼工作时安全的各种安全控制开关。在吊笼的单、双门上及吊笼顶部活板门上均设置安全开关，如任一个门有开启或未关闭，吊笼均不能运行。吊笼上装有上、下限位开关和极限开关，当吊笼行至上、下终端站时，可自动停车。若此时因故不停车而超过安全距离时，极限开关便动作并切断总电源，使吊笼制动。钢丝绳锚点处设有断绳保护开关。

在两套驱动装置上设置了常闭式制动器，当吊笼坠落速度超过规定限额时，限速器自行启动，带动一套止动装置把吊笼刹住。在限速器尾盖内设有限速保护开关，限速器动作时，通过机电连锁切断电源。吊笼内还设有司机作为紧急制动的脚踏制动器。

万一吊笼在运行中突然断电，吊笼在常闭式制动器控制下可自动停车；另外还有手动限速装置，使吊笼缓慢下降。笼内设有楼层控制装置，对每个停靠站由按钮控制。

3. 施工升降机的主要技术参数

施工升降机的主要技术参数详见表13 - 3所示。

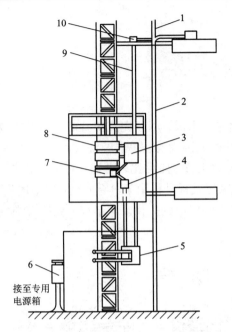

图 13 - 28　电缆滑车与电缆布置

1—立管；2—固定电缆；3—上电箱；4—电缆滑车；

5—下电箱；6—极限开关；7—驱动装置；

8—随行电缆；9—固定臂；10—导轨架

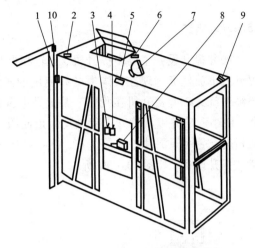

图 13 - 29　吊笼内的安全开关布置图

1—吊笼门连锁；2—单开门开关；3—上限位开关；

4—下限位开关；5—防冒顶开关；6—顶盖门开关；

7—断绳保护开关；8—极限手动开关；9—双开门开关；

10—外护栏连锁

表 13 - 3　施工升降机的主要技术参数

型　号	SC100K	SCD200	SC100 × 100	SCD200 × 200
额定装载质量/kg	1000	2000	2 × 1000	2 × 2000
吊杆额定装载质量/t	200			
吊笼底部尺寸/m	3 × 1.3			
最大架设高度/m	150(200)			
起升速度/(m · min⁻¹)	40			
连续负载功率/kW	2 × 9.5	2 × 9.5	2 × 2 × 9.5	2 × 2 × 9.5
25% 负载功率/kW	2 × 11	2 × 11	2 × 2 × 11	2 × 2 × 11
启动电流/A	2 × 113			
额定电流/A	2 × 20.5	2 × 20.5	2 × 2 × 20.5	2 × 2 × 20.5
安全器标定动作速度/(m · min⁻¹)	54			
护栏质量/kg	1200	1200	1480	1480
吊笼质量/kg	1600	1600	2 × 1600	2 × 1600
标准节长度/截面尺寸/mm	1508/800 × 800	1508/650 × 650		
标准节重量/kg	165	140		
平衡体质量/kg		1300		2 × 1300

起升速度/(m · min⁻¹) 表示为 $/(m \cdot min^{-1})$

13.4　矿井提升设备

13.4.1　概述

　　矿井提升设备主要由提升机、天轮和提升钢丝绳等组成,用以完成矿井的人员及重物的提升或下放任务。现在我国生产和使用的矿井提升机分两大类:单绳缠绕式和多绳摩擦式。单绳缠绕式矿井提升机在我国矿井提升中占有很大的比重,使用比较普遍,目前在斜井、浅井、中小型矿井以及凿井工程中均大量使用;多绳摩擦式提升机由于具有安全可靠、体积小、质量轻、适用于深井提升等优点,在我国矿山已经得到广泛的应用。本节仅介绍竖井单绳缠绕式提升设备,如图 13 – 30 所示。

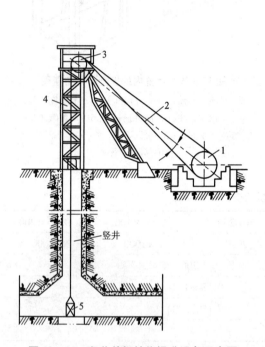

图 13 – 30　竖井单绳缠绕提升设备示意图

1—提升机;2—提升钢丝绳;3—天轮;
4—井架;5—罐笼

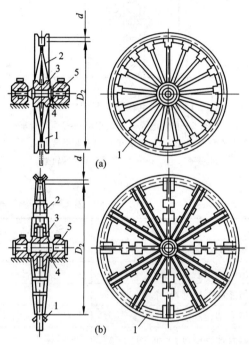

图 13 – 31　天轮

(a)铸造辐条式;(b)型钢装配式
1—轮缘;2—轮辐;3—轮毂;4—轴;5—轴承

　　天轮安设在井架上,供引导钢丝绳转向之用,根据结构形式不同可分为两类:铸造辐条式天轮和型钢装配式天轮。一般直径 3.5 m 以下的天轮常采用如图 13 – 31(a)所示的铸造辐条式,它由铸钢(或铸铁)轮缘 1、圆钢轮辐 2 和铸钢(或铸铁)轮毂 3 等组成。轮辐呈放射状,其两端铸在轮缘和轮毂内,轮毂用键固定在轴 4 上,在轴上装有挡环,以防止天轮的轴向移动,直径为 2 m 以内的天轮多数铸为整体,直径超过 2 m 时则多铸造为剖分式。一般直径 4 m 以上的天轮,为了制造、安装与运输的方便,常采用如图 13 – 31(b)所示的装配式,它由数段冲压钢板轮缘 1、型钢轮辐 2 和铸钢(或铸铁)轮毂 3 等组成。轮辐一端用精制螺栓与轮毂连接,而另一端则用铆钉与轮缘固定。轮缘是天轮的工作机构,它有带衬的与不带衬的两种,目前这两种类型在我国矿山都采用。衬垫可用木材、旧皮带、软金属或耐磨塑料等制成，由于木衬垫取材和制造容易，故我国矿山采用较多。

13.4.2　单绳缠绕式提升机

我国自行设计和制造的具有先进水平的单绳缠绕式提升机是 XKT 及 JK 系列提升机，这些提升机是等直径的，采用结构紧凑的盘形闸、液压站和圆弧齿轮减速器，按卷筒个数可分为双筒和单筒提升机两种。单筒提升机可用作单钩提升，也可用作双钩提升，双钩提升时，卷筒缠绕表面为两根钢丝绳所共用，下放绳空出卷筒表面时，上升绳即向该表面缠绕。这样，卷筒缠绕表面，每次提升都得到了充分的利用，因此，它较双筒提升机具有结构紧凑、质量轻的优点。缺点是当双钩提升时，不能用于多中段提升，且调节绳长、换绳也不太方便。

双筒提升机在主轴上装有 2 个卷筒，其中 1 个用键固定在主轴上，称为死卷筒；另 1 个套装在主轴上，通过调绳装置与轴连接，称为活卷筒。双筒提升机用作双钩提升，每个卷筒上固定一根钢丝绳，两根钢丝绳的缠绕方向相反，因此，当卷筒旋转时，其中一根向卷筒上缠绕，另一根则自卷筒上松放，此时悬吊在钢丝绳上的容器一个上升一个下放，从而完成提升重容器，下放空容器的任务。因双筒提升机有一个活卷筒，故更换中段、调节绳长和换绳都比较方便。现以 JK 型双筒提升机为例加以介绍。

JK 型双筒提升机的结构如图 13 - 32 所示，它由主轴装置(包括卷筒 1、主轴 2、主轴承 4、调绳装置 3)、制动装置(包括盘式制动器 8、液压站 17)、减速器 13、联轴器 12 和 15、深度指示器 9(或 16)等主要部件组成。

1. 调绳装置

调绳装置的作用是使双卷筒提升机中的活卷筒能与主轴分离或连接，从而使死活 2 个卷筒产生相对运动，以便调节绳长、更换中段或更换钢丝绳。为此，要求调绳装置：①在尺寸不大的条件下圆满地承担加在卷筒上的静力和动力；②活卷筒与主轴能迅速而又容易地分离或连接；③为了能精细地调节绳长，卷筒的允许最小相对转动数值越小越好，一般在钢丝绳缠绕圆周上不应超过 150 ~ 200 mm；④为了使调绳装置能快速动作，就必须能远距离操纵。

JK 型提升机调绳装置采用遥控齿轮离合器，其结构如图 13 - 33 所示，此时离合器处在合上的位置，它由 1 个内齿轮 3、1 个外齿轮 4、3 个油缸 2、3 个连锁阀 7、1 个密封头 9 等组成。活卷筒的左轮毂 1 用切向键固定在主轴上，外齿轮 4 活动地装在左轮毂上，3 个调绳油缸 2 安放在外齿轮 4 和左轮毂 1 沿圆周均布的 3 个孔中，把二者联系在一起。调绳油缸的活塞通过活塞杆和右端盖固定在左轮毂上，而缸体则通过左端盖固定在外齿轮 4 上，外齿轮 4 与固定在轮辐上的内齿轮 3 相啮合。其动作原理为：利用油缸 2 进行的，当压力油由液压站通过主轴轴端密封头 9、主轴中心孔经管路 8、连锁阀 7 及管路 6 输入各油缸的前腔时，缸体(活塞不动)带动外齿轮 4 向左移动，直至与内齿轮 3 脱离啮合，使活卷筒与主轴分离；反之，当压力油经管路 5 输入各油缸的后腔时，缸体带动外齿轮向右移动，直至与内齿轮全部合上，使活卷筒与主轴连接牢靠为止。

连锁阀 7 固定在外齿轮 4 上，平时阀中的活塞销在弹簧作用下插在轮毂 1 的环形槽中，以防止提升机在正常工作时离合器的外齿轮 4 自动离开而造成事故。调绳连锁装置 10 安在基础上，用于调绳时发出讯号，告诉司机离合器"合上"或"离开"以及与液压站上的安全阀连锁。

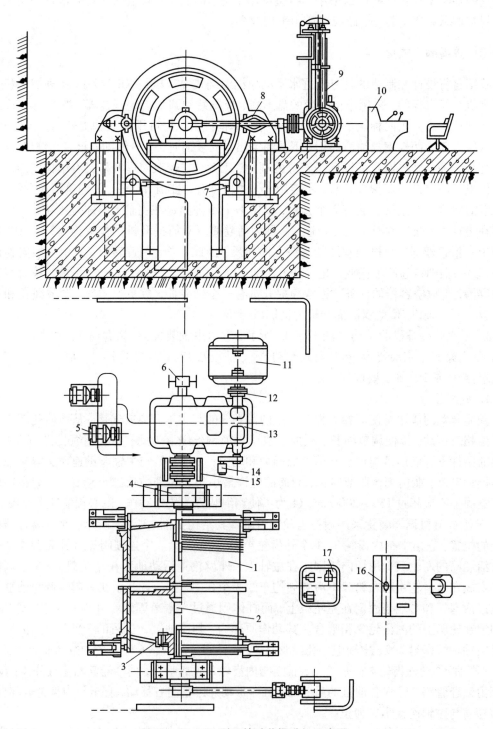

图 13－32　JK 型双筒矿井提升机示意图

1—卷筒；2—主轴；3—调绳装置；4—主轴承；5—润滑油站；6—圆盘深度指示器传动装置；7—锁紧器；8—盘形制动器；9—牌坊式深度指示器；10—斜面操纵台；11—电动机；12—弹簧联轴器；13—减速器；14—测速发电机装置；15—齿轮联轴器；16—圆盘式深度指示器；17—液压站

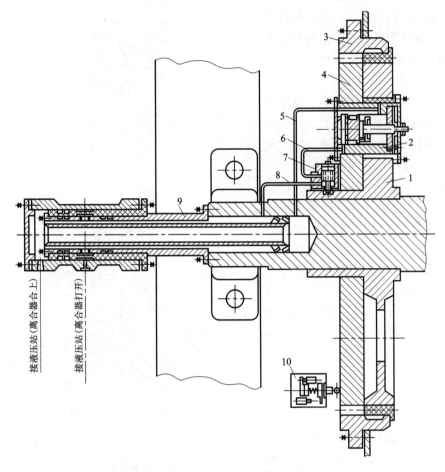

图 13－33　齿轮离合器示意图

1—左轮毂；2—油缸；3—内齿轮；4—外齿轮；5、6、8—管路；7—连锁阀；9—密封头；10—调绳连锁装置

这种齿轮离合器的优点是能远距离操纵，调绳速度较快；缺点是结构不够完善，且调节绳长的最小数值，受齿距的限制，它等于卷筒周长被啮合齿数除得的商，一般为 200 ~ 250 mm，不能完全满足矿井提升的实际需要。为了克服齿轮离合器的缺点，最好采用摩擦离合器。从理论上讲，它对绳长的调节是没有限制的，同时它的动作也较齿轮离合器更迅速，但在超载时，可能发生滑动。

2. 深度指示器

深度指示器是矿井提升机的一个重要部件，其用途是：①向司机指示容器在井筒中的位置；②容器接近井口车场时发出减速信号；③当提升容器过卷时，打开装在深度指示器上的终点开关，切断保护回路安全制动，以便处理事故；④在减速阶段，通过限速装置，进行过速保护。

JK 型矿井提升机配有牌坊式和圆盘式两种深度指示器，前者适用于凿井和多中段提升的矿井，后者仅适用于单中段提升的矿井。

(1)牌坊式深度指示器　牌坊式深度指示器的结构如图 13－34 所示，它由四根支柱 13、两根丝杠5、两个限速圆盘15、数对齿轮及蜗轮副16等组成。矿井提升机主轴的旋转运动经传动系统传给两根垂直丝杠5，使两丝杠以相反方向旋转，带动套在丝杠上装有指针的螺母14上下移动。显然，螺母运动的方向、位置完全与提升容器的运动相适应。标尺12上标有相当于提升高度的刻度，以便指针指示出提升容器在井筒中的位置。

当提升容器接近井口卸载位置时，螺母14上的凸块通过信号拉条7上的销子，将拉条抬起并将撞针9推向一边，继续运动，拉条上的销子就从凸块上脱落下来，撞针就敲击信号铃10，发出提升减速开始的信号。信号铃可以发出若干次连续的信号，同时在信号拉条旁边的杆6上固定着一个减速极限开关8，以便提升容器到达一定位置时，信号拉条上的角板可以碰上减速开关的滚子进行减速直至停车。当提升容器发生过卷时，螺母14上的碰铁就将过卷极限开关顶开，提升机的制动系统进行安全制动。信号拉杆上的销子可根据需要移动其位置，使其与提升容器的位置相适应。减速和过卷极限开关的位置可以很方便地调整。

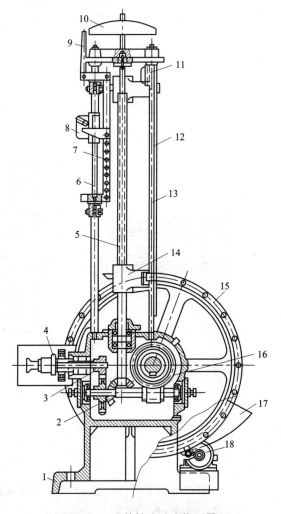

图 13 - 34 牌坊式深度指示器

1—机座；2—伞齿轮；3—齿轮；4—离合器；5—丝杠；6—杆；7—信号拉条；8—减速极限开关；9—撞针；10—信号铃；11—过卷极限开关；12—标尺；13—支柱；14—左旋梯形螺母；15—限速圆盘；16—蜗轮副；17—限速凸板；18—限速自整角机装置(对角各一个)

限速圆盘15由蜗轮副16带动，在一次提升过程中，每个圆盘的转角小于360°。两圆盘上各装有一块限速凸板17，在减速时碰压装在机座1上的限速自整角机装置18(对角各一个)的自整角机滚子，使提升机在减速阶段不致超速。

利用离合器4，可使从动丝杠脱离传动系统，提升机主轴传动时，只能使主动丝杠上的螺母指针移动，以适应提升高度改变时的指示需要。

这种深度指示器是指针上下移动，形象直观，便于操作人员观看，但不够精确，且结构较复杂。

(2)圆盘式深度指示器 圆盘式深度指示器由传动装置和深度指示盘组成。深度指示器传动装置的传动系统如图13 - 35所示，其传动轴2与减速器输出轴1相连，通过更换齿轮对3一方面带动发送自整角机8转动；另一方面经蜗轮副4带动前后限速圆盘5和9。在一次提升过程中圆盘的转角为250°～350°(可适当选配更换齿轮对3来保证)，每个圆盘上装有几块碰板(图中未表示出来)和一块限速凸板 7,用来碰压减速开关、过卷开关及限速自整角机 6,使之发出信号、进行减速和安全保护。深度指示盘装在操纵台上,其传动系统如图 13 - 36 所示,当传动装置发送自整角机转动时,发出信号使深度指示盘上的接收自整角机 4 相应转动,经过 3 对减速齿轮带动粗针 5(粗针在一次提升过程中仅转动 250°～350°)进行粗指示;经过一对减速齿轮带动指针 3 进行精指示(精针的转速为粗针的 25 倍),以便在提升终了时比较精确地指示容器的停止位置。

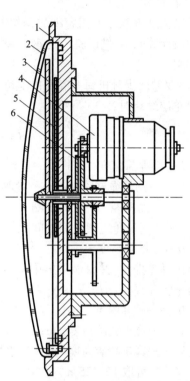

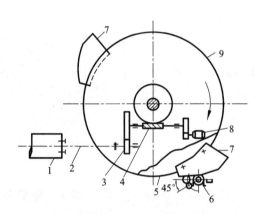

图 13 - 35　　圆盘深度指示器传动装置示意图

1—减速器输出轴;2—传动轴;3—更换齿轮对;
4—蜗轮副;5—前限速圆盘;6—限速自整角机;
7—限速凸板;8—发送自整角机;9—后限速圆盘

图 13 - 36　　深度指示盘

1—指示圆盘;2—玻璃罩;3—精针;
4—接收自整角机;5—粗针;6—齿轮对

这种深度指示器比较精确,结构比较简单,但因指针做圆周运动,缺乏直观感,操作人员观看不习惯,不如牌坊式深度指示器受欢迎。

13.4.3　单绳缠绕式提升机主要尺寸的计算及选择

单绳缠绕式提升机的主要尺寸是卷筒的直径和宽度。

1. 卷筒直径的确定

卷筒直径 D 的确定是以保证钢丝绳在卷筒上缠绕时产生的弯曲应力较小为原则。据此,安全规程规定,卷筒直径 D 与钢丝绳直径 d 之比:

对于地面提升设备　　　　　　　　$\dfrac{D}{d} \geqslant 80$　　　　　　　　　　　　　(13 - 1)

对于井下提升设备　　　　　　　　$\dfrac{D}{d} \geqslant 60$　　　　　　　　　　　　　(13 - 2)

按式(13-1)或式(13-2)所求得的数值,选择提升机的标准卷筒直径。

卷筒的理论直径是指缠绕直径,即钢丝绳缠绕在卷筒上时其中心线间的距离;卷筒的名义直径是指木衬的外径。当木衬上刻有深 $\frac{d}{3}$ 的绳槽时,则名义直径和理论直径间之差就很小,因此在计算时可取卷筒名义直径作为计算的理论直径。

2. 卷筒宽度的确定

卷筒宽度 B 根据所需容纳的钢丝绳总长度来确定。钢丝绳总长度包括:①提升高度(按最深中段计算);②供试验用的钢丝绳长度;③为减少绳头在卷筒上固定处的张力而设的3圈摩擦圈。

(1)双卷筒提升机每个卷筒的宽度

1)单层缠绕时:

$$B = \left(\frac{H+L_s}{\pi D} + m\right)(d+\varepsilon) \tag{13-3}$$

式中　B——卷筒宽度,mm;

L_s——钢丝绳试验长度,一般取 20~30 m;

m——摩擦圈,一般取3圈;

ε——钢丝绳绳圈之间的间隙,一般取 2~3 mm;

H——提升高度。

对于罐笼提升(井口水平出车时):$H=H_j$

对于箕斗提升:$H=h_z+H_j+h_x$

式中　H_j——矿井深度,m;

h_z——箕斗装矿高度,m;

h_x——箕斗卸矿高度(由井口水平至位于卸载位置的箕斗底座的距离),对于一般箕斗可取 15~25 m。

根据计算所得的卷筒直径与宽度选择标准提升机,如标准提升机的宽度不够时,则可另选较大直径的提升机或在允许情况下作多层缠绕。

安全规程规定竖井提升人员的卷筒只准缠一层,专为升降物料的准许缠两层。并规定多层缠绕时,卷筒两端挡绳板至少要比最外层绳圈高出钢丝绳直径的2.5倍,钢丝绳由下层转到上层的一段应加强检查,同时每隔两个月将钢丝绳错动0.25圈。

2)多层缠绕时:

$$B = \left(\frac{H+L_s+(m+n')\pi D}{n\pi D_p}\right)(d+\varepsilon) \tag{13-4}$$

式中　B——卷筒宽度,mm;

n——卷筒上缠绕层数;

D_p——平均缠绕直径,$D_p=D+(n-1)d$,m;

n'——每两个月将钢丝绳错动0.25圈所需的备用圈数,根据矿井工作情况和钢丝绳的使用年限,一般可取 2~4 圈。

(2)单卷筒作双钩提升时的卷筒宽度

$$B = \left(\frac{H+2L_s}{\pi D} + 2m+2\right)(d+\varepsilon) \tag{13-5}$$

式中　B——卷筒宽度，mm；

　　　2——两根钢丝绳之间的间隔圈数。

3. 提升机最大静张力及最大静张力差的验算

按计算数值选择标准提升机后，须验算提升机最大静张力及最大静张力差，都不应超过提升机技术规格表中的规定值。

钢丝绳最大静张力 T_{jmax}：

$$T_{jmax} = Q_r + Q + pH \qquad (13-6)$$

钢丝绳最大静张力差（T_j）：

$$T_j = Q + pH \qquad (13-7)$$

式中　Q_r——提升容器质量，kg；

　　　Q——提升货载重量，kg；

　　　p——提升钢丝绳单位长度质量，kg/m；

　　　H——提升高度，m。

提升开始时，空箕斗斗箱一部分质量被曲轨支承，或者罐笼落在托爪上，提升机静张力差都有可能出现瞬时过载，但也不应超过允许值。提升机静张力差瞬时过载的允许值可查阅有关设计计算资料。

如所选提升机不能满足上述要求，虽然卷筒直径和宽度满足要求，也应重新选择具有较大静张力和静张力差的提升机。如重选提升机条件有限，也可采取其他措施（例如采用三天轮提升系统）。我国单绳缠绕式提升机的特征见表 13-4。

表 13-4　我国单绳缠绕式提升机特征

项目	BM 型	KJ 型	JKA 型	XKT 型	JK 型
结构特征	铸铁法兰盘和 A₃F 钢板焊接的卷筒，手动蜗轮蜗杆调绳离合器，复合式瓦块杠杆单油缸制动器，分散低压油站，老式机械牌坊深度指示器	铸铁法兰盘和 A₃F 钢板焊接的卷筒，手动蜗轮蜗杆调绳离合器，复合式瓦块杠杆单油缸制动器，分散低压油站，老式机械牌坊深度指示器	铸铁法兰盘和 A₃F 钢板焊接卷筒，电动机带动的蜗轮蜗杆调绳离合器，复合式瓦块杠杆单油缸制动器，分散低压油站，有可调闸，老式机械牌坊深度指示器	低合金高强度钢板，厚壁圆筒焊接结构的卷筒，液压快速调绳离合器，中液压盘形制动器，集中控制的中压液压站，电气圆盘深度指示器	除具有 XKT 型的结构特征外，尚有下列改进：圆弧齿轮减速器中心距加大；液压站改为两套油泵和电液调压阀；润滑油站改为两套油泵装置；操纵台有改进；增加一种机械牌坊式深度指示器，可供用户选择
性能参数	多数产品仍采用前苏联 1952 年系列参数表，基本上满足矿山提升的使用要求	前苏联 1952 年系列参数表，基本上满足矿山提升的使用要求，性能有所改善	前苏联 1952 年系列参数表，基本上满足矿山提升的使用要求，性能有所改善	比 BM、KJ、JTA 型同一直径的提升机提升能力提高 25%，而重量减轻 25%，使用性能良好	主要参数与 XKT 型相同，有些尺寸和一般参数由于结构改进有所变动，性能有所提高

续表 13 - 4

项目	BM 型	KJ 型	JKA 型	XKT 型	JK 型
使用情况及存在问题	卷筒开焊严重,可占 80% 左右,提升机效率低,制动器出现卡缸造成事故,难以实现自动化提升,还需笨重体力劳动	卷筒开焊严重,可占 80% 左右,提升机效率低,制动器出现卡缸造成事故,难以实现自动化提升,还需笨重体力劳动	卷筒开焊情况未能改善,生产效率有所提高,制动器的安全性有所改善,对实现自动化提升创造了部分条件,体力劳动有所减轻	卷筒开焊情况有所改善,生产效率可大大提高,制动器安全可靠,制动力矩可自动调节,可实现自动化提升	改进后的产品已经安装使用一段时间,有待进一步检验,以便针对缺点进行改进
与国外先进水平比较	前苏联 1952 年标准系列定型图纸,国产化后有所改进	前苏联 1952 年标准系列定型图纸,国产化后有所改进	比 BM、KJ 型性能有所改善,使用范围有所扩大,使用效果比较满意	结构原理接近国外先进水平,电气控制,个别部件质量、寿命比国外先进水平尚有差距	与 XKT 型相当;对各类用户有更好的适应性,且价格较低,产品比较受欢迎

13.4.4　天轮和提升钢丝绳的计算及选择

1. 天轮直径的选择

一般等于卷筒直径,或按安全规程规定:

(1)对于地面提升设备:
$$D_t \geqslant 90d \tag{13-8}$$

(2)对于井下提升设备:
$$D_t \geqslant 60d \tag{13-9}$$

2. 提升钢丝绳的计算及选择

提升钢丝绳的计算是根据安全规程的规定,按照钢丝绳最大静负荷,并采用一个较大的安全系数进行的。根据安全规程的规定,钢丝绳的安全系数为钢丝绳所有钢丝破断力之和与最大静负荷之比,并规定提升钢丝绳的安全系数为:①专为升降人员用的不得低于 9;②升降人员和物料用的不得低于 7.5;③专为升降物料用的不得低于 6.5;④摩擦轮提升用的不得低于 8。

安全规程对于多绳摩擦轮提升尚未作出规定,设计单位一般按以下数据选取:①升降人员、升降人员和物料的不得低于 8;②专为升降物料的不得低于 7。

上述安全系数与井深无关,但根据理论和国外使用经验证明:钢丝绳安全系数可以根据井深的增加而减小,而不降低安全程度,这对深井提升有很大好处,今后应结合我国具体情况研究和改进钢丝绳的安全系数问题。

提升钢丝绳的常用计算方法如下:

(1)竖井单绳提升钢丝绳的计算

如图 13 - 37 所示最大静负荷在 A 点:

$$Q_{max} = Q + Q_r + p'H_0 \tag{13-10}$$

式中　Q——一次提升量,kg;

Q_r——容器自重,kg,对于箕斗为箕斗自重(包括连接装置),对于罐笼为罐笼自重(包括连接装置)及其中所装矿车的总质量;

p'——提升钢丝绳的单位长度质量,kg/m;

H_0——钢丝绳的最大悬垂长度，m，

对于罐笼提升：

$$H_0 = H_j + h_{ja} \qquad (13-11)$$

对于箕斗提升：

$$H_0 = h_z + H_j + h_{ja} \qquad (13-12)$$

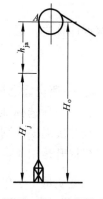

图 13-37　单绳提升
钢丝绳计算示意图

式中　H_j——矿井提升深度，m；

　　　h_{ja}——井架高度，此数值在计算钢丝绳时尚不能精确确定，可采用下列数值：罐笼提升 $h_{ja} = 15 \sim 25$ m；箕斗提升 $h_{ja} = 30 \sim 35$m；

　　　h_z——箕斗停靠时装矿高度（箕斗位于装矿位置时，其底座到井底车场水平面的距离，一般为 20 ～ 30 m），m。

当提升钢丝绳工作时，为了不使其拉断应满足下列条件：

$$Q + Q_r + p'H \leqslant \sigma_b F_s \qquad (13-13)$$

式中　σ_b——钢丝绳钢丝的极限抗拉强度，一般取 1700 MPa；

　　　F_s——钢丝绳所有钢丝横断面积之和，cm^2。

为了使钢丝绳具有安全规程规定的安全系数，故

$$Q + Q_r + p'H_0 = \frac{\sigma_b}{m}F_s \qquad (13-14)$$

式中　m——安全规程规定的安全系数。

为解上式，应确定 p' 和 F_s 的关系。

每米长钢丝绳质量为：　　　　　$p' = 100F_s\gamma\beta$

式中　γ——钢的容量，kg/cm^3；

　　　β 大于 1 的系数，是考虑每米钢丝绳中钢丝因呈螺旋形而长于 1 m 以及绳芯重量的影响系数。

令　　　　　　　　　　　　　　　$\gamma_0 = \gamma\beta$

式中　γ_0——钢丝绳的假想容重，对于标准提升钢丝绳 $\gamma_0 = 0.0089 \sim 0.0093$ kg/cm^3，其平均值为 0.009 kg/cm^3。

由上式得：

$$F_s = \frac{p'}{100\gamma_0} = 1.1p' \qquad (13-15)$$

将式（13-15）代入式（13-14）中，化简后得：

$$p' = \frac{Q + Q_r}{1.1\dfrac{\sigma_b}{m} - H_0} \qquad (13-16)$$

式中　$1.1\dfrac{\sigma_b}{m} = L_0$，$L_0$ 为钢丝绳的安全长度。钢丝绳的抗拉强度越大则 L_0 越大，安全系数 m 越小则 L_0 也越大。L_0 大则可提升更多的货载，或可用于更深的矿井。将 L_0 代入式（13-16）得：

$$p' = \frac{Q + Q_r}{L_0 - H_0} \qquad (13-17)$$

根据计算之 p' 值,选取钢丝绳标准质量 p 值。然后验算安全系数:

$$m' = \frac{Q_d}{Q + Q_r + pH_0} \geqslant 0 \qquad (13-18)$$

式中 p——所选标准提升钢丝绳每米质量;

Q_d——所选标准提升钢丝绳所有钢丝破断力之和。

②竖井多绳提升钢丝绳的计算

多绳提升是用几根钢丝绳代替一根钢丝绳来悬挂提升容器,因此多绳提升每一根钢丝绳的单位长度质量等于单绳提升时钢丝绳单位长度质量的 $\frac{1}{n}$。故式(13-17)变为:

$$p' = \frac{Q + Q_r}{n(1.1 \dfrac{\sigma_b}{m} - H_0')} \qquad (13-19)$$

式中 n——提升钢丝绳根数。

选出钢丝绳后,按下式验算安全系数:

$$m' = \frac{nQ_d}{Q + Q_r + npH_0'} \geqslant 0 \qquad (13-20)$$

13.4.5　提升机与井口的相对位置

提升机距井筒的距离,应使钢丝绳弦与水平线所成的倾角不小于30°,并使钢丝绳的下弦不致触及提升机的机座,但是提升机与井筒相距太远也不适宜,因为这样会加大钢丝绳的弦长从而加大弦的横向振动,可能导致钢丝绳从天轮槽中跳出以及钢丝绳中产生附加应力。

提升机布置地点的选择,主要取决于地面建筑物的总布置,地面运输系统的简化和提升容器的卸载方式,所有这些问题在编制矿井建筑的技术设施中总体解决。在实际应用中,对于普通罐笼提升,提升机房多位于重车运行方向的对侧。箕斗提升时,提升机房位于卸载方向的对侧;斜井提升时,提升机房都是位于井口的对侧。

井架上的天轮,根据提升机的形式、容器在井筒中的布置以及提升机房的设置地点,可以装在同一水平轴线上[图13-38(b)],也可装在同一垂直平面上[图13-38(a)],或者安装在不同平面上。

提升机安装地点确定之后,其具体位置由下列因素决定:①井架高度(井口地面至天轮轴);②卷筒中心至井筒提升机中心线间的水平距离;③钢丝绳弦长;④钢丝绳偏角;⑤钢丝绳仰角。

1. 井架高度

井架高度 h_j 如图13-38所示,是指从井口水平到最上面天轮轴线间的垂直距离。若两天轮位于同一水平轴线上时[图13-38(b)]:

对于罐笼提升:

$$h_j = h_r + h_g + \frac{1}{4}D_t \qquad (13-21)$$

对于箕斗提升:

$$h_j = h_x + h_r + h_g + \frac{1}{4}D_t \qquad (13-22)$$

式中　h_r——容器高度，指容器底部至连接装置最上面一个绳卡间的距离；

　　　h_g——过卷高度，指容器由正常卸载位置提到连接装置最上面一个绳卡与天轮轮缘接触时，或者容器本身与井架构件相接触时所走的距离。根据《保安规程》规定，对于罐笼提升：当提升速度 $v_m \leqslant 3$ m/s 时，$h_g \geqslant 4$ m；当提升速度 $v_m > 3$ m/s 时，$h_g \geqslant 6$ m。对于箕斗提升时：$h_g \geqslant 2.5$ m。

　　　h_x——由井口水平面到位于卸载位置的容器底座的高度；对于罐笼提升：一般说来 $h_x = 0$；对于箕斗提升：$h_x = 15 \sim 25$ m；

　　　$\frac{1}{4}D_t$——附加距离，为提升容器最上端绳卡将要与天轮轮缘相接触时的位置至天轮水平轴线间的距离。

若两天轮位于同一垂直平面内时［图 13-38(a)］，在井架高度计算式(13-21)和式(13-22)中还需增加 $D_t + (1 \sim 1.5)$m，此处 $(1 \sim 1.5)$m 为两天轮之间近似垂直距离。

2. 卷筒中心至井筒中心线间的水平距离

如图 13-38(b)所示。卷筒中心至井筒中心的水平距离的大小主要应使提升机房的基础不与井架斜撑的基础相接触。若二者接触时，由于井架斜撑的振动，可能引起提升机房以及提升机基础的损坏。为避免上述现象的产生，其最小距离应满足下式要求：

$$b_m \geqslant 0.6h_j + 3.5 + D \qquad (13-23)$$

在设计时，取 $b \geqslant b_{min}$，一般为 $20 \sim 30$ m。

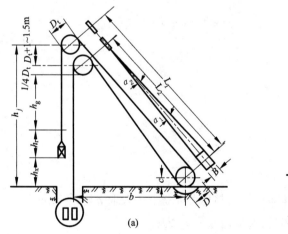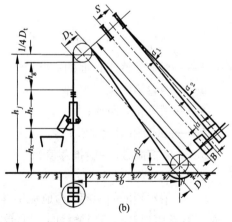

图 13-38　提升机与井筒的相对位置

(a) 单卷筒提升机；(b) 双卷筒提升机

3. 钢丝绳弦长

钢丝绳弦长 L 为钢丝绳离开天轮时的接触点到钢丝绳与卷筒的接触点间的距离。在实际计算中，采用天轮轴线与卷筒轴线间的距离。

根据图 13-38(b)的布置，钢丝绳弦长为：

$$L = \sqrt{(b - \frac{D_t}{2})^2 + (h_j - c)^2} \tag{13-24}$$

根据图 13-38(a)的布置,钢丝绳弦长为:

$$L_1 = \sqrt{(b + \frac{S}{2} - \frac{D_t}{2})^2 + (h_j - c)^2} \tag{13-25}$$

$$L_2 = \sqrt{(b + \frac{S}{2} - \frac{D_t}{2})^2 + [h_j - D_t - (1 \sim 1.5) - c]^2} \tag{13-26}$$

式中　c——卷筒轴中心线高出井口水平的距离,此值与提升机构造、安装状态、地形和土壤情况有关,一般 $c = 1$ m;

　　　S——两容器轴线之间的距离,m。

一般应使弦长不超过 60 m,因为钢丝绳在运行中发生振动,弦长过长有跳出绳槽的危险。当弦长超过 60m 时,为了减小钢丝绳颤动,可在绳弦中部设置托轮。

4. 钢丝绳偏角

钢丝绳偏角 α 是指钢丝绳弦与天轮平面所成的角度,其值不应大于 1°30′。偏角的限制主要是防止钢丝绳与天轮轮缘彼此磨损,当钢丝绳作多层缠绕时,宜取 1°10′左右,以改善钢丝绳缠绕状况。偏角有两个:外偏角 α_1 和内偏角 α_2。

对于双卷筒提升机单层缠绕时[图 13-38(b)]:

$$\tan\alpha_1 = \frac{B - \frac{S-a}{2} - 3(d + \varepsilon)}{L} \tag{13-27}$$

$$\tan\alpha_2 = \frac{\frac{S-a}{2}[B - (\frac{H+L_s}{\pi D} + 3)(d + \varepsilon)]}{L} \tag{13-28}$$

式中　B——卷筒绕绳工作面的宽度;

　　　a——两卷筒内缘间距离;

　　　S——两天轮间距离;

　　　L_s——试验用钢丝绳长;

　　　3——摩擦圈数(一般推荐值);

　　　d——钢丝绳直径;

　　　ε——钢丝绳圈间距离,为避免钢丝绳缠绕时挤压和摩擦,一般取 $\varepsilon = 2 \sim 3$ mm。

对于双卷筒提升机多层缠绕时,可能的最大偏角 α_1、α_2 为:

$$\tan\alpha_1 = \frac{B - \frac{S-a}{2}}{L} \tag{13-29}$$

$$\tan\alpha_2 = \frac{\frac{S-a}{2}}{L} \tag{13-30}$$

对于单卷筒提升机作双钩提升时,应检查最大外偏角 α_1。此时,两天轮的垂直平面通过卷筒中心线。故

$$\tan\alpha_1 = \frac{\dfrac{B}{2} - 3(d+\varepsilon)}{L} \tag{13-31}$$

5. 钢丝绳仰角

钢丝绳弦与水平线所成的仰角 β 受提升机机座的限制，若仰角太小，则钢丝绳将与提升机前座接触，设计时应按提升机规格进行校验。仰角有两个，实际上仅按下出绳卷筒钢丝绳仰角验算。一般 β 角不应小于30°，以适应井架建筑的要求，在实际设计工作中按下式近似计算：

$$\tan\beta = \frac{h_j - c}{b - \dfrac{D_t}{2}} \tag{13-32}$$

上述关于井筒中心与卷筒中心的距离、钢丝绳弦长和钢丝绳仰角的确定方法，以及最后取值是否合理，直接关系着工业场地布置是否紧凑，并且影响提升设备的运行状态，在设计规划时应予特别重视。

思考题

1. 起重机械按其功能和构造可分为哪几类？
2. 起重机的控制系统有哪些？
3. 矿井提升容器按结构分有哪些？
4. 罐笼的要求有哪些？
5. 简述单绳缠绕式提升机的工作原理。

第 14 章　天井掘进机械

14.1　概述

　　天井是指垂直或坡度大于 45°的向上掘进的巷道，在矿山的基建、采准和生产工程中，天井的应用非常广泛，其工程量一般占矿山井巷工程量的 10% ~ 15%，占采准切割的三分之一左右。在水电工程施工、地下厂房建设、调压井开挖、隧洞掘进、地下仓库和基础工程的施工中，都少不了天井工程，而天井掘进被认为是耗时最长、效率最低、成本最高、施工难度最大和安全风险最大的施工工序。因此，选择合适的天井掘进模式和机械设备，能降低天井掘进风险、加快天井掘进进度和降低天井掘进成本。

　　根据人员是否进入天井内作业，可以将天井掘进分为井内施工和井外施工两大类。井内施工掘进天井有普通法、吊罐法和爬罐法 3 种；井外施工掘进天井有深孔爆破法和天井钻机法 2 种。普通法、吊罐法和爬罐法掘进天井时，由于需要人员在天井内作业，劳动强度大，作业条件差，安全性低。天井钻机法作业安全，工效高，但投入成本大，对岩石强度和成井规格要求苛刻；深孔爆破法虽然避免了普通法、爬罐法和吊罐法的缺点，克服了天井钻机法的不足，但该法技术要求高、对设备要求严。目前，普通法、吊罐法、爬罐法、深孔爆破法和天井钻机法在国内外都有使用，但应不建议使用普通法，建议使用吊罐法和爬罐法，研究、推广使用深孔爆破法和天井钻机法掘进天井。

　　吊罐法如图 14 - 1 所示，它的掘进过程是首先利用深孔钻机沿天井中心线钻一个直径为 100 ~ 130 mm 的贯穿上下两个水平的深孔，然后在上部水平中安放提升绞车 1（游动绞车），通过中心孔将钢绳 2 放下，并与吊罐 5 联接。当掘进时，借助绞车将吊罐提升到所需的工作面高度，并借锚栓 4 和稳罐横撑 3 将吊罐稳装好，随即进行凿岩作业、装药以及爆破前的一切准备工作；最后放下吊罐并将它置于安全硐室中避炮，在爆破和通风之后，再将吊罐提升到工作面的相应高度，撬顶和处理浮石，并稳装吊罐，以便进行第二个掘进循环，在凿岩的同时，可在天井底部装岩出碴。

14.2　爬罐法掘进天井

14.2.1　概述

　　爬罐法掘进天井也称阿利玛克法，是瑞典生产竖井掘进机的 Alimak 公司最早开发用于竖井的施工方法，也是目前世界上天井掘进工程中采用最多的方法，这种方法可在任何倾斜度、各种长度和各种岩石的天井掘进中使用。

　　简单地讲，爬罐就是一种载人运物的运输工具。在天井由下向上的掘进过程中，工作人员将特制的轨道一节一节地组装并固定在井壁上，使轨道随时靠近工作面。爬罐沿着这一轨道上下，把工作人员和作业机具器材送到工作面，同时给工作人员提供一个作业平台以完成钻孔、装药和撬挖等作业。在爆破和除尘换气时，爬罐从工作面处退下来，掩藏在下平洞的顶拱下面，使爬罐得到很好的保护。因为轨道是标准件，所以不论哪根轨道出了问题，都可以用新的更换，而且更换轨道很方便。

阿利玛克天井爬罐有风动、电动和柴油液压驱动3种形式，可根据天井断面积、长度和施工条件，选择使用爬罐。

爬罐的出现，基本上解决了普通天井掘进法的难题，它的优点包括：①从下往上掘进，出碴容易；②爬罐沿着轨道上下，使工作人员能很快抵达工作面；③爬罐可固定在工作面前的轨道上，立即给工作人员提供了施工用的临时工作平台；④特制轨道中的管路，不但把压缩空气和水送给凿岩机工作，而且在爆破后还起通风换气和除尘的作用。

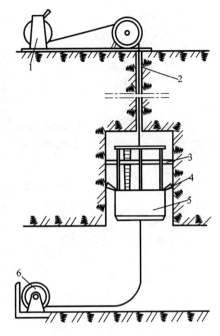

图 14 - 1　吊罐掘进天井法
1—提升绞车；2—钢绳；3—稳罐横撑；
4—锚栓；5—吊罐；6—软管卷筒

14.2.2　爬罐作业过程及设备

爬罐法掘进天井包括钻孔、爆破、通风和撬挖4个作业过程，图14 - 2(a)是钻孔过程。爬罐携载钻孔设备及工作人员爬升到经过撬挖后的天井工作面，工作人员在爬罐工作平台上进行钻孔作业，工作平台上有一专门设计的安全棚，导轨中的管路把压缩空气和水送到钻孔设备上。图14 - 2(b)是爆破过程，钻孔之后，工作人员将炸药及引爆装置装入孔内，在爬罐降到下平洞顶拱下面后，在安全地点引爆炸药，完成爆破。图14 - 2(c)是通风过程，爆破之后，对天井进行通风换气，并喷出水雾尘；导轨顶部用集管板保护起来的气、水管路担负对工作面实行喷气、喷水的功能，而抽风机便从天井底部连续抽出废气，直至整个天井无爆炸污染为止。图14 - 2(d)是撬挖过程，爬罐爬至工作面，由作业人员在安全棚下撬挖松石，确保后续作业的人员及设备安全如此循环直至完成整条天井掘进。值得指出，如果需要锚杆支护，则应增加相应的作业过程。

爬罐法掘进天井的主要机件见图14 - 3所示。

下面就对其7个方面作一简要介绍。

1. 导轨

导轨是分段组装的，其长度有1018 mm和1998 mm两种，基本上与天井掘进循环的进尺相配备，它是用膨胀螺栓将其锚固在岩石上。导轨有以下主要功能：①让爬罐机架上的滚轮的齿与导轨上的齿条啮合以实现爬罐本身的升降；②卡抱爬罐使其无论在垂直位置还是沿着导轨的倾斜部分或水平部分升降停留均不会脱离导轨而自重掉落；③给凿岩机供输钻孔所需的压缩空气和压力水；④在爆破之后，用来除尘和通风换气。

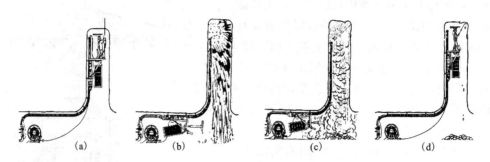

图14-2　爬罐法掘进天井的作业过程

(a)钻孔;(b)爆破;(c)通风除尘;(d)撬挖松石

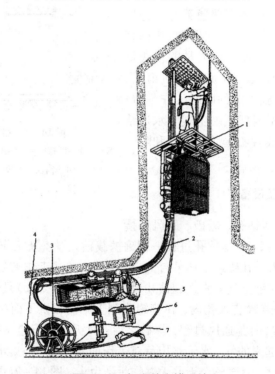

图14-3　标准的爬罐系统

1—钻孔中的主爬罐;2—导轨;3—主爬罐电缆软管卷筒;4—辅助爬罐电缆软管卷筒;
5—辅助爬罐;6—通讯和电器设备;7—风水分配器

2. 爬罐

爬罐本身须有以下基本部件:①与导轨齿条相啮合的齿轮驱动系统,其动力来源可以是风、电或柴油发动机。驱动系统最重要的特点是它的离心制动器,它用来限制爬罐在重力作用下的下降速度。②装于机架上的滚轮组和安全装置。如果爬罐的下降速度超过预先限定的安全值,安全装置会自动地把爬罐停下来。③能使工作人员在其上进行导轨组装、钻孔、装药和测量等作业的工作平台。④可用手工或风动操纵的安全棚。⑤运载人员上下的罐笼。

3. 软管或电缆卷筒

软管或电缆卷筒在爬罐上升或下降过程中会自动旋转(以柴油发动机为动力的爬罐不存

在这个问题)以伸长或收缩管、缆。

　　4. 压缩空气和水的中央集合管

　　压缩空气和水的中央集合管,用于远距离控制供给钻机的空气和水。

　　5. 通讯和照明等电器设备。

　　6. 高压水泵。

　　7. 安全和服务装置。

14.3　天井钻机

　　与以往的钻爆法施工相比,天井钻机具有很多优点: ① 天井钻机不需爆破,施工人员具有较高的安全性,钻进速度快、效率高、成本较低。② 天井钻机施工工期与钻爆法相比缩短很多,随着工程规模越来越大,天井使用天井钻机效益会更显著。③ 天井钻机施工,不需爆破,孔周围岩石不破碎,岩层稳定性高。钻孔平滑,在坚硬岩石地质构造稳定时,不用镶砌井壁,且通风效果好。④ 天井钻机操作时,需要的工作人员较少,随着科技的发展,一些天井钻机只需一人就可操作施工,甚至能进行遥控或自控。⑤ 工作人员不需留在井内,从而消除由于岩石崩落,炮烟弥漫,以及搬运炸药引起的危险。

14.3.1　天井钻机的适用范围及施工方法

　　1. 天井钻机适用范围

　　现有天井钻机可钻直径小到 0.75 m、大到 7.2 m,井深可达 1000 m,钻井倾角可在 0°~90°之间变化。20 世纪 90 年代初,美国罗宾斯公司生产的 54R 型天井钻机还可在 0°~360°范围内钻井,该公司生产的天井钻机都可打出与地面成 45°~90°夹角的任意天井;如果将标准钻机加少量的辅件和稍加调整,就可打出与地面成 0°~45°的井孔(如图 14-4 所示)。一般地讲,天井钻机可钻各种岩石,但钻井速度将随着岩石的硬度的增加而降低。

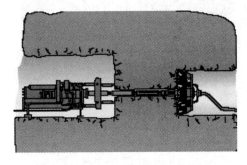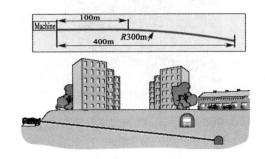

图 14-4　天井钻机小角度施工

　　2. 天井钻进的施工方法

　　(1) 下钻上扩法　如图 14-5 所示,将钻机装于上中段平巷内,先自上而下钻一导孔,然后自下而上将孔径扩大至所需尺寸,扩孔时由铲运机或其他装运工具将岩渣运出工作面,此法较常用。

　　(2) 上向钻进施工法　垂直或倾斜上向钻进施工法适用于天井钻机无法安装到上中段平

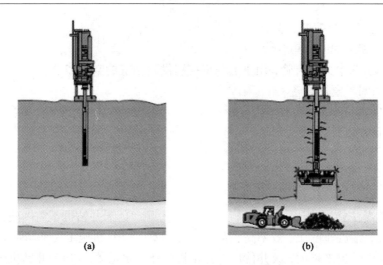

图 14-5　下钻上扩法天井钻进施工

（a）从上而下钻导孔；（b）自下而上扩大井径

巷的情况，图 14-6 所示为无导孔上向钻井施工示意图。采用这种方法施工需要定距离在钻杆上加稳定器，以减少钻杆的摆动、弯曲并确保方向准确。

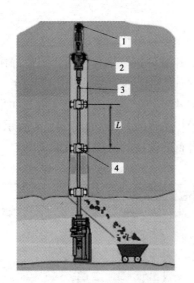

图 14-6　无导孔向上钻井施工

1—超前钻头；2—扩孔钻头；3—钻杆；
4—稳杆器；L—稳杆器间距

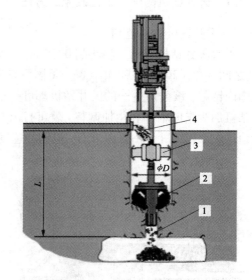

图 14-7　垂直向下扩井施工

1—导孔；2—扩孔钻头；3—稳定器；
4—洗井液；L—井深

（3）下向扩井钻进法　下向的扩井钻井法施工时，首先自上向下打一个常规的导孔，然后换上扩孔钻头，由上向下进行一次性或分次扩大至所需井径，如图 14-7 所示。但在扩孔时，扩孔钻头也需加上一定数量的配重，以确保钻进压力。同时要安装稳定器，减少钻杆弯曲和摆动。

（4）下向盲天井钻扩法　下向盲天井钻扩法适用于只宜将钻机安装到上中段平巷的情

况,如图 14 - 8 所示,由上向下钻进时,在钻机钻头部分加装配重,以确保钻进压力,同时配重上、下面都安有稳定器,确保钻进方向和减少钻杆摆动与弯曲。这种施工法一般只用于垂直向下施工,但还是容易产生偏斜。

(5)反向天井钻扩施工法　　所谓反向天井钻扩施工法,其实质正好与下钻上扩法相反,即将主机安装于下中段平巷内,先由下向上钻一导孔,换上扩孔钻头,由上向下扩井,如图 14 - 9 所示。

由此,可以看出,天井钻机在实际使用中,有很大的灵活性,能满足不同的施工要求。

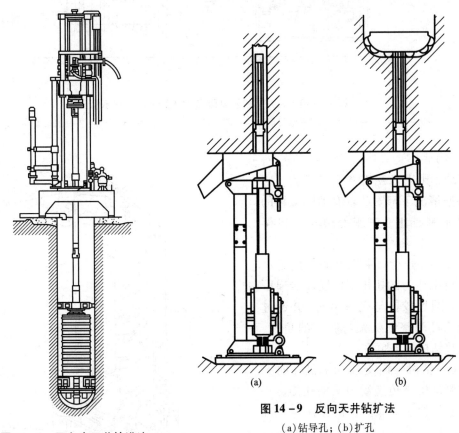

图 14 - 8　下向盲天井钻进法

图 14 - 9　反向天井钻扩法
(a)钻导孔;(b)扩孔

14.3.2　天井钻机结构

国内外天井钻机,经过长期发展,型号很多,但基本原理、结构大致相同,一般由:①钻机主机,②液压系统,③电器系统,④控制系统,⑤钻具,⑥运输装置,⑦其他等几个部分组成。

图 14 - 10 为天井钻机主要组成部分,下面分别作简单介绍。

1. 钻机主机

天井钻机主机如图 14 - 11 所示,由底座 1、主机架 2、钻机导向支柱 3、液压缸 4、十字头 7、顶板 5、动力头 6 等其他部件组成。图 14 - 12 所示为天井钻机主机分解图。

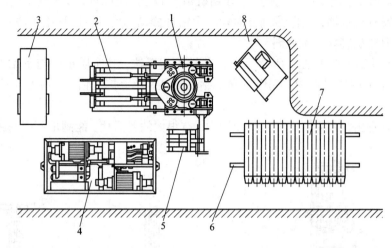

图 14 – 10　天井钻机及其配套设备的平面布置示意图

1—钻机主机；2—运输装置；3—电器系统；4—液压系统；5—机械手；6—钢轨；7—钻具；8—控制系统

（1）底座　底座或称底板，分左、右两块，用来承受天井钻机压力。底座一般情况下都安装在有地脚螺栓的混凝土基础上，底座上边与主机架相连。

（2）主机架　主机架的作用是承受主机工作时的扭矩和向底座传递压力。它通过铰销与底座相连，并通过变角拉杆调整主机架与底座的角度，即调整钻机施工倾角。

（3）钻机导向支柱　钻机导向支柱主要是用来传递动力头的扭矩，并通过它传给主机架。钻机支柱与主机架用螺栓连接，十字头套在钻机导向支柱上，沿支柱上下起落。另外，钻机支柱还有其他不同形式，如图 14 – 11 所示为双支柱。还有一种是导槽式，它属金属框架结构，带有导轨，使十字头沿导轨上下起落，并传递扭矩。也有采用油缸兼作导向支柱，将动力头装在缸套上，使钻机外型更为紧凑，并减少相关构件的磨损和断裂事故。

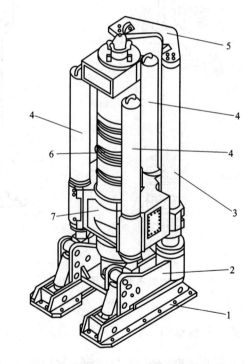

图 14 – 11　天井钻机主机

1—底座；2—主机架；3—钻机导向支柱；4—液压缸；
5—顶板；6—动力头（驱动电机和减速箱）；7—十字头

（4）液压缸　液压缸是用来推进或收缩钻机，从而带动钻具上下工作。液压缸的下部即活塞杆端与主机架相连，其上部即缸套与十字头连接。该型钻机设 3 个液压缸，具有较大的

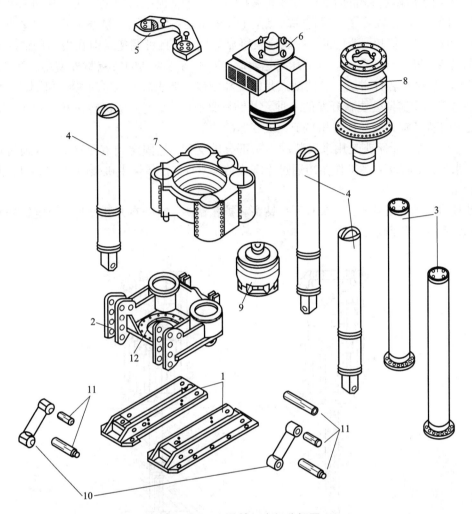

图 14 – 12　天井钻机主机分解图

1—底座；2—主机架；3—钻机导向支柱；4—液压缸；5—顶板；6—主驱动电机；
7—十字头；8—变速箱；9—冲头；10—变角拉杆；11—销子；12—工作面

推、拉力,此外,还有单缸式、双缸式和多缸串联式。单缸式一般布置在机头后方,与机头相连接,有良好的同步性,但因推力较小,一般用于孔径 2 m 以下的天井钻机。为了压缩钻机高度,现在还有采用多缸串联结构,即两边各 3 只油缸,3 只油缸的缸套并在一起,中间一只油缸的活塞杆和机座相连,旁边两只油缸的活塞杆和机头相连,这样在推进行程相同的情况下,可缩短半个缸体的高度。如:美国德莱塞(Dresser)300 型钻机,采用这种串联式油缸,钻机高度仅 3 m 左右。

(5)顶板　顶板安装在钻机支柱顶部,用来连接两支柱,减少支柱振动,并将负荷均分到两支柱上。

(6)动力头　动力头是钻机的回转机构,它带动钻杆旋转及钻头工作。动力头是将动力装置(电机或液压马达)、齿轮箱及装卸钻杆的卡盘安装在十字头上而组成的,能随十字头上下移动,进行钻扩孔施工。

动力头由于驱动形式的不同,性能也有所区别:①交流电机驱动:这种驱动系统设计简单、造价低、性能比较可靠。但它的缺点是不能根据岩石情况调整转速和扭矩。②直流电机驱动:它具有设计简单、造价低、性能比较可靠等优点,且可调速。但在失速的情况下仍有烧坏电机或扭断钻杆的危险。③液压马达驱动:液压马达驱动的特点是外型小、重量轻、可无级变速,适合于各种岩层。它的缺点是加工和维修的要求较高。④变频电机驱动:变频电机驱动是美国罗宾斯公司新开发的一种天井钻机驱动形式,能使电机转速及扭矩随岩石力学性质的改变而相应改变,具有相当于无级变速的性能。

(7)十字头　十字头是用来安装动力头部分的支架,它固定到液压缸上,并通过钻机导向支柱来导向,将动力头工作扭矩通过十字头传与支柱,再传给主机架(如图 14 – 12 所示)。

2. 钻具

钻具包括钻杆及钻头,钻头有导孔钻头和扩孔钻头,钻杆有开孔钻杆、稳定钻杆和普通钻杆(如图 14 – 13 所示)。

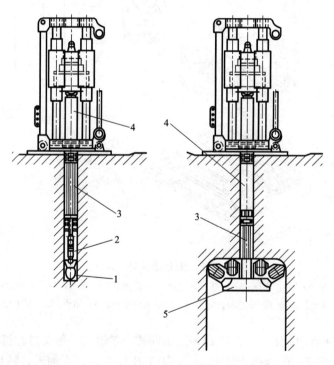

图 14 – 13　钻具

1—导孔钻头;2—开孔钻杆,3—稳定钻杆;4—普通钻杆;5—扩孔钻头

（1）导孔钻头　导孔钻头一般选用牙轮钻头。

（2）扩孔钻头　扩孔钻头分为整体式和组合式两种。整体式钻头只适于小直径的扩孔，扩孔直径一般都小于2 m，所以2 m以上的天井钻机扩孔钻头重量大、尺寸长，而都采用组合式。下面介绍芬兰太姆洛克公司生产的犀牛牌天井钻机所配扩井钻头，如表14－1所示。

表14－1　犀牛牌天井钻机用扩孔钻头

天井直径/m	导向钻孔直径/mm	钻头带滚刀质量/kg	钻头不带滚刀质量/kg	滚刀个数/个
0.91	215	871	653	4
1.21	251,279,311	2495	1814	6
1.52	251,279,311	3357	2449	8
1.83	251,279,311,349	4740	3606	10
2.13	279,311,349	5670	4309	12
2.44	279,311,349	5804	5216	14

表14－2是犀牛牌天井钻机所配扩孔钻头尺寸（带可拆卸/可更换钻杆）；表中 A、B、C、D 的代意如图14－14所示。

表14－2　犀牛牌天井钻机所配钻头尺寸（带可拆卸/可更换钻杆）

直径/m	A/m	B/m	C/m	D/m	直径/m	A/m	B/m	C/m	D/m
0.91	0.62	0.86	焊接钻杆	1.07	1.83	1.45	1.51	1.01	1.89
1.22	1.04	1.09	0.95	1.42	2.13	1.64	1.78	1.11	1.93
1.52	1.28	1.14	0.95	1.89	2.44	2.10	1.88	1.10	2.04

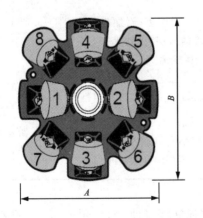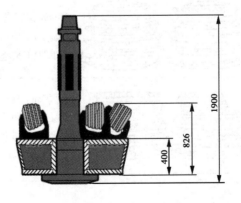

图14－14　犀牛牌天井钻机扩孔钻头

表14-3是犀牛牌天井钻机所配钻头标准截面尺寸和质量。

表14-3   犀牛天井钻机所配钻头标准截面尺寸和质量

钻头垂直正截面尺寸/m	A/m	B/m	C/m	带滚刀质量/kg	不带滚刀质量/kg	滚刀数
1.83×2.44	2.06	1.98	0.77	3856	3175	6
2.44×3.05	2.79	2.31	0.75	6804	5216	6
2.44×3.95	3.20	3.43	1.02	8165	7031	10
2.44×4.75	4.06	4.17	0.99	9979	8618	12
3.05×3.66	3.28	3.48	0.79	6350	5670	6

(3)滚刀   滚刀是天井钻机扩孔钻头上最重要的部件,滚刀须在轴压和旋转扭矩作用下破碎岩石,所以对它的硬度和耐磨性要求较高。图14-15表示滚刀结构,表14-4列举芬兰太姆洛克公司部分滚刀特性。

表14-4   犀牛牌天井钻机用滚刀特性

滚刀	特征	岩石类型	硬度范围
	15 mm 直径的双角形镶齿,两圈镶齿为一盘,两盘间节距宽,为切缝型切割	页岩、砂岩、长白砂岩、石灰岩、片岩、蛇纹岩、白云岩	软至中硬岩石
	15 mm 直径的圆锥形镶齿,宽节距,吃入深度大。排列紧密的齿尖形成连续的轮廓	花岗岩、流纹岩、闪长岩、安山岩、片麻岩、石英岩、硫化矿	硬岩
9C90	15mm 直径的圆锥形镶齿,附加齿段适用于更困难的岩层,排列紧密的齿尖形成连续的轮廓		
9C95	12.5 mm 直径的双角形镶齿,盘与盘之间节距密,可在全面积上有效地作用。镶齿较小允许较小的齿距,适合于在极硬岩层中有效钻进	辉长岩、玄武岩、部分变质岩浆岩、石英岩、磁铁矿、赤铁矿	极硬岩

(4)钻杆   钻杆包括开孔钻杆、稳定钻杆和普通钻杆三种。①开孔钻杆:开孔钻杆与导孔钻头相接,用扶正器约束,以保证开孔角度,开孔结束后,拆下开孔钻杆,进行导孔钻进。②稳定钻杆:导孔钻进时,稳定钻杆可承受构造变化所产生的径向负荷,保证钻孔垂直度。

稳定钻杆的布置是根据岩层地质条件、井深以及井孔的允许偏斜率等因素决定的。稳定钻杆的布置合理与否将影响钻孔偏斜率，尤其是对深井作业的影响更大。③普通钻杆：在导孔钻进过程中，普通钻杆用量最大，相对于其他钻杆，普通钻杆结构比较简单。但由于天井钻机型号不同，其钻杆长度、直径不同，并随钻孔直径及深度增加而加大。

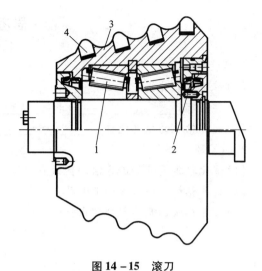

图 14 – 15　滚刀
1—轴承；2—油封；3—滚刀体；4—硬质合金

14.3.3　国内外天井钻机信息

世界上已有众多厂家生产天井钻机，产品已成系列，钻孔直径从 0.7 ~ 7.2 m，钻孔深度可达 900 m。下面分别介绍国外主要厂家生产的天井钻机。

1. 美国罗宾斯(Robbis)公司

美国罗宾斯公司是世界上最大天井钻机的生产厂家之一，自从 1962 年该公司生产的天井钻机应用到竖井开挖工程上以来，已生产 300 多台各种型号的天井钻机，目前产量居世界首位。

2. 德国维尔特(Wirth)公司

德国维尔特公司是 20 世纪 60 年代发展起来的天井钻机生产厂家。

3. 芬兰太姆洛克(Tamrock)公司

芬兰太姆洛克公司生产的天井钻机是以美国德莱塞(Dresser)技术为基础发展起来的，该公司生产犀牛(RHINO)天井钻机及与之配套的钻进成套设备。表 14 – 5 为太姆洛克公司生产的天井钻机型号规格。

表 14 – 5　犀牛天井钻机技术性能

型　号	扩孔直径 /m	导孔直径 /mm	钻杆直径 /长度 /(mm/m)	推力 /kN	扭矩 /kN·m	驱动形式	输入功率 /(kW/kVA)	钻机质量 /kg
RHIIVO400H	1.52	251	203/1.22	1920	75	液压	110	7500
RHIIVO600H	1.82	280	254/1.52	2540	120	液压	200	8900
RHIIVO1000DC	2.4	280	254/1.52	3400	180	直流电机	300/400	14700
RHIIVO1400DC	3.0	311	286/1.52	5100	280	直流电机	300/400	18700
RHIIVO2000DC	3.6	349	327/1.52	6800	400	直流电机	300/400	24100
RHIIVO2400DC	4.2	349		10200	5300	直流电机	300/400	28000

思考题

1. 填空题

(1) 常用的天井掘进方法有_____、_____、_____、_____ 和_____ 等。

(2) 爬罐有_____、_____ 和_____ 3 种驱动形式。

(3) 天井钻机的钻具包括_____ 和_____ 。

2. 问答题

(1) 试比较各天井掘进方法的优缺点。

(2) 天井钻机的施工方法有哪些？

(3) 天井钻机由哪些部分组成？

第 15 章　全断面隧道平巷掘进机

15.1　概述

从威尔森在 1856 年获得发明掘进机的专利权至今，全断面隧道平巷掘进机已有近 160 多年的历史，从罗宾斯于 1953 年制造出第一台掘进机至今则经历了 3 个发展阶段：1960 年以前为重点研究中硬岩石刀具阶段；1961—1965 年为改进掘进机结构的阶段；以后是完善机具性能的阶段。由于近 30 年来冶金与机械制造技术的高度发展，全断面岩石掘进机技术有了突破性的发展。它可在坚硬岩石（抗压强度 200 MPa）、也可在软质岩层（抗压强度 30 MPa）中掘进，可用于直径从 1.64 ~ 12 m 的电缆洞、输水洞、交通洞等掘进，也可以扩大应用于斜井和竖井掘进。目前世界平均月进尺 600 ~ 700 m，刀具寿命达 300 ~ 400 m。

掘进机施工与钻爆法相比，优点是综合经济效益好、无超挖、表面光洁、围岩扰动小、安全性好、处理溶洞断层破碎带快，当一次掘进长度大于直径的 600 倍时，它是经济、快速、安全的先进掘进设备。掘进机已在世界许多地方得到广泛应用，目前国外大型地下工程中约有 40% 是用掘进机掘进的。据估计，掘进机掘进的隧道约占世界所有隧道的 1/3。

15.2　掘进机的结构和工作原理

全断面隧道掘进机可分为：支撑式、双护盾、扩孔式，其工作原理和基本结构均如图 15 - 1 所示。

掘进机主要由刀盘及其传动装置、刀盘支撑装置、前护盾或双护盾、机架、水平支撑装置、后支撑装置、推进掘进装置、出渣系统、液压系统、供电系统、供风系统、除尘防尘系统、导向系统等组成。

1. 刀盘及其传动装置

刀盘上的滚刀或柱齿直接与岩石接触并破碎岩石，盘形滚刀结构见图 15 - 2。刀盘内装有双列圆锥滚子轴承或交叉轴承和大齿圈，由 2 ~ 12 台电动机分别通过行星减速器驱动刀盘转动。

刀盘转速根据岩石坚硬程度确定，一般在 3 ~ 10 r/min。刀盘内装有喷水装置以冷却盘形滚刀和降低粉尘，有大轴承油气密封装置，以及稀油润滑大轴承大齿圈装置。稀油润滑装置内装有压力控制器，当缺油或断油时，压力控制器及时报警或自动停机，以保护刀盘大轴承、大齿圈。

2. 水平及前后支撑装置

它们的作用是：①支撑和固定掘进机；②调整掘进方向；③换行程，配合推进油缸往前或往后移动掘进机。其中前支撑有：刀盘后下支撑、斜支撑、顶护撑等，该装置通过液压缸完成。

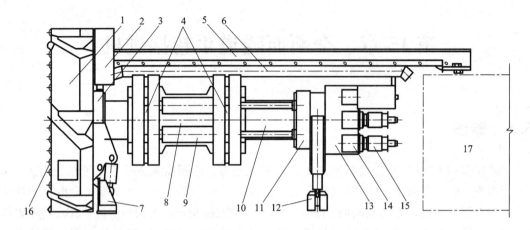

图 15 – 1   佳伐 MK – 27 型全断面岩石掘进机结构示意图

1—刀盘；2—前顶护盾；3—前轴承箱；4—水平支撑；5—出渣皮带输送机；6—吸尘通风管；

7—刀盘后下支撑；8—主机架；9—推进油缸；10—扭力管轴；11—后轴承箱；12—后下支撑；

13—减速器；14—行星齿轮减速器；15—主电动机；16—盘形滚刀；17—出渣平台

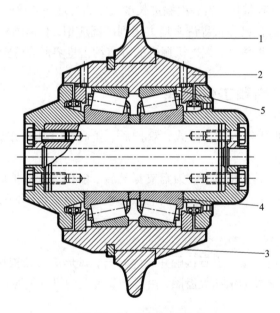

图 15 – 2   盘形滚刀总成

1—刀圈；2—刀体；3—刀圈与刀体安装位置；

4—锥形滚柱推力轴承；5—金属浮动密封

3. 除尘装置

有刀盘防尘板、水幕式集尘机，或袋式静电吸尘器，通过离心风机、通风管道，将刀盘的粉尘送出洞外。

掘进机的工作原理是：刀盘在被推进油缸缓慢前推的同时，由主电动机经减速机构驱动回转，促使刀盘上的盘形滚刀在巨大推力和扭矩作用下，连续不断地将岩石破碎。破碎下来的石渣,由刀盘周边上的铲斗装到出渣皮带机上,卸入矿车,运至洞外弃渣场。

掘进机的工作循环如图 15 – 3 所示,当掘进机开机掘进时,它处于图中"1"的位置,这时,水平支撑伸出紧贴洞壁使机体固定,并提起后支撑和刀盘后下支撑,让刀盘回转,同时让推进油缸推动刀盘缓慢前移,于是,盘形滚刀切入岩面破碎岩石,直到图中"2"位置,即刀盘掘进了第 1 段等于推进油缸行程长度的巷道。接着,它暂时停机,放下前后支撑使其撑紧地面,收缩水平支撑和推进油缸,让机体及出渣平台前移,如图中"3"所示。当全部收缩至图中"4"所在位置为一个循环,也称完成一个行程。一般一个行程长度为 0.8 ~ 1.8 m。

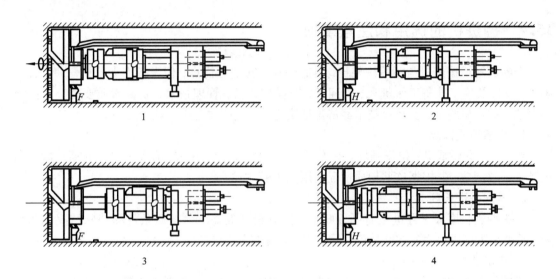

图 15 – 3　掘进机工作循环示意图

1—掘进机开始掘进;2—掘进机行程终止;3—掘进机往前移动(换行程);4—掘进机移位终止(开始下一轮掘进);
F—前下支撑处于浮动状态,O—水平支撑伸出(固定掘进机);H—前下支撑伸出掌地面,I—水平支撑处于缩回位置

15.3　掘进机的后配套系统

掘进机的后配套系统有:出渣运输设备、隧洞通风设备、刀具修理车间等。

1. 出渣运输设备

运输设备分有轨运输、长皮带机运输、管道运输,其中以有轨运输为主,优点是高效、经济。长皮带机运输也是效率高,但很不经济;管道运输适用于地质条件差,岩石松软,石渣碎成粉状,水与渣混合后,可用泥浆泵通过管道送出洞外的情况。

有轨运输主要设备及材料有:①牵引机:有柴油机车、架线电机车、蓄电池式电机车等多种,常用带废气净化装置的柴油机车,其牵引力大、效率高。蓄电池式电机车适合直径 3 m 左右的小巷洞,其牵引吨位小。②矿车:有用翻车机卸渣的矿车、底部卸渣矿车、侧卸式矿车、梭式矿车等。翻车机卸渣的矿车,优点是自重轻、结构简单、箱底部不漏泥浆水,维修费用低;而梭式矿车,自重大、故障率高、维修费用高。③错车平台:适应长隧洞、单轨线,能加快调车速度,提高运输和掘进效率。④翻车机:分滚动式翻车机和侧翻机 2 种,都不要摘、挂钩。滚动式翻车机,转动 180°,不需加固矿车,比较方便简单。⑤钢轨:一般用 18、

24、32、43 kg/m 的钢轨和预制钢筋混凝土轨枕,有时也选用钢枕、木枕。

　2. 防尘通风设备

　以采用强制轴流式通风为主,其轴流式通风机依巷道长度及断面大小经计算确定的功率多数为 14 kW、15 kW×2、30 kW×2、55 kW×2,风管规格应与通风机匹配。

　3. 滚刀修理车间

　应有滚刀修理车间,并配备专用工具、仪表和专职人员。须知刀具费用占开挖成本的25% 左右。

15.4　掘进机的选用和注意事项

　全断面隧道掘进机与钻爆法相比,具有快速、安全等优点;但设备庞大价格昂贵、转移困难,安装及施工准备工作量大、时间长,对操作人员,管理技术人员的素质要求高。因此是否选用掘进机施工,要经过技术经济论证决定,一般应注意以下几个方面:

　1. 弄清地质情况

　对岩性、化学成分,抗压强度,有无断层、溶洞、暗河、涌水,有无岩爆和瓦斯危险等情况都要了解清楚,并根据这些地质情况选用掘进的方式。

　2. 考虑掘进长度

　单头掘进长度大于掘进机直径 600 倍,方有经济效益。除地质条件和特殊情况的需要外,长度小于掘进机直径 600 倍的,尽量不选用掘进机。

　3. 正确选择掘进方向

　必须从下游向上游掘进,这对于排水出渣运输都有好处。否则要冒掘进机被水淹没的风险,而且从下游往上游掘进的坡度,最好在3‰以内。

　4. 盘形滚刀的选择

　(1)常用滚刀的直径有 305,355,355.6,360,394,413,431,456 和 508 mm 等多种。

　(2)滚刀角度有 60°,75°,90°,120°,160°等几种,如图 15-4 所示。其中 120°,160°适用于中硬、坚硬岩石。盘形滚刀分为中心刀、正刀、过渡刀、边刀,其中寿命最短的是边刀、过渡刀,因此刀间距也最小。

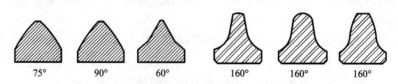

75°　　　90°　　　60°　　　160°　　　160°　　　160°

图 15-4　盘形滚刀断面形状及角度示意图

　(3)使用刀具材质有:$9Cr_2Mo$、$40CrNiMo$、$CrMo$、$4CrMo_2W_2V$(简称为 b422)和镶嵌硬质合金球齿的滚刀等。其中 $40CrNiMo$ 适应岩石抗压强度 100~140 MPa,是较理想的材料。

　盘形滚刀刀圈的硬度一般为 HRC50~54,硬度层 21~25 mm 以上,安装内孔(刀圈内孔)硬度为 HRC41~43。

15.5　国内外部分全断面岩石掘进机的技术性能参数

（1）国产全断面岩石掘进机的部分机型及主要技术性能参数，见表 15 - 1；
（2）罗宾斯公司产部分掘进机型号及主要技术性能参数，见表 15 - 2。

表 15 - 1　国产全断面岩石掘进机的部分机型及主要技术性能参数

型　　号	SJ - 40	SI - 58A	EJ - 30	EJ - 48
适应岩石类型及岩石抗压强度/MPa	50 ~ 150	≤200	50 ~ 140	40 ~ 140
开挖隧洞直径/m	4	5.8	3	4.8
刀盘功率/kW	6 × 100	4 × 150	250	600
刀盘扭矩/kN·m	604	1156	299	902
总推力/kN	5393	6961 ~ 8824	2941	6471
刀具：中心刀［直径/把］正刀及边刀［直径/把］	310/2400/26	310/2400/44	280/4280/25	280/2350/31
外形尺寸：直径×长度/m	4 × 14.76	5.8 × 16	3 × 14	
总质量/kg	140	190	60	

表 15 - 2　罗宾斯公司产部分掘进机型号及主要技术性能参数

型号	直径/m	刀盘功率/kW	最大推力/kN	最大扭矩/kN·m	质量/t
75 - 150	1.64	104	445	89.5	20
82 - 125	2.43	149	2516	183	45
104 - 121A	3.22	224	1690	278	60
142 - 139	4.26	447	3958	705	143
165 - 162	5.0	615	4618	1068	170
204 - 216	6.1	895	8540	1559	298
251 - 211	7.7	1491	11408	2712	418
263S - 180	8.2	969	65822		468
321 - 194	9.85	1790	11430	4491	675
353 - 197	10.8	1790	12256	4765	810
352 - 128 - 1	11.5	746	7027	3468	349

思考题

1. 填空题

(1) 按照工作机构切割工作面的方式不同, 掘进机可分为_____和_____。

(2) 有轨运输主要设备有_____、_____、_____、_____、和_____等。

(3) 当一次掘进长度大于直径的_____倍时, 用掘进机施工方有经济效益。

2. 问答题

(1) 与钻爆法相比, 用掘进机施工有哪些优点?

(2) 简述掘进机的工作原理。

(3) 全断面隧道掘进机的技术缺点有哪些?

附录　常用液压系统图形符号(GB786－76)

一、管路及连接

名称	符号	名称	符号
工作管路		软管	
控制管路		管口在油箱油面之上	
泄漏管路			
管路连接点	●	管口在油箱油面之下	
连接管路			
交叉管路		堵头	✕

二、泵、马达及油缸

名称	符号	名称	符号
单向定量液压泵		单向定量液压马达	
双向定量液压泵		单作用柱塞式油缸	
单向变量液压泵		双作用单活杆式油缸	
双向变量液压泵		双作用伸缩式套筒油缸	
摆动马达		单作用伸缩式套筒油缸	

三、控制方式

名称	符号	名称	符号
手柄式人工控制	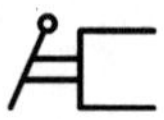	直控液压控制	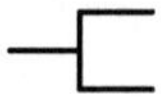
脚踏式人工控制		先导式液压控制	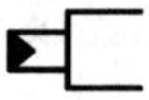
转动式人工控制	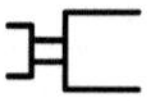	单线圈式电磁控制	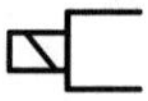

四、控制阀

名称	符号	名称	符号
三位四通手动换向阀	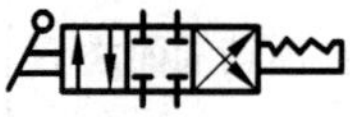	单向元件	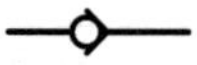
二位三通阀		单向阀	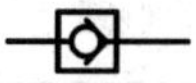
固定式节流阀		液控单向阀	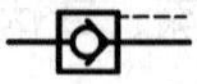
可调式节流阀		开关	
直控溢流阀	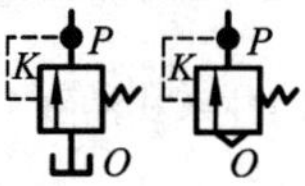	液压锁	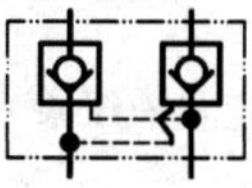
二位四通阀		常通式二位二通阀	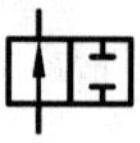
直控顺序阀	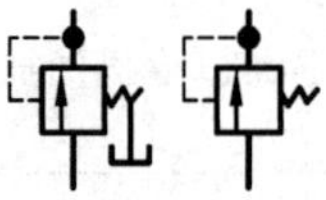	定压减压阀	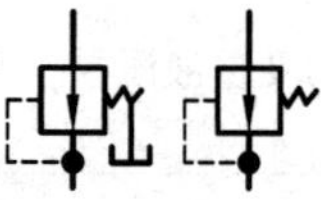
常闭式二位二通阀	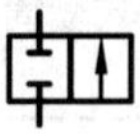	三位四通电磁换向阀	

五、辅助元件

名称	符号	名称	符号
一般油箱		粗过滤器	
充压油箱		精过滤器	
冷却器		蓄能器	
		指针式压力表	

模拟考试试卷与答案要点

（时间 100 分钟）

一、填空题（本题 43 分，每空 1 分）

1. 一台机器，不论是复杂还是简单，都包括 工作机构、动力机构 和 传动机构 3 大组成部分。

2. HBT60C－1410 的含义 理论输送能力 60 m^3/h 的拖式混凝土输送泵。

3. 常用机构有 凸轮机构、连杆机构、齿轮机构和带传动机构 等。

4. 轴承分为 滚动摩擦轴承 和 滑动摩擦轴承。

5. 交互捻钢丝绳（标记为 6×7）的含义：6 为 股数 和 7 为 每股的丝数。

6. 液压基本回路有 压力回路、速度回路 和 控制回路 等。

7. 液压传动装置由 动力元件、执行元件、控制元件、辅助元件和工作介质 5 部分组成，其中动力元件和执行元件为能量转换装置。

8. 内燃机一个工作循环有 吸气冲程、压缩冲程、做功冲程和排气冲程 等。

9. 凿岩台车的钻臂有 直角坐标钻臂、极坐标钻臂和复合坐标钻臂 等。

10. 装药机械有 装药器 和 装药台车 等。

11. 锚杆作业工序有 钻孔、注浆 和 装锚杆 等。

12. "四轮一带"四轮是指 支重轮、驱动轮、托轮 和 引导轮 等。

13. 联轴器的工作特点：只有在机器停止时才能联结或断开。

14. 离合器的工作特点：在机器运转时可以联结或断开。

15. 与钻爆法相比，天井钻机施工的优点：不用爆破，安全、需要人员少、井壁光滑。

16. 轮式行走系通常由车架、车桥、悬架和 车轮 组成。

二、选择题（本题 11 分，每小题 1 分）

1. 平面机构中铰链属于（②③）

①高副；②低副；③回转副；④移动副；⑤大副

2. 根据承受载荷的不同，轴分为（②④⑤）

①直轴；②转轴；③曲轴；④心轴；⑤传动轴

3. 刚性联轴器为（③④⑤）

①弹性联轴器；②圆盘摩擦离合器；③十字滑块联轴器；④套筒联轴器；⑤万向联轴器

4. 地下工程常采用的工程机械车架为（③）

①整体式车架；②伸缩式车架；③铰接式车架；④台车架；⑤机架

5. 凿岩台车的推进器主要采用的形式为（①②③）

①气马达－丝杆式推进器；②油缸－钢丝绳式推进器；③液马达－链条式推进器；④冲击器；⑤回转减速器

6. 中、细碎机械为（③④⑤）

①颚式破碎机；②碎石机；③圆锥破碎机；④锤式破碎机；⑤圆锥破碎机

7. 液压系统的组成包括(①②③④⑤)

①控制部分；②动力部分；③油路；④执行部分；⑤辅助部分

8. 内燃机的动力性指标包括(①③)

①有效扭矩；②耗油率；③有效功率；④活塞冲程；⑤压缩比

9. 挖掘机包括(①④⑤)

①单斗挖掘机；②装载机；③铲运机；④多斗挖掘机；⑤正铲挖掘机

10. 钻孔机械按工作机构动力分为(①②③④)

①液压式；②风动式；③电动式；④内燃式；⑤太阳能式

11. 凿岩台车钻凿平行孔的专用控制机构为(②)

①回转机构；②平移机构；③气腿子；④冲击机构；⑤支撑推进机构

三、简答题(本题 26 分)

1. 简述工程机械的定义及其常用类型(至少列出 5 种)。(本小题 5 分)

答案要点：通常将基本建设用的施工机械和设备，称为工程机械，它包括挖掘装载接、铲土运输机械、工程起重机械、压实机械、桩工机械、钢筋加工机械、混凝土机械等。

2. 简述机器和机构的异同。(本小题 4 分)

答案要点：机器与机构的相同之处在于：都是由许多构件组成；有确定的相对运动；不同之处在于：机构用来传递力或运动，机器用来实现能量的传递与转换。

3. 简述潜孔钻机的历史背景及其特点。(本小题 3 分)

答案要点：随着需要钻孔深度的增大，而凿岩机由于冲击机构在后部，钻杆越长，冲击能量损失越大，有独立的回转机构和冲击机构，冲击器位于钻杆的下部，潜入孔底。

4. 简述凿岩台车、潜孔钻机和牙轮钻机的钻具及其特点。(本小题 3 分)

答案要点：凿岩台车的钻具由钻杆和钻头组成；潜孔钻机的钻具由钻杆、冲击器和钻头组成；牙轮钻机的钻具由牙轮钻头和钻杆组成，牙轮钻头由牙轮、轴承和牙掌组成。

5. 简述锚杆台车工作装置及其特点。(本小题 3 分)

答案要点：由钻臂和转架组成，通过转架的不同位置来完成钻孔、注浆和装锚杆。

6. 浅孔和深孔划分标准是什么？(本小题 2 分)

答案要点：孔径小于 50 mm，深度小于 5 m 的炮孔为浅孔；孔径大于 100 mm，深度大于 15 m 的炮孔为深孔；

7. 简述牙轮钻机工作原理。(本小题 3 分)

答案要点：回转冲击式钻机，通过特殊的牙轮钻头，在钻头回转过程中产生冲击载荷。

8. 简述浅孔凿岩机的冲击机构和潜孔钻机的冲击器的工作原理有何不同。(本小题 3 分)

答案要点：浅孔凿岩机的冲击机构先冲程后回程；潜孔钻机的冲击器先回程后冲程。

四、识图题(本大题 13 分)

1. 图形符号识别题。请指出图 1 中各图是什么液压元件的职能符号图。(10 分)

2. BQF-100 型装药器的结构如图 2 所示，请简述其装药工作原理。(本题 3 分)

答案要点：压气作动力，压气通过调压阀分成二支气路，一支吹向药桶顶部，另一支引向药桶锥部出口；炸药在这两股压气作用下，沿着半导体塑料软管送入炮孔。

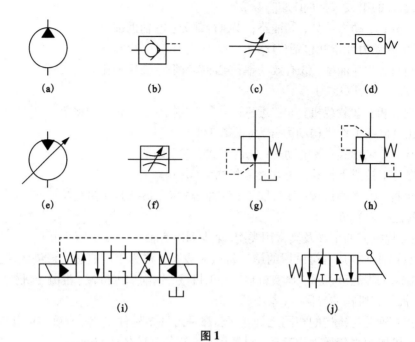

图1

(a) 单向定量泵；(b) 液控单向阀；(c) 节流阀；(d) 压力继电器；(e) 单向变量马达；
(f) 调速阀；(g) 减压阀；(h) (内控)顺序阀；(i) 三位四通电液动换向阀；(j) 二位五通手动换向阀

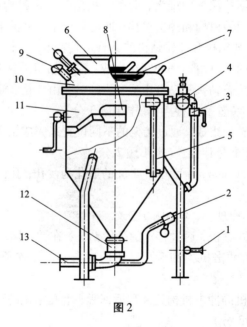

图2

五、计算题(本题6分，每小题3分)

　　大宝山矿是中型矿山，依据矿山实际，所选电铲型号为 WK-4，其铲斗容积为 4.6 m³，铲斗循环时间为 44 s，铲斗满斗系数取 0.85；矿岩松散系数取 1.6，班工作时间为 8 h，班工作时间利用系数为 0.5，矿岩容重为 2.48 t/m³。

（1）计算电铲台班生产能力。

（2）确定自卸汽车有效载重量。

$$（1）Q = \frac{4.6 \times 0.85 \times 8 \times 3600 \times 0.5}{1.6 \times 44} = 799.77 \ m^3/台班$$

$$（2）C = \frac{4 \times 4.6 \times 0.85 \times 2.48}{1.6} = 24.24 \ t$$

参考文献

[1] 古德生，等. 现代金属矿床开采科学技术. 北京：冶金工业出版社,2006

[2] 宁恩渐. 采掘机械. 北京：冶金工业出版社,1991

[3] 曹金海. 地下矿山无轨采矿设备. 长春：吉林科学技术出版社,1994

[4] 王进. 施工机械概论. 北京：人民交通出版社,2002

[5] 寇长青. 工程机械基础. 成都：西南交通大学出版社,2001

[6] 中国水利水电工程总公司. 工程机械使用手册. 北京：中国水利水电出版社,1998

[7] 黄国雄. 机械基础. 北京：机械工业出版社,2004

[8] 朱保达. 工程机械. 北京：人民交通出版社,2001

[9] 周春华. 土石方机械. 北京：机械工业出版社,2003

[10] 徐光璧. 工程机械. 北京：水利电力出版社,1995

[11] 王健. 工程机械构造. 北京：中国铁道出版社,1995

[12] 《采矿设计手册》编写委员会. 采矿设计手册. 北京：中国建筑工业出版社,1988

[13] 周尊秋，等. 现代工程机械. 北京：人民交通出版社,1997

[14] 李冰，等. 振动压路机与振动压实技术. 北京：人民交通出版社,2001

[15] 詹承桥，等. 机械零件及建筑机械. 广州：华南理工大学出版社,1999

[16] 胡炎林，等. 机械基础及建筑机械. 武汉：武汉工业大学,1989

[17] 黄士基，等. 土木工程机械. 北京：中国建筑工业出版社,2000

[18] 纪士斌，等. 建筑机械基础. 北京：清华大学出版社,1995

[19] 高梦熊. 地下装载机. 北京：冶金工业出版社,2002

[20] 王荣祥. 矿山工程设备技术. 北京：冶金工业出版社,2005

[21] 朱真才. 采掘机械与液压传动. 徐州：中国矿业大学出版社,2005

[22] 西南交通大学编. 工程机械. 北京：中国铁道出版社,1981

[23] 杨文渊. 简明工程机械施工手册. 北京：人民交通出版社,2001

[24] 杜海若. 工程机械概论. 成都：西南交通大学出版社,2004

[25] 郁录平. 工程机械底盘设计. 北京：人民交通出版社,2004

[26] 邓爱民. 现代非开挖工程机械. 北京：人民交通出版社,2003